高等学校工程管理专业规划教材

工程风险评估与控制

天津大学　余建星　主编

中国建筑工业出版社

图书在版编目（CIP）数据

工程风险评估与控制/余建星主编．—北京：中国建筑工业出版社，2009

高等学校工程管理专业规划教材

ISBN 978-7-112-10688-2

Ⅰ．工…　Ⅱ．余…　Ⅲ．①建筑工程—项目管理—风险分析—高等学校—教材②建筑工程—项目管理：风险管理—高等学校—教材　Ⅳ．TU71

中国版本图书馆 CIP 数据核字（2009）第 026613 号

本书以整个工程项目生命周期为主线，首先介绍项目风险管理的基本原理、方法、内容，然后着重叙述项目风险分析、风险评价、风险评估、风险决策、风险控制等项目的全部风险管理流程，较系统地阐述了工程项目风险管理的理论、技术、内容及方法，并结合我国的实际情况，在相关章节附有案例应用分析，以使读者加深理解并增强本书的实用性。

本书注重将项目风险管理的理论与工程实践相结合，力求深入浅出、通俗易懂，可供高等学校工程管理、技术经济、土木工程、水利工程、船舶与海洋工程、港口航道工程等相关专业的师生作为教材使用，也可供领导决策者、专业技术人员、科技工作者学习和参考。

*　　*　　*

责任编辑：王　跃　牛　松

责任设计：赵明霞

责任校对：兰曼利　陈晶晶

高等学校工程管理专业规划教材

工程风险评估与控制

天津大学　余建星　主编

*

中国建筑工业出版社出版、发行（北京西郊百万庄）

各地新华书店、建筑书店经销

北京永峥排版公司制版

北京富生印刷厂印刷

*

开本：787×1092毫米　1/16　印张：12¾　插页：1　字数：318千字

2009年7月第一版　2009年7月第一次印刷

定价：**22.00** 元

ISBN 978-7-112-10688-2

（17622）

前　言

目前我国土木建筑、水利、船舶与海洋、港口航道等工程处于开发建设的高潮，大型工程事故时有发生。在大型工程建设中，由于未来充满着不确定性，因此风险无处不在，无时不有。风险如不被人所认知，并及时采取相应措施，将带来巨大的人员伤亡、财产损失，还可能对环境产生破坏；反之，若风险得到科学管理，就可实现以最小的经济代价取得安全可靠的保障，实现安全可靠性与经济性的完美统一。

风险评估与控制起源于20世纪50年代的美国，迄今已得到迅速发展，目前是国内外各行各业的研究热点，在现代管理活动中，占据着越来越重要的地位。

工程风险评估与控制（Project Risk Assessment and Control）是在综合经济学、结构系统可靠性原理、管理学、行为科学、运筹学、概率统计、计算机科学、系统论、控制论、信息论等多学科和现代工程技术的基础上，结合现代工程建设项目和高科技开发项目的实际，逐步形成的边缘性学科。它既是一门新兴的管理科学，又是项目管理的一个重要分支，更是项目经理们必备的一项攸关企业生命的决策技术。工程风险评估与控制的目标是控制和处理项目不确定性而引发风险，防止和减少损失，减轻或消除风险的不利影响，以最低成本取得对项目安全保障的满意结果，保障项目的顺利进行。

在欧美国家，项目风险评估与控制已被广泛应用到核工业、航天、国防、海洋工程、石油、大型工程建设等重要领域和高科技开发项目中。1998年以后，在美国实施大型工程项目，如果不进行风险评估和管理就构成违法行为，要追究管理者的法律责任。随着社会发展、技术进步，项目风险评估与控制理论研究逐步向系统化、定量化、专业化方向发展、完善。在我国，项目风险管理起步较晚，目前对项目风险管理的研究还是一个薄弱环节，亟待深入、加强。

本书正是基于以上认识而编写的，力求全面系统、深入浅出，并将有关基础知识编入书中，以便读者阅读、参考。作者在参考国内外现有资料的基础上，将编写组所完成的国家重大专项、国家863项目、国家自然科学基金项目、省部级攻关项目的成果反映在本书中。书中以整个项目生命周期为主线，涵盖了项目风险分析、风险评价、风险评估、风险决策等项目的全部风险管理的流程，较系统地阐述了工程项目风险管理的理论、技术、内容及方法，并结合我国的实际情况，在相关章节附有案例应用分析，以使读者加深理解并增强本书的实用性。

本书在编写过程中，参阅了国内外专家、学者关于工程项目风险管理的大量著作和论述，特别是得到上海交通大学秦士元教授的悉心指导；在出版过程中，得到了中国建筑工业出版社的大力支持，在此一一表示感谢！

本书由主编余建星作整体规划及技术把关，山东大学土木工程学院院长王有志教授审稿，余建星、吴海欣统纂定稿；另外，郭钰、田佳、杜尊峰、冯加果等人也参与了本书的编写与校对工作。

本书虽经作者所在课题组多年实践，经过了多个成功案例验证，但由于工程风险评估与控制属于新学科领域，限于作者水平，书中难免存在疏漏之处，敬请各位专家、读者惠予指正。

目　录

第一章　概　　述

第一节　风险管理概述

风险管理（Risk Management）是20世纪50年代前后从美、德等国发展起来的管理方法，是项目管理的一个重要组成部分。目前，在理论和实践方面均有很大的进展，逐渐成为各国政府和企业高度重视的管理方法，为世人所瞩目。

一、风险管理的基本概念

1. 风险（Risk）

风险是指人们从事某项活动时，在一定时间内给人类带来的危害。这种危害不仅取决于事件发生的频率，而且与事件发生后造成的后果大小有关，所以通常把风险 R（Risk）定义为风险事件发生的概率 P（Possibility）和事件后果 C（Consequence）的乘积，即：

风险值 = 风险发生概率 × 风险后果

$$R = \sum_{i=1}^{n} P_i \times C_i \tag{1-1}$$

式中　R——风险事件的风险值；

P_i——该风险事件可能出现各类风险事故的概率；

C_i——该风险事件可能出现各类风险事故的后果指数。

风险又可分为企业风险（或称个人风险）和社会风险两类。企业风险是指在一定的时间内由于发生了某一确定的事件而给企业带来的损失，社会风险是指发生了某一确定事件后给社会带来的损失。

应该注意的是“危险”，危险是风险存在的前提。危险可定义为“可产生潜在损失的特征或一组特征”。危险事件包括：人员伤亡、财产损失、对环境的破坏、对生产的影响等不愿意发生的事件。危险转变为现实的概率的大小及损失严重程度的综合称为风险。危险是无法改变的，而风险却在很大程度上可随人们的意志而改变。也就是说，按照人们的意志可以改变事故发生的概率，控制事故损失的程度。通常的做法是把风险限定在一定的水平上，然后研究影响风险的各种因素，通过优化找出最佳的投资方案。

2. 风险分析（Risk Analysis）

风险分析是指对给定系统进行危险辨识、概率计算、后果估计的全过程。是一种基于数据资料、运行经验、直观认识的科学方法。通过将风险量化，便于进行分析、比较，为风险管理的科学决策提供可靠的依据，以能够合理运用有限的人力、物力和财力等资源条件，采取最为适当的措施，达到有效地减少风险的目的。

风险分析的基本方法包括：

1）系统初步危害分析。

2）系统事故链、事件树和故障树分析。

3）系统事故后果分析。

4）系统失效模式与效应分析。

5）危害度分析。

6）原因-后果分析。

3. 风险辨识（Risk Identification）

风险辨识是进行风险分析的首要工作。指对给定系统进行危险辨识、概率计算、后果估计的全过程。在系统中可能产生风险的因素很多，后果严重程度各异。在分析过程中，不应漏掉任何一个主要因素。但也不能每一个因素都考虑，要抓住主要矛盾，对系统进行科学的分析与专家调查。

风险辨识的主要方法有：故障树法、事件树法、智暴法、德尔菲法等。

对系统进行风险辨识的主要步骤包括：

1）收集全部资料，查清楚未知数的数量。

2）确定研究目标的变量和关键性变量。

3）根据其工艺、过程、结构系统等建立分析模型。

4）计算其风险概率。

4. 风险估计（Risk Prophecy）

风险估计应包含事件发生的概率和关于事件后果的估计两个方面。基于客观概率对风险进行估计就是客观估计；基于主观概率进行估计就是主观估计；部分采用客观概率、部分采用主观概率所进行的风险估计称之为合成估计。

（1）频率分析

频率分析是指应用相关理论与方法，结合直接经验和间接经验，对特定系统危险事件发生的频率或概率进行分析与判别。

（2）后果估计

分析特定危险在特定环境下，可能导致的各种事故后果及其可能造成的损失，包括情景分析和损失分析。

1）情景分析：分析特定危险在特定环境下可能导致的各种后果。

2）损失分析：分析特定后果对其他事物的影响；并进一步得出其对某部分造成的损失。

5. 风险评价（Risk Evaluation）

在风险分析的基础上，确定相应的风险评价标准。对有关因素进行量化、计算，进而计算出系统的风险概率、风险后果和风险值，判断该系统的风险是否可被接受，是否需要采取进一步的安全措施。

6. 风险评估（Risk Estimate）

风险评估就是指风险分析与风险评价的全过程。

7. 风险控制（Risk Control）

在风险评估的基础上，针对性地提出措施和对策，降低风险的过程称为风险控制。实现风险控制的主要方法有：风险回避、损失控制、损失预防、风险转移和风险自留。

8. 风险管理（Risk Management）

风险管理包括风险评估和风险控制的全过程，它是一个以最低成本将风险控制在最合理水平的动态过程。通过风险管理，能够有效地将风险控制在决策者预定的界限之内，实现以最小成本获得最大安全保障。

9. 风险管理内容层次图

风险管理的基本内容包括：风险分析、风险评价和风险控制。图 1-1 为风险管理的内容层次图。

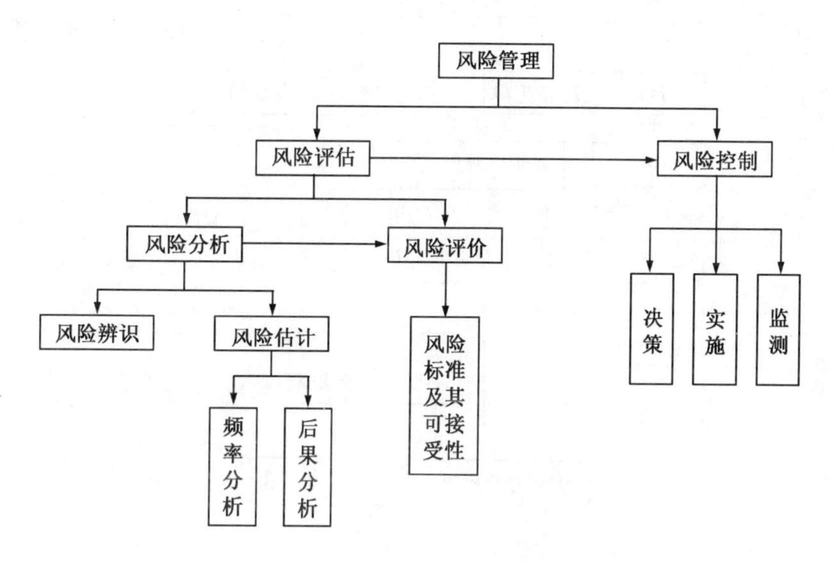

图 1-1　风险管理的内容层次图

10. 风险管理周期图

根据系统分析和决策的关系图，风险管理周期可以用风险分析、风险评价和风险决策三个阶段来实现，如图 1-2 所示。风险管理系统活动包括决策活动和执行活动。其中决策是管理的核心，决策活动的可靠程度，以及决策后果的好坏，在很大程度上取决于系统分析活动的科学性和艺术性。所以系统分析活动与决策过程必然是紧密联系。

二、风险分类

为了有效地进行风险管理，对各种风险进行分类是必要的。只有这样才能对不同的风险采取不同的处置措施，实现风险管理目标的要求。按照不同的分类标准，风险分类也有所不同。

1. 按风险的存在性质划分

1）客观风险（Objective Risk），指实际结果与预测结果之间的相对差异和变动程度。这种变动程度越大，风险就越大；反之，风险就越小。

2）主观风险（Subjective Risk），指一种由精神和心理状态所引起的不确定性。它是指人们往往对某种偶然的不幸事件造成损害的后果在主观方面有所忧虑。虽然人们可以借助概率论的数学方法将损失的不确定性加以测定，但对于具体的某一风险究竟产生什么后果，仍然不能确定，充满忧虑，也就是存在主观风险。

2. 按风险的对象划分

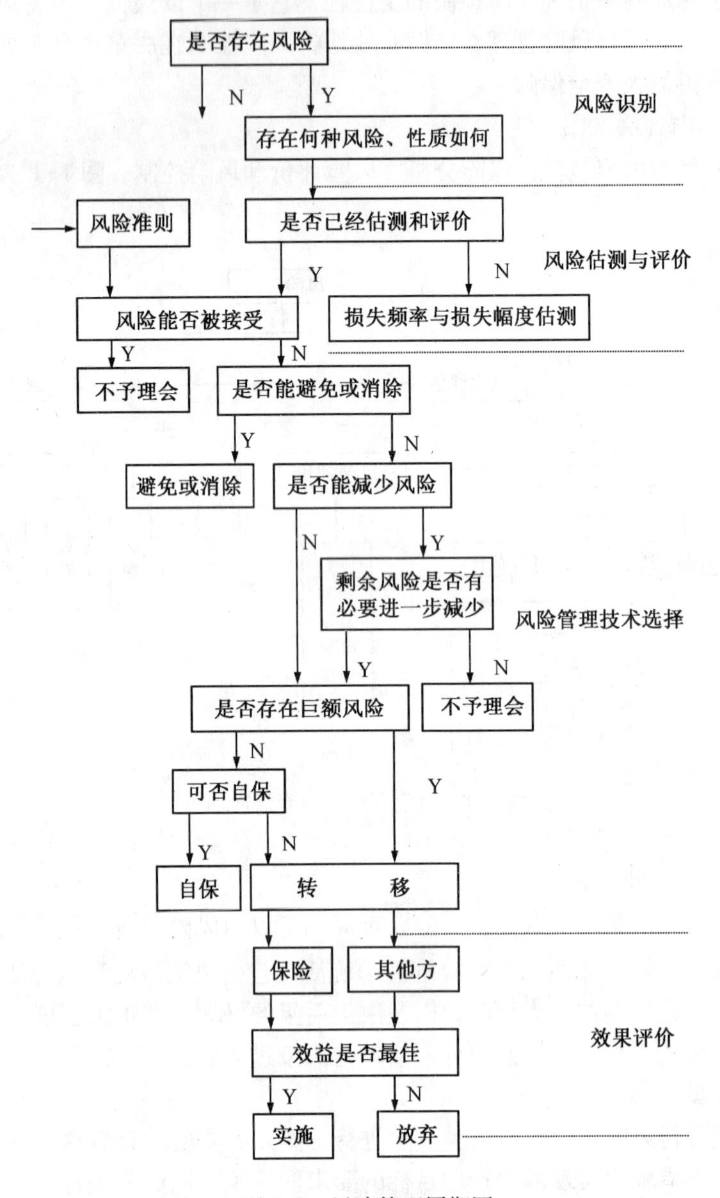

图1-2 风险管理周期图

1）财产风险（Property Risk），指财产发生损毁、灭失和贬值的风险。如房屋、设备、运输工具、家具及某些无形资产因自然灾害或意外事故而遭受损失。

2）人身风险（Life Risk），指人的生、老、病、死，即疾病、伤残、死亡等所产生的风险。虽然这是人生中不可避免的必然现象，但由于何时何地发生并不确定，而一旦发生，则会给家庭和经济实体带来很大的损失。

3）责任风险（Liability Risk），指由于团体或个人违背法律、合同或道义上的规定，形成侵权行为，造成他人的财产损失或人身伤害，在法律上负有经济赔偿责任的风险。责任风险还可细分为过失责任风险和无过失责任风险。前者指团体或个人因疏忽、过失致使他人财产受到损失或人身受到伤害；后者则指绝对责任风险，如根据法律或合同的规定，雇主对其雇员在从事工作范围内的活动中，造成身体伤害所承担的经济责任。

4）信用风险（Credit Risk），指权利人与义务人在经济交往中由于一方违约或犯罪而对对方造成经济损失的风险。

3. 按风险产生的根源划分

1）政治风险（Political Risk），指因政治方面的各种事件和原因而导致的意外损失。

2）经济风险（Economic Risk），一般指在商品的生产和购销过程中，由于经营管理不力，市场预测失误、价格变动或消费需求变化等因素导致经济损失的风险，以及外汇汇率变动及通货膨胀而引起的风险。

3）管理风险（Administrative Risk），通常指人们在经营过程中，因不能适应客观形势的变化或因主观判断失误或对已发生的事件处理欠妥而构成的威胁。

4）自然风险（Natural Risk），指出于自然力的非规则运动所引起的自然现象或物理现象导致的风险。如风暴、火灾、洪水等所导致的物质损毁、人员伤亡的风险。

5）社会风险（Society Risk），包括所处的社会背景、秩序、宗教信仰、风俗习惯及人际关系等由于反常行为等所造成的风险。如抢劫、罢工、战争、盗窃、玩忽职守等。

4. 按风险的性质划分

1）静态风险（Pure Risk），又称纯粹风险。这种风险只有损失的可能而无获利的可能。也就是说，它所导致的后果只有两种：一种是损失，一种是无损失，是纯损失风险。静态风险的产生一般与自然力的破坏或人们的行为失误有关。静态风险的变化较有规则，可利用概率论中的大数法则预测风险频率，它是风险管理的主要对象。

2）动态风险（Dynamic Risk），又称投机风险，指既有损失可能又有获利可能的风险。它所导致的结果包括损失、无损失、获利三种。如股票买卖、股票行情的变化既能给股票持有者带来盈利，也可能带来损失。动态风险常与经济、政治、科技及社会的运动密切相关，远比静态风险复杂，多为不规则的、多变的运动，很难用大数法则进行预测。动态风险在某些国家（如美国）不作为风险管理的对象。

5. 按对风险的承受能力划分

1）可接受的风险（Acceptable Risk），指经济单位在对自身承受能力、财务状况进行充分分析研究的基础上，确认能够承受最大损失的程度，凡低于这一限度的风险称为可接受的风险。

2）不可接受的风险（Unacceptable Risk），与可接受的风险相对应，是指风险已经超过经济单位在研究自身承受能力、财务状况的基础上所确认的承受最大损失的限度，这种风险不可接受。

6. 按对风险信息量的了解程度划分

1）可视风险。

2）真正风险。

“可视风险”和“真正风险”的差别在于用于定义对所期望结果的不确定性的程度的信息量的数量不一样。一个BOT（Build —Operate—Transfer，建设—运营—移交）项目的成功经常是依靠项目执行者准确及时地利用现有信息和掌握分析能力（或意愿），大大减少“可视风险”，因而资源能被有效地用来处理“真正风险”。

在实际的项目操作过程中，还可将风险划分为“不可控制风险”和“可控制风险。”

三、风险管理现状与趋势

纵观几十年风险管理学科的发展历程，风险管理呈现出研究领域逐步延伸、研究范围不断扩大、分析模型日渐成熟的三大趋势。

（一）风险管理由发达国家向发展中国家延伸

1. 风险管理起源于发达国家

美国是风险管理的发源地，其发展历程如下：

1）1950 年——莫布雷（Mowbray）等人合著的《保险学》一书中阐述了“风险管理”的概念。

2）1960 年——美国保险管理协会（American Society of Insurance Management，简称 ASIM）纽约分社与亚普沙那大学（Upsala）合作并首次试验开设为期十二周的风险管理课程。

3）1961 年——印第安纳大学赫奇斯教授（J. Edward Hedges）主持成立了 ASIM 的“风险及保险学课程概念”特别委员会，并发表《风险与保险学课程概念》一文，为该学科领域的培训与教育指明方向。

4）1963 年——梅尔（Mohr）和赫奇斯（Hedges）合著《Risk Management in Business Enterprise》。该书后来成为该学科领域影响最为深远的历史文献。

5）1982 年——美国保险管理协会（ASIM）更名为风险与保险管理协会（“Risk & Insurance Management Society，简称 RIMS），这标志着风险管理从原来意义上的用保险方式处置风险转变到真正按照风险管理的方式处置风险。

6）1983 年——美国 RIMS 年会上世界各国专家学者共同讨论并通过了“101 风险管理准则”，以作为各国风险管理一般准则（其中包括风险识别与衡量、风险控制、风险财务处理、索赔管理、职工福利、退休年金、国际风险管理、行政事务处理、保险单条款安排技巧、交通、管理哲学等）。

值得一提的是美国在风险管理的职业教育与培训方面是相当出色的。20 世纪 70 年代中期全美的多数大学工商管理学院及保险系都已普遍开设风险管理课程，为工商企业输送了大批专门人才。宾夕法尼亚大学的保险学院还举办风险管理资格考试，如果通过该项考试即可获得 ARM（Associate in Risk Management）学位证书，该证书具有相当的权威，获得证书即表明已在风险管理领域取得一定的资格，为全美和西方国家认可，是从业的重要依据。

与美国相比，英国的风险研究有其自己的特色。在《Risk Analysis for Large Projects: Models, Methods and Cases》一书中，南安普敦大学会计与管理科学系主任 C. B. Chapman 教授提出了“风险工程”的概念，他认为风险工程是对各种风险分析技术的集成，以更有效的风险管理为目的，范围更广，方式更加灵活。该框架模型的构建弥补了单一过程的风险分析技术的不足，使得在较高层次上大规模地应用风险分析领域的研究成果成为可能，英国除了有自己的成熟理论体系外，许多学者还注意把风险分析研究成果应用到大型的工程项目当中。如，1986 年在北海油田输油管道的铺设过程中，由于采用了风险分析的方法，从而提高了该项目的安全系数，而且降低了成本。此外，英国工商业界开展风险管理活动也是十分活跃，设有工商业风险经理和保险协会（AIRMIC）、特许保险学会等，为推动本国的风险管理作出了卓越贡献。英美两国的风险研究方面各有所长，且具有很强的互补性，代表了该学科领域的两个主流。

德、法、日等发达国家的风险管理都是在美国理论体系下发展起来的。日本继承了美国的“风险管理”模式。1988 年日本风险管理学会成立。1990 年关西大学教授亀井利明出版了《风险管理的理论与实务》一书。各大学也相继开设了风险管理课程。像其他的西方先进理论技术一样，“风险管理”在日本起步虽晚，但成果颇丰，逐渐形成了一套适合其自身的理论体系。

2. 风险研究在发展中国家和地区

发达国家在风险管理方面的丰硕成果对发展中国家的新兴工业有着很强的吸引力。随着跨国公司的扩张和垄断资本的输出，风险管理也很自然地被带到了这些国家和地区。

中国台湾省的风险管理在 20 世纪 80 年代中期从美国传入。美籍华人段开龄博士是美国风险管理运动的早期参与者之一。段博士在岛内发起并推动了风险管理运动，其间论文、著作颇多，尤以宋明哲先生的《风险管理》一书最具代表性。与美国不同的是，美国的风险管理运动发源于企业界，然后才有该领域的研究和探讨，而台湾却恰恰相反，尽管在学术界十分活跃，但在实际应用中成效并不显著。正如段博士所指出的“迄至目前，风险管理的观念及实务，仍为台湾的工商企业漠视，未能积极付诸实施”。

1987 年为推动风险管理在发展中国家的推广和普及，联合国出版了关于风险管理的研究报告《The Promotion of Risk Management in Developing Countries》（UNCTST Decumbent NO. TO/B/C/3/218 of 14th January 1987）。

3. 我国对风险、风险管理研究的现状与发展

在我国，随着经济的开放、搞活和建设事业的进一步发展，科学技术不断进步，复杂的大型综合工程项目（如三峡工程）的上马和大型企业集团的组建，甚至我们国家整个改革开放大业，都是一项复杂的系统工程，都需要认真考虑风险问题。1994 年，我国陆上油田管理部门开始着手风险分析和管理探索，并委托天津大学海洋与船舶工程系进行“淮河跨越大桥的安全寿命与风险分析”，节约了上亿元的重建费，之后又委托天津大学建筑工程学院完成了管道系统的安全风险评估方法研究。我们在借鉴国外研究成果的基础上，逐渐形成适合我国的风险评估体系。

从以上风险研究的发展历程可以看出，工业化水平的提高，是风险研究发展的第一推动力，人们在追求高度现代化文明的同时，不能不重视与推动对风险管理这一现代化科学管理技术的研究和应用。

（二）风险研究的领域不断扩大

1. 由单一的企业风险研究转向个人、家庭及社会的多主体多角度的风险研究

尽管企业风险管理一直是该学科领域发展的主导方向，但近年来各方面表现出来的对个人风险、家庭风险及社会风险的重视说明风险管理研究的重点正走向多极化。

2. 由传统风险行业向其他新兴行业扩展

风险管理学科的发展与工业化进程是同步的，20 世纪 60 年代以来大规模集成电路及计算机技术的发展给工业发展注入了新的活力，同时也为风险管理提供了广阔的发展前景。20 世纪 80 年代以前风险研究还主要集中在核能、化工、军工等技术含量高的新兴行业进行。同时随着人们对身体健康生活环境的关注和要求日益提高，农业及医疗卫生的风险研究也迅速发展起来，各方面专著及大型国际年会、专题研讨会进一步推动了该学科的

交流与发展。

（三）风险分析模型技术日益丰富并逐渐趋于成熟

现代数学和计算机技术的迅猛发展为风险研究提供了大量的模型技术。

1992 年英国雷汀（Reading）大学建筑管理工程系教授 Steve J Simister 进行了一项风险分析模型技术应用方面的调查。调查的对象是英国项目管理者协会的 37 名会员。这里引用其中的两部分调查结果。

1. 风险分析模型技术应用情况

从表 1-1 可以看出一些传统的技术仍是风险分析的主要工具，如对照表法、蒙特卡罗模拟、计划评审技术和敏感性分析等。这些技术的特点是方法简单、易于理解、数据采集较容易，而且有相当比较成熟的计算机软件支持，其他一些相对较高的技术不如传统方法应用广泛，但新方法数学抽象能力强，对一些复杂的项目系统具有很强的描述能力，而且有的模型还可以给管理者提供直接的决策支持。

2. 新模型技术的应用

最新资料表明，一些新的模型技术也开始取得应用成果：

（1）综合应急评审与响应技术（Snergistic Contingency Evaluation and Response Techniques，简称：SCERT）

是由 1976 年 C. B. Chapman 等人提出的。它通过活动/风险/响应图把活动、风险、对策有效地联系起来，以达到控制风险、降低风险损失的最终目的。

工程风险分析技术一览表 **表 1-1**

分析技术	使用情况（%）								
	A	B	C	D	E				
					0	1	2	3	4
保险对照表	76		10	4	8	56	44		
智暴法	40		48	2	28	8	4	16	
事件树	49		48		16	16	16	16	
模糊数学	41		53	4		36	41	31	46
影响图	27		48	25	24	12	20	8	12
蒙特卡罗模拟	8	44	46			40	56	52	12
德尔菲法	64		34	2		16	20	55	69
事故树法	54	2	24			36	56	52	4
敏感性分析	60	12	20			36	40	24	
风险点评法	4		48	36		41	45	52	38

注：A—经常使用；B—过去使用，但已不再考虑；C—知道该技术，但还未使用；D—还未听说过；E—每一技术在项目周期各阶段的应用情况（0：没使用；1：立项/投标；2：设计/计划；3：实施；4：后评估）。

该模型是一个框架模型，以 CIM 模型为基础算法，可以同时考虑风险因素独立和相关问题。从其结果输出看，既可以表示完成某一活动的工期或费用也可以表示在一段时间内可能完成的工作量，柔性的输出是该模型较之于其他模型的一大进步，另外 SCERT 还通过风险响应结点的概率分析把系统结构本身的不确定性考虑进来，这是以往其他模型所不具备的。

(2) 风险评审技术 (VERT)

是由 Moeller G. L 提出的，VERT—3 是该技术的最新应用版本，它是一种全新的计算机模拟风险决策网络技术，不仅能分析完成计划的程度，显示各项指标的范围、性能与费用水平，同时还能突出显示关键/最优路线，提供成功的可能性和失败的风险度。

(3) 影响图技术 (Influence Diagram)

是由 Howard 和 Matheson 提出的，它是概率估计和决策分析的图形表现，是将贝叶斯条件概率定理应用于图论的成果，由于影响图能清晰表达变量间的相关关系，所以它从诞生开始便得到了广泛的关注，但由于该方法技术复杂，如何大规模应用到实际问题中尚处于探索之中。

(4) 应用模糊数学

在风险分析过程中，许多风险因素是不确定的，而且很难用经典数学进行运算，尤其像社会的影响、人的行为、人的素质等因素，如何准确地描述这些因素对系统的风险值的影响强度及范围，这是风险评估中的关键问题，运用模糊数学方法进行计算，可以较准确得出其精确解。

总之，风险分析模型技术在不断发展，并日趋完善，多平台、梯度式的发展模式是风险分析模型技术的重要特征。

第二节 项目风险管理

一、项目风险管理的基本理论

项目风险管理 (Project Risk Management) 是在经济学、管理学、行为科学、运筹学、概率统计、计算机科学、系统论、控制论、信息论等学科和现代工程技术的基础上，结合现代建设项目和高科技开发项目的实际，逐步形成的边缘学科。它既是一门新兴的管理科学，又是项目管理的一个重要分支，更是项目经理们必备的一项攸关企业生命的决策技术。

1. 项目风险管理的定义

项目风险管理就是对项目中的风险进行管理。也就是说，项目风险管理是指项目管理人员对可能导致损失的项目的不确定性进行预测、识别、分析、评估和有效处置，以最低成本为项目的顺利完成提供最大安全保障的科学管理方法。

2. 项目风险管理的目标

项目风险管理的目标是控制和处理项目风险，防止和减少损失，减轻或消除风险的不利影响，以最低成本取得对项目安全保障的满意结果，保障项目的顺利进行。项目风险管理的目标通常分为两部分：一是损失发生前的目标，二是损失发生后的目标，两者构成了风险管理的系统目标。

项目风险管理的基础是调查研究，调查和收集资料，必要时还要进行实验或试验。只有认真地研究项目本身和环境以及两者之间的关系、相互影响和相互作用，才能识别项目面临的风险。

3. 项目风险管理的特性

项目风险管理的特性可归纳为以下几点：

1）必须分析承担风险的利益相关者。对于不同的利益相关者，他们承担的风险也是不同的。

2）风险是有时限性的。不同的风险可能只存在于项目的某一阶段。同样，风险的承担者也只在这特定的时间内才承担这些风险。

3）项目风险管理的目的在于预测。项目风险管理不是在风险事件发生后用来追查和推卸责任的。因此项目的团队应当是在一个相互信任、开放的环境中工作。信息的及时沟通对于风险管理十分重要。

4）项目风险管理是有代价的。项目风险的识别、估计、分析、决策管理都需要分配项目的资源。但是由于项目风险管理是用来减轻或预防未来可能出现的问题，其真正价值只有在未来才能体现出来；同时，用于风险管理的投入在将来可能会抵消也可能会多于风险造成的损失。

5）项目风险将随项目进展而变化。一旦项目的目标、时间和费用计划确定，该项目的风险计划也应当随之完成。在项目执行过程中如果项目的时间、费用等约束有重大变化时，相对于这些约束的风险也要重新进行评估。

二、项目风险管理与项目管理

风险管理是项目管理的一个有机组成部分，目的是保证项目目标的顺利实现。风险管理与项目管理的关系如下：

1. 风险管理是项目管理的一种手段

风险管理应是整个项目管理的有机组成部分。项目主管必须在项目管理过程中发挥积极作用，保证其所采用的管理方法能够均衡利用项目资源，反映其整体管理思路。传统上，一般是把风险管理作为系统工程、费用估算技术处理，有的也作为一项独立的工作处理，以有别于项目的其他职能。目前，人们已经认识到，风险管理是项目综合管理的一种极其重要的手段，其任务是要明确费用风险、进度风险和性能风险的相互关系，其目的是使参与项目工作的一切人员都能建立风险意识，在设计、研制和部署系统时考虑风险问题，人人都应负起处理风险的责任。

2. 风险管理是一个正式的过程

正规风险管理是使风险识别、分析和控制活动系统化的一个有组织的系统过程。一个有组织的风险管理过程，一旦得到及早、持续而严格地执行，就会给决策和有效地使用项目资源创造一种秩序井然的环境。通过这个有序的过程，项目主管就可能发现那些不易发现的风险以及较低层级上的风险，以免它们累积成重大风险。

风险的多样性和复杂性日益需要采用正式的风险管理过程。项目的许多风险往往相互关联，不易辨清，而且将随项目进展而发生变化。只有采用正式的管理过程，才能有效划分风险类别，辨识这些风险及其相互关系并从中找出关键风险，找到有效的控制风险的方法并始终保持与整个项目目标一致。

3. 风险管理要有前瞻性

实现有效风险管理的先决条件是项目主管必须早在潜在问题（风险事件）可能发生前就能辨识它们并制定应对策略，提高其向有利方面转化的概率。实现这一原则的基本点是利用系统分析技术以得到前瞻性的评估结果。

早期辨识潜在问题一般涉及两类事件：一类是与当前项目阶段有关的事件，如怎样满足下一个里程碑审查的技术放行准则；另一类是涉及项目未来阶段的事件，如与系统从研制向生产过渡有关的风险事件。通过分析关键事件，一些风险即可以确定。要做到这一点，必须考虑未来潜在结果的范围以及决定这些结果的因素。通过风险处理，项目经理就可以找到尽量减少风险因素的途径。

4. 风险管理的目标性

从项目的成本、时间和质量目标来看，风险管理与项目管理目标一致。只有通过风险管理降低项目的风险成本，项目的总成本才能降下来。项目风险管理把风险导致的各种不利后果减少到最低程度，正符合项目各有关方在时间和质量方面的要求。

5. 风险的范围管理

项目范围管理主要内容之一是审查项目和项目变更的必要性。一个项目之所以必要、被批准并付诸实施，无非是市场和社会对项目的产品和服务有需求。通过风险分析，对这种需求进行预测，指出市场和社会需求的可能变动范围，并计算出需要变动的项目的盈亏，为项目的财务可行性研究提供重要依据。项目在进行过程中，各种各样的变更是不可避免的。变更之后，会带来某些新的不确定性，风险管理正是通过风险分析来识别、估计和评价这些不确定性，为项目范围管理提出任务。

6. 风险管理的计划性

从项目管理的计划职能来看，风险管理为项目计划的制订提供了依据。项目计划考虑的是未来，而未来充满着不确定因素。项目风险管理的职能之一恰恰是减少项目整个过程中的不确定性，这一工作显然对提高项目及计划的准确性和可行性有极大的帮助。

7. 风险管理的经济性

从项目的成本管理职能来看，通过风险分析，指出有哪些可能的意外费用，并估计意外费用的多少。对于不能避免但能够接受的损失也计算出数量，列为一项成本，这就为在项目预算中列入必要的应急费用提供了重要依据，从而增强了项目成本预算的准确性和现实性，能够避免因项目超支而造成项目各有关方的不安，有利于坚定人们对项目的信心。因此，风险管理是项目成本管理的一部分，没有风险管理，项目成本管理就不完整。

8. 风险的可管理性

从项目的实施过程来看，许多风险都在项目实施过程中由潜在变成现实，无论是机会还是威胁，都在实施中见分晓。风险管理就是在认真的风险分析的基础上，拟定出各种具体的风险应对措施，以备风险事件发生时采用；项目风险管理的另一项内容是对风险实行有效的控制。

三、项目风险管理的意义

实行风险管理有诸多的益处，主要体现在：

1）通过风险分析，加深对项目和风险的认识和理解，权衡各备选方案的利弊，了解风险对项目的影响，以便减少或分散风险。

2）通过检查和考虑所有现有的信息、数据和资料，可明确项目的各有关前提和假设。

3）通过风险分析不仅可提高项目各种计划的可信度，还有利于改善项目执行组织内部和外部之间的沟通。

4）编制应急计划时更有针对性。

5）能够将处理风险后果的各种方式更灵活地组合起来，在项目管理中减少被动，增加主动。

6）有利于抓住机会，利用机会。

7）为以后规划和设计工作提供反馈，以便在规划和设计阶段就采取措施，防止和避免风险损失。

8）即使是无法避免的风险，也能够明确项目到底应该承受多大损失或损害。

9）为项目施工、运营选择合同形式和制订应急计划提供依据。

10）通过深入的研究，使决策更有把握，更符合项目的方针和目标，从总体上使项目减少风险，保证项目目标的实现。

11）可推动项目执行组织和管理班子积累有关风险的资料和数据，以便改进将来的项目管理。

第二章　风险分析

第一节　风险分析及方法综述

风险分析是近二十年发展起来的一门综合性边缘学科。风险分析技术最早起源于可靠性分析技术，现在已广泛应用于各门学科，如医学、保险学、政治、商业、工程、心理等。在西方，风险分析已形成一门独立的学科，有专门的组织机构风险与保险管理协会（RIMS）、专业的期刊以及相关网站。

1980年，美国风险分析协会（The Society for Risk Analysis，SRA）成立，其后，有许多风险分析协会的分支机构相继成立，其中比较有代表性的有欧洲分会，1988年欧洲分会在奥地利成立（The European Section of the Society for Risk Analysis），当时的成立大会主要吸引了社会科学家和政策分析家。目前在欧美发达国家开展得比较广泛。在发展中国家，直到20世纪80年代定量的风险分析几乎还不存在。

一、风险分析的内容

风险分析是对给定系统进行风险辨识、概率计算、后果估计的全过程。其内容见图2-1。

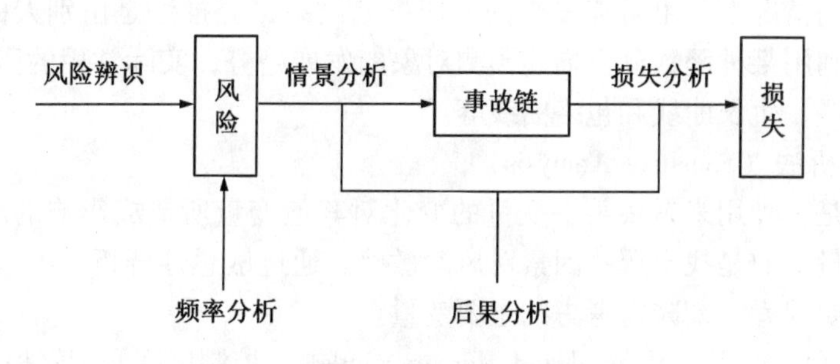

图2-1　风险分析的内容

二、风险分析方法

目前主要的风险分析方法有：

1. 智暴法（Brain Storming）

智暴法是通过专家间的相互交流，在头脑中进行智力碰撞，产生新的智力火花。它可以在一个小组内进行，也可以由单人完成。若采取小组开会讨论的方式，5人左右参加为宜，开会时为避免参加人的思想压力，直接领导应回避。开会时所讨论的问题应比较简单，如可提出这样的问题：某项工程施工中，可能遇到哪些风险，风险的发生概率和危害程度如何。如果所讨论的问题涉及面较广，所包含的因素太多，应事先将问题进行分解，使问题明晰简单化之后，再采用此办法。这种办法是一种重要的专家调查法，工程风险判断的基础数据往往通过这种方式获取。

2. 德尔菲法（Delphi）

德尔菲法是美国兰德公司于1964年首先用于技术预测的，德尔菲是古希腊传说中的神谕之地，城中有座阿波罗神殿可以预测未来，因而借用其名。德尔菲法为克服专家会议易受心理因素影响的缺点，以匿名方式通过几轮函询征求专家意见，对每一轮专家意见用统计方法进行汇总后，将反馈材料发给每个专家，供他们分析判断，提出新的论证，如此多次反复，直到专家意见日趋一致。目前德尔菲法在国内外的风险分析研究中被大量使用。

3. 统计和概率分析方法（Statistics and Probability）

也称为解析方法，它借助于一些典型的概率分布函数，如三角分布、威布尔分布、正态分布、伽玛分布等，估计风险因素，并运用概率数理统计的知识，计算整个系统的风险程度。当考虑的风险因素较多时，用这种方法计算十分困难，需借助于计算机的帮助。

4. 蒙特卡罗模拟技术（Monte-carlo Simulation）

该法可看成是在计算机上模拟实际概率过程，是基于对事实或假定的大量数据的反复试验。已知各输入变量的概率分布，用一个随机数发生器来产生具有相同概率的数值，赋值给各个输入变量，计算出各输出变量。50~300次之后，输出的分布函数就基本收敛了。此法的精度和有效性取决于仿真计算模型的精度和各输入量概率分布估计的有效性，适用于变量较多情况下风险辨识和估计。此法可用来解决难以用解析方法求解的复杂问题，具有极大的优越性，已成为当今风险分析的主要工具之一。

5. 外推法（Extension）

包括前推法、后推法和旁推法。前推法是由历史来推断未来可能发生的事件，后推法是在无历史资料的情况下，由可能发生的原因推断结果，旁推法是由别人的结果来推断。外推法的实质是利用某种函数分析描述预测对象的发展趋势，实际常用的函数模型有多项式模型、指数曲线、生长曲线和包络曲线等。

6. 敏感性分析法（Sensitive Analysis）

敏感性分析是一种用来考察某一变量的变化对其他变量所造成影响的决策模型技术，它不是对风险定量，而是找出哪些因素对风险敏感。通过敏感性分析，可以找出对项目结果最有影响的主要因素，缩减需考虑的主要变量。

7. CIM模型（Controlled Interval and Memory Models，控制区间和记忆模型）

Chapman and Cooper（1983）提出了CIM模型，解决了概率分布叠加问题，包括串联响应模型和并联响应模型，是进行串并联联结变量的概率分布叠加的有效方法。CIM模型用直方图代替了变量的概率分布，用和代替了概率函数的积分，可以通过缩小叠加变量的概率区间来提高叠加结果的精度，可以方便地获取风险因素概率分布。该模型不仅可以解决变量间相互独立的问题，而且可以解决变量间具有相关性的问题。《三峡工程投资风险分析理论与方法研究》中运用了此种方法，将项目总成本划分为一级子成本、二级子成本、三级子成本直至基础项目成本，用专家调查法辨识出最低级成本项目风险的概率分布，然后各成本项目风险的概率依次叠加，求出总成本项目风险的概率分布。

8. 层次分析法（Analytic Hierarchy Process 简称AHP）

层次分析法本质上是一种决策思维方式，它把复杂的问题分解为各组成因素，将这些因素按支配关系分组以形成有序的递阶层次结构，通过两两比较判断的方式确定每一层次中因素的相对重要性，然后在递阶层次结构内进行合成，得到决策因素相对于目标的重要性的总顺序。

9. 模糊数学法（Fuzzy Set）

大多数的风险因素是不确定的、模糊的，用经典数学难以计算，而运用模糊数学的知识，可以用数学的语言去准确地描述风险因素对系统的影响程度，建立数学评价模型，得出其精确解。正是因为它的这一特点，这一方法目前在工程风险领域中被大量采用。

10. 事件树法（Event Tree Analysis 简称 ETA）

事件树分析是从分析事故的起因事件概率开始，按照系统构成要素的排列次序，每一事件都按成功和失败两种状态，逐步求出因失败而造成事故的发生概率。决策树是一种特殊的事件树。

11. 事故树法（Fault Tree Analysis 简称 FTA）

又称故障树法，它是一种演绎地表示事故发生原因及其逻辑关系的有向逻辑树，由各种事件符号和连接它们的逻辑门组成。这种方法既能进行定性分析，也能进行定量分析。定性分析时，按事故树结构，列出布尔表达式，求出最小割集和最小径集，确定各基本事件的结构重要度大小。定量分析时，先根据调查资料，确定基本原因事件，进而求出各原因事件和顶上事件的发生概率。

12. 灰色理论（Gray Theory）

灰色理论是华中工学院邓聚龙教授（1982）首先提出的，它将说明客观对象现在状态和过去状态的各种时间序列的数据，按某种方式组合到一起，形成白色数据，再将需要预测的时间序列的数据群当作灰色模块，然后，寻找这两种数据群间的内在联系和发展规律。

13. 马尔可夫链分析（Markov）

马尔可夫链分析是利用某一系统的现在状态和状态的转移，预测该系统未来的状态的一种方法。它的特点是不需要连续不断的大量历史资料，只需要现在的动态资料就可以预测。

$$X_1 = X_0 P \qquad \cdots\cdots \qquad X_K = X_{K-1} P \tag{2-1}$$

式中 X_0——初始状态；

P——动态转移概率；

X_K——系统第 K 步所处的状态。

14. 人工神经网络方法（ANN）

神经网络作为一种模拟生物神经系统结构的人工智能技术，能够从数据样本中自动地通过学习和训练找出输入和输出之间的内在联系，揭示出数据样本中所蕴含的非线性关系。由于神经网络的这种非线性映射能力以及对任意函数的一致逼近性，近年来，这种方法也被引入风险分析领域。

第二节 风险辨识

一、风险辨识的概念

风险辨识是进行风险分析时要首先进行的重要工作。

风险辨识要回答以下问题：

1）有哪些风险应当考虑？

2）引起这些风险的主要因素是什么？

3）这些风险所引起后果的严重程度是什么？

当要进行某项目时，能引起风险的因素是很多的，其后果的严重程度也各异，完全不考虑这些或遗漏了主要因素是不对的，但每个因素都考虑也会使问题复杂化，因而也是不恰当的。风险辨识就是要合理地缩小这种不确定性。

二、风险辨识的一般步骤

在进行风险辨识之前，首先应该明确进行分析的系统，进行系统界定；其次是将复杂的系统分解成比较简单的容易认识的事物；最后就可以根据收集的资料和分析人员的衡量，采用一定的方法对系统进行风险辨识，找出风险影响因素，具体步骤如图 2-2 所示。

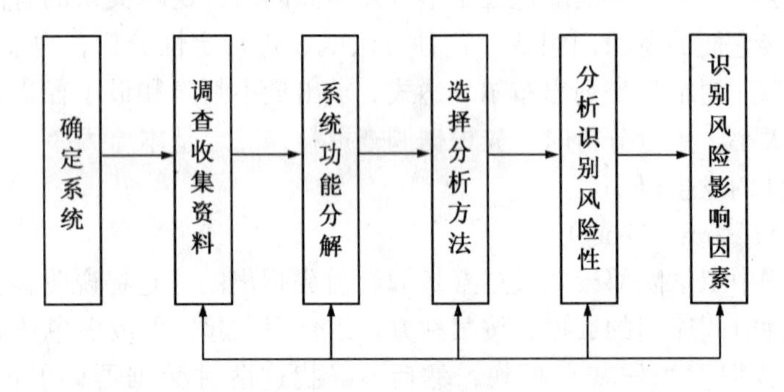

图 2-2 风险辨识程序

1. 确定系统

明确所分析的系统，并且界定系统的功能和分析范围。

2. 调查收集资料

调查生产目的、工艺过程、操作条件和周围环境。收集设计说明书，本单位的生产经验，国内外事故情报及有关标准、规范、规程及各种基本数据库信息等资料。

3. 系统功能分解

一个系统是由若干个功能不同的子系统组成的，如动力、设备、燃料供应、电力供应、控制仪表、信息网络等，其中还有各种连接结构，同样子系统也是由功能不同的子子系统或部件、元件组成，为了全面分析，按系统工程的原理，将系统进行功能分解，并给出功能框图，表示它们之间的输入、输出关系。功能分解框图如图 2-3 所示。

4. 选择分析方法

适于风险辨识的方法很多，像失效模式、概率结构力学（PSM）、事故树、能量转换等，这些方法各有所长，分析者应根据自己对各种方法的熟悉程度和具体的分析对象选择适合的分析方法。

5. 分析识别危险性

确定危险类型、危险来源、初始伤害及其造成的风险性，对潜在的危险点要仔细判定。

6. 识别风险影响因素

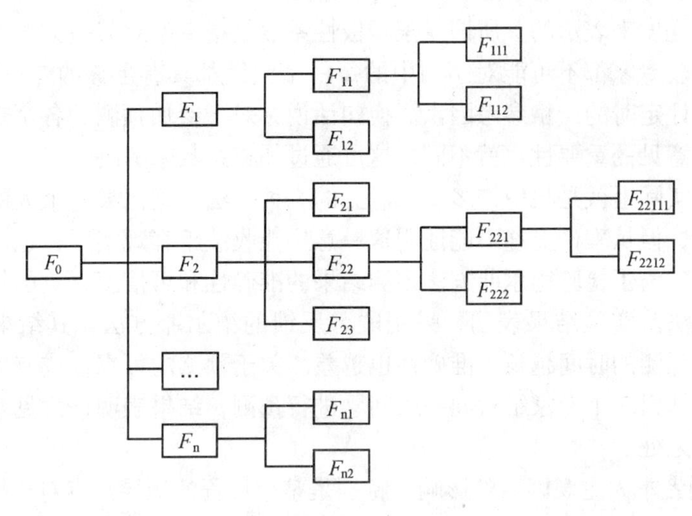

图2-3 功能分解框图

在分析、识别危险性的基础上，找出具体的危险因素，即风险影响因素，区别主次，从而建立合理的风险评价指标体系。

三、风险辨识的方法

（一）智暴法

集思广益是头脑风暴（Brainstorming）的意译，可以在一个小组内进行，也可以由各个单位人完成，然后将他们的意见汇集起来。如果采取小组开会的形式，参加人以五人左右为宜。参加人应没有压力和约束，如不要有直接领导人参加等。智暴法用于风险辨识，就要提出类似的这样的问题：如果进行某项工程，会遇到哪些危险，其危害程度如何。可以看出，这种会议比较适合于所讨论的问题比较单纯，目标比较明确的情况。如果问题牵涉面太广，包含的因素太多，那就要首先进行分析和分解，然后再采用此法。当然，对智暴的结果还要进行详细的分析，既不能轻视，也不能盲目接受。一般来说，只要有少数几条意见得到实际应用，就算很有成绩了，有时一条意见就可能带来很大的社会、经济效益。即便除原有分析结果外所有智暴产生的新思想都被证明不实用，那么智暴作为对原有分析结果的一种讨论和论证，对领导决策也是很有好处的。

（二）德尔菲方法

德尔菲方法表示集中众人智慧预测的意思，是专家估计法之一，可用于很难用数学模型描述的某些风险的辨识中。它有三个特点：参加者之间相互匿名、对各种反应进行统计处理、带动反馈地反复征求意见。为保证结果的合理性，避免个人权威、资历、财产、劝说、压力等因素的影响。在对预测结果处理时，主要应考虑专家意见的倾向性和一致性，所谓倾向性是指专家意见的主要倾向是什么，或大多数意见是什么，统计上称此为集中趋势。所谓一致性是指专家意见在此倾向性意见周围分散到什么程度，统计上称此为离散趋势。意见的倾向性和一致性这两个方面对风险辨识或其他预测和决策者都是需要的，专家的倾向性意见常被作为主要参考依据，而一致性程度则表示这一倾向性意见参考价值的大小，或其权威程度的大小。

在使用德尔菲方法时，有时还要考虑专家意见的相对重要性，这通常是用专家积极性系数与专家权威程度来表示的。所谓专家积极性系数是指专家对某一方案关心与感兴趣程度。由于任何一名专家都不可能对预测中的每一个问题都具有足够的专业知识和权威性，这应当成为意见评定时的严格参考因素。换句话说，对于参加预测的各个专家，由于知识结构不同，各自意见的重要性也就不同，这可通过加权系数来解决。

德尔菲方法实际上就是集中许多专家意见的一种方法，这比某一个人的意见接近客观实际的概率要大，但从理论上并不能证明这一意见能收敛于客观实际，也没有算出有多少人参加最为合理。为了检验德尔菲方法预测结果的准确性和可信度，美国加利福尼亚大学采用了实验的方法。实验结果表明，采用匿名反馈的德尔菲方法，其结果还是比较可信的。一般说来，预测的时间越长，准确性也越差。关于预测的可靠性或有效度的问题，也作了一些实验，即由三个专家组对同一组问题进行预测，结果表明，意见基本上一致。德尔菲方法的不足之处：

（1）受预测者本人主观因素的影响，特别是整个过程的领导都有对选择条目及工作方式等起着较大影响，因而有可能使结果产生偏差。

（2）它有一个取得一致意见的趋势，但从理论上并没有证明为什么这个意见是正确的。

（3）这种方法从根本上讲还是“多数人说了算”的方法，一般来讲是容易偏保守的，可能妨碍新思想的产生。

（4）如果不采取措施，参加者会感到不耐烦，使意见的回收率降低，因而给予参加者一定的报酬常是必要的。

（三）情景分析法

1. 情景分析法的基本含义

情景分析法就是通过有关数字、图表和曲线等，对项目未来的某个状态或某种情况进行详细的描绘和分析，从而识别引起项目风险的关键因素及其影响程度的一种风险识别方法。它注重说明某些事件出现风险的条件和因素，并且还要说明当某些因素发生变化时，又会出现什么样的风险，产生什么样的后果等。

2. 情景分析法的主要功能

情景分析法在识别项目风险时主要表现为以下四个方面的功能：

（1）识别项目可能引起的风险性后果，并报告提醒决策者。

（2）对项目风险的范围提出合理的建议。

（3）就某些主要风险因素对项目的影响进行分析研究。

（4）对各种情况进行比较分析，选择最佳结果。

3. 情景分析法的主要过程

情景分析法可以通过筛选、监测和诊断，给出某些关键因素对于项目风险的影响。

（1）筛选。所谓筛选，就是按一定的程序将具有潜在风险的产品过程、事件、现象和人员进行分类选择的风险识别过程。

（2）监测。监测是在风险出现后对事件、过程、现象、后果进行观测、记录和分析的过程。

（3）诊断。诊断是对项目风险及损失的前兆、风险后果与各种起因进行评价与判断，找出主要原因并进行仔细检查。

图2-4是情景分析法工作示意图。该图表述了风险因素识别的情景分析法中的三个过程使用着相似的工作元素，即疑因估计、仔细检查和征兆鉴别三种工作，只是在筛选、监测和诊断这三种过程中，这三项工作的顺序不同。具体顺序如下：

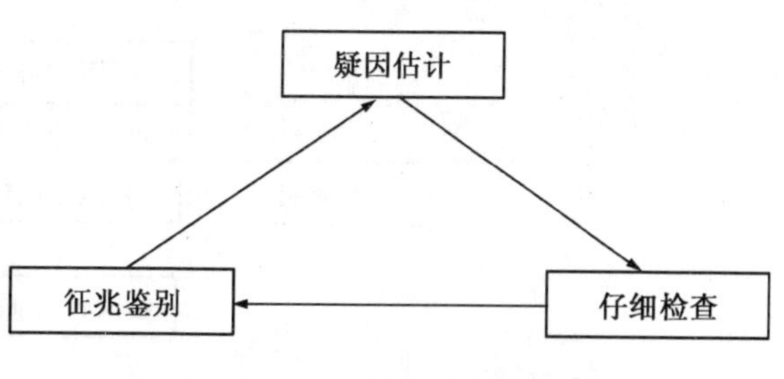

图2-4 情景分析法工作示意图

筛选：仔细检查→征兆鉴别→疑因估计；

监测：疑因估计→仔细检查→征兆鉴别；

诊断：征兆鉴别→疑因估计→仔细检查。

（四）事故树法（Fault Tree Analysis，FTA）

FTA是美国贝尔电话实验室的维森（H. A. Watson）提出的，最先用于民兵式导弹发射控制系统的可靠性分析，天津大学用来分析油气管道事故的原因。

事故树分析是一种表示导致灾害事故的各种因素之间的因果及逻辑关系图。也就是在设计、运营或作业过程中，通过对可能造成系统事故或导致灾害后果的各种因素（包括硬件、软件、人、环境等）进行分析，从而确定故障原因的各种可能组合方式。

1. 事故树分析方法的特色

（1）事故树分析是一种图形演绎方法，是故障事件在一定条件下的逻辑推理方法。它可以就某些特定的故障状态，作逐层次深入的分析，分析各层次之间各因素的相互联系与制约关系，即输入（原因）与输出（结果）的逻辑关系，并且用专门符号表示出来。

（2）事故树分析能对导致灾害或功能事故的各种因素及其逻辑关系做出全面、简洁和形象的描述，为改进设计、制定安全技术措施提供依据。

（3）事故树分析不仅可以分析某些元、部件故障对系统的影响，而且可对导致这些元、部件故障的特殊原因（人的因素、环境等）进行分析。

（4）事故树分析可作为定性评价；也可定量计算系统的故障概率及其可靠性参数，为改善和评价系统的安全性和可靠性，减小风险提供定量分析的数据。

（5）事故树是图形化的技术资料，具有直观性，即使不曾参与系统设计的管理，操作和维修人员通过阅读也能全面了解和掌握各项风险控制要点。

2. 事故树分析的程序

事故树分析的程序，常因评价对象、分析目的、粗细程度的不同而不同，但一般可按如下程序进行，见图2-5。

（1）熟悉系统

全面了解系统的整个情况，包括系统性能、工作程序、各种重要的参数、作业情况及环境状况等，必要时可绘出工艺流程图及其布置图。

（2）调查事故

尽量广泛地了解系统的事故。既包括分析系统已发生的事故，也包括未来可能发生的事故，同时也要调查外单位和同类系统发生的事故。

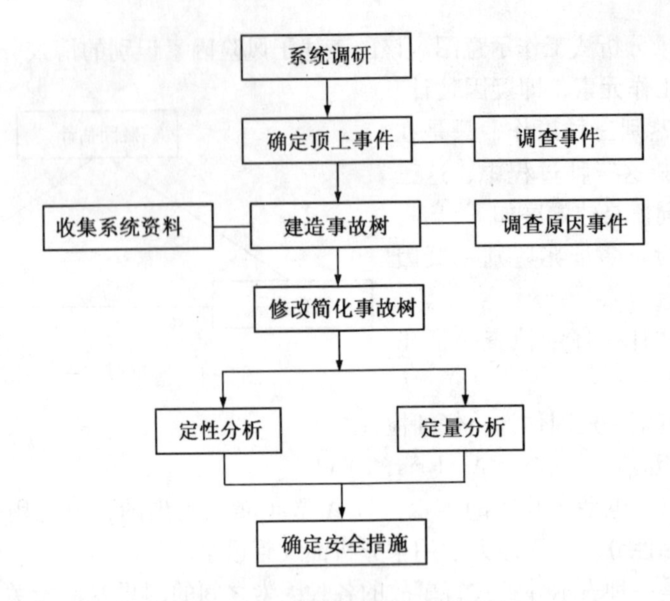

图 2-5 事故树分析的一般程序

（3）确定顶上事件

所谓顶上事件就是我们要分析的对象事件——系统失效事件。对调查的事故，要分析其严重程度和发生的频率，从中找出后果严重且发生概率大的事件作为顶上事件。也可事先进行危险性预先分析（PHA）、故障模式及影响分析（FMEA）、事件树分析（ETA），从中确定顶上事件。

（4）调查原因事件

调查与事故有关的所有原因事件和各种因素，包括机械设备故障；原材料、能源供应不正常（缺陷）；生产管理、指挥和操作上的失误与差错；环境不良等等。

（5）建造事故树

这是事故树分析的核心部分之一。根据上述资料，从顶上事件开始，按照演绎法，运用逻辑推理，一级、一级地找出所有直接原因事件，直到最基本的原因事件为止。按照逻辑关系，用逻辑门连接输入输出关系（即上下层事件），画出事故树。

（6）修改、简化事故树

在事故树建造完成后，应进行修改和简化，特别是在事故树的不同位置存在相同基本事件时，必须用布尔代数进行整理化简。

（7）定性分析

求出事故树的最小割集或最小径集，确定各基本事件的结构重要度大小。根据定性分析的结论，按轻重缓急分别采取相应对策。

（8）定量分析

定量分析应根据需要和条件来确定。包括确定各基本事件的故障率或失误率，并计算其发生概率，求出顶上事件发生的概率，同时对各基本事件进行概率重要度分析和临界度分析。

（9）制定安全对策

建造事故树的目的是查找隐患，找出薄弱环节，查出系统的缺陷，然后加以改进。在对事故树进行全面分析之后，必须制定相应的安全措施，控制灾害的发生。安全措施应在充分考虑资金、技术、可靠性等条件的基础上，选择最经济、最合理、最切合实际的对策。事故树分析的一般程序见图2-5。

3. 事故树构成

事故树中使用的符号通常分为事件符号和逻辑门符号，有时事故树规模很大时，可以用转入和转出符号来简化。

（1）事件符号

一般有四种，如图2-6所示。

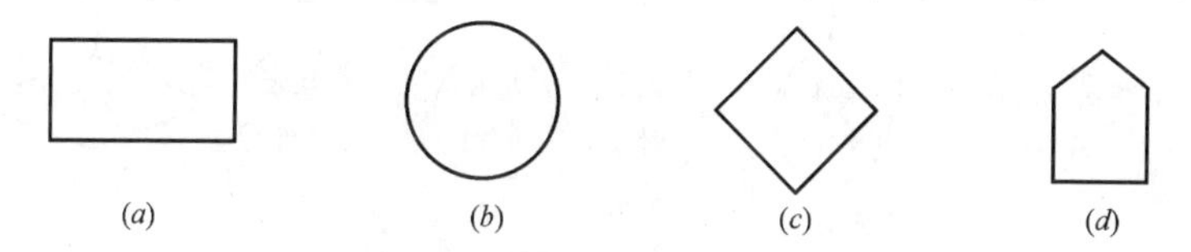

图2-6 事件符号

（a）矩形符号——顶上事件或中间事件；
（b）圆形符号——基本原因事件即基本事件；
（c）菱形符号——表示省略事件或二次事件；
（d）房形符号——表示正常事件。

（2）逻辑门符号

逻辑门符号是表示相应事件的连接特性符号，用它可以明确表示该事件与其直接原因事件的逻辑连接关系。一般可以用如下两种逻辑门连接，如图2-7、图2-8所示。

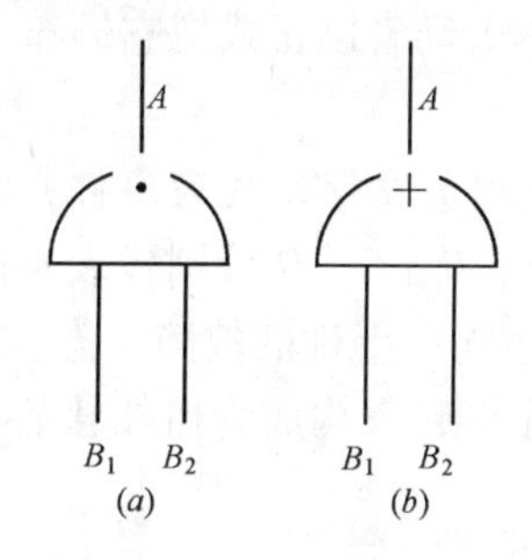

图2-7 与门、或门符号

（a）与门——表示只有所有输入事件 B_1、B_2 都发生时，输出事件 A 才发生；
（b）或门——表示输入事件 B_1、B_2 中任一事件发生时，输出事件 A 发生。

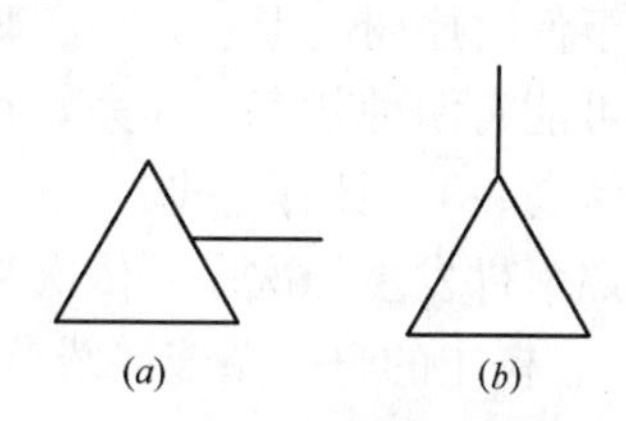

图2-8 转移符号

（a）转移符号——表示这个部分树由此转出，并在三角形内标出对应的数字，表示向何处转移；
（b）转入符号——表示连接的地方是相应转出符号连接的部分树转入的地方。三角形内标出从何处转入，转出转入符号内的数字一一对应。

一般事故树如图2-9所示。

（五）事件时序树分析法（ETA）

1. 基本概念

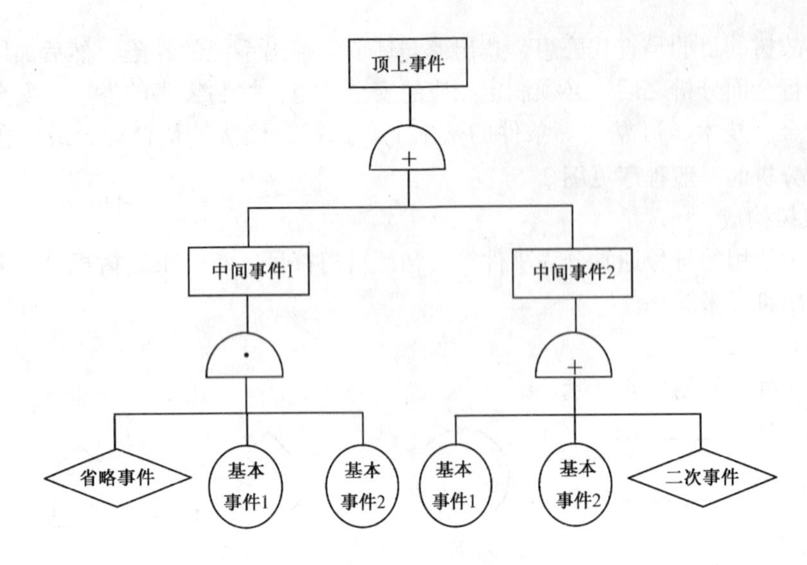

图 2-9　事故树分析图

事件时序树分析法（Event Tree Analysis，简称 ETA）是利用树形图进行事故因果关系分析的方法。这种方法是从认为是失效原因的初始事件出发，按时间顺序追踪，到成为设备或系统失效的最终事件为止（相当事故树法中的顶上事件），按照零件的功能和应用的顺序，把在阻止事件发生上是成功的或者是失败的事件展开成树形图，这就是 ETA。它是从原因→结果，其分析方向是正向，刚好与事故树法相反。ETA 法包含事件发生的时间进程，是一种动态分析。而前面所介绍的几种方法都是不包含时间顺序的静态分析。

这种方法曾在美国商用核电站的风险评价（WASH-1400）中发挥过很重要的作用。现在，许多国家已当作事故分析的标准化分析方法，日本劳动省已正式把它颁布为“化工工厂安全评价六阶段”中的一个程序。

一般事件时序树的形状，如图 2-10 所示。图中的大写英文字母代表事件，因为每一种事件都可能有两种状态，即完好和故障状态。例如，A、B、C、D 分别代表不同四种事件的完好状态，$\overline{A}$（读作“非” A）、$\overline{B}$、$\overline{C}$、$\overline{D}$ 就代表这些同一事件的故障状态。A 为初始事件，按照事件发生的次序，依次与各事件的两种状态连接起来构成为树枝状的事件时序树（RTA）。树中的每一条连接线就是一个事件序列。

2. 最终事件的概率

事件时序树中每个分支代表偶然事件序列发生的概率，由该分支上所有事件（包括完好和故障事件）的概率决定，并等于它们的乘积，如图 2-10 中最右边一项所示。

例如，分支①的故障概率由 $\overline{A}$，B、C_1、D_1 决定，并且等于 $\overline{A}\times B\times C_1\times D_1$。

因为一个事件的故障概率通常都小于 0.1，于是完好的概率等于 $1-0.1\approx1$。故通常都假定完好概率等于 1。因此

$$\overline{A}\times B\times C_1\times D_1=\overline{A}$$

同理，③的概率由 $\overline{A}$、B、$\overline{C}_1$、D_2 决定，且等于 $\overline{A}\times B\times\overline{C}_1\times D_2$。

以此类推，第⑧分枝的概率 $=\overline{A}\times\overline{B}\times\overline{C}_2\times\overline{D}_4$。

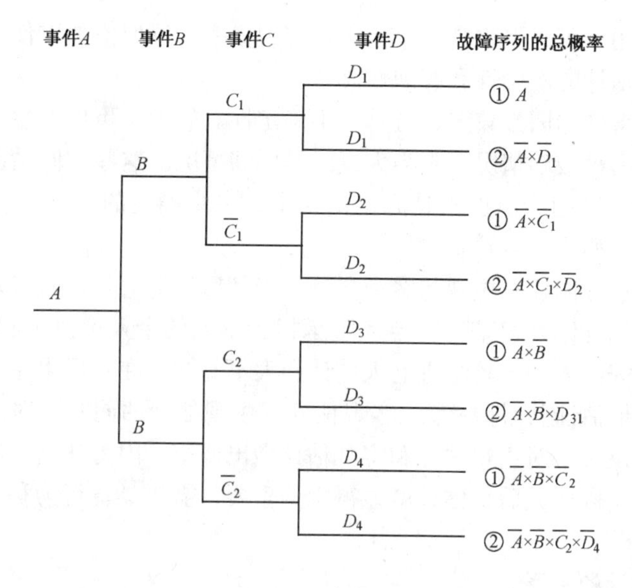

图 2-10 事件时序树

（六）可靠性分析计算法

由可靠性理论可得失效概率（风险概率），见有关文献。

四、风险辨识中存在的问题

风险辨识中存在的问题主要有以下三个方面：

(1) 可靠性问题，即是否有严重的危险未被发现。

(2) 成本问题，即为了风险辨识而进行的收集数据，调查研究或科学实验所消耗的费用。这项目工作本身也有一个经济效益分析的问题。

(3) 偏差问题，如在进行社会调查时，主持人的意见可能会引起调查结果的偏差等。

我们在风险辨识的过程中要随时注意这些问题。

第三节 风险估计

一、三种风险估计方法的定义

风险估计应包含事件发生的概率和关于事件后果的估计两个方面。

基于客观概率对风险进行估计就是客观估计；基于主观概率进行估计就是主观估计；部分采用客观概率、部分采用主观概率，所进行的风险估计称之为合成估计。

在风险估计中虽然常用主观估计，但也应尽量设法增加客观估计的分量，向客观估计过渡。实际进行的大量估计是介于二者之间的行为估计。由决策者或专家对事件的概率做出一个主观估计，就是主观概率。主观概率是用较少信息量做出估计的一种方法。常用的定义是：根据对某事件是否发生的个人观点，用一个 0 到 1 之间的数来描述此事件发生的可能性，此数即称为主观概率。这种主观估计并不是不切实际的胡乱猜测，而是根据合理的判断、搜集到的信息及过去长期的经验进行的估计，将过去的经验与目前的信息相结合，通常就可得出合理的估计值。一旦概率估计出来，即使它的科学依据不足，其数值也可当作客观概率来使用。可以将主观概率看作是客观概率的近似值加以使用。并正在研究许多方法以增加主观估计的准确性和客观性。

通常，影响风险事件的因素较多，且具有不确定性。故关于事件发生概率的客观估计与主观估计实际上是两种极端情况，更为大量的是中间情况。这些中间情况的概率不是直接由大量试验或分析得来的，但也不是完全由某个人主观确定的，而是两者的“合成”，处于中间状态的概率，称为“合成概率”。

关于事件后果的估计同样有主观与客观之分。当其后果价值是可直接观测时称为客观后果估计。主观后果估计则是由某一特定风险承担者本人的个人价值观和情况所决定的，对同一结果，比较保守的人和比较激进的人估计会大不一样。在对后果主观估计与客观估计之间称为“合成后果估计”，即在考虑客观估计或主观估计的同时要对当事者本人的行为进行研究和观测，反过来对主观估计和客观估计做出修正。因为任何风险的估计都是由一定的人来做出的，所以研究后果估计就显得十分重要，需要具备行为科学和心理学方面的知识。

二、三种风险估计的关系

图2-11中给出了发生概率及后果的估计方法与各种风险的关系。图中横轴表示事件发生概率的估计，纵轴表示其后果的估计，两者合成为风险。这样，客观概率与客观后果估计会成为客观风险。迄今为止，多数的风险分析研究工作都集中在客观风险上，因为这种风险最容易确定和测量。包含有合成概率和行为估计的风险称作行为风险，在这种风险估计中，包含有当事人的行为表现。所有其他包含有主观概率和主观后果估计的风险都是主观风险。

根据大量统计资料可知，客观风险的概率及后果估计均最小，而主观风险的概率及后果估计为最大，如图2-11所示。

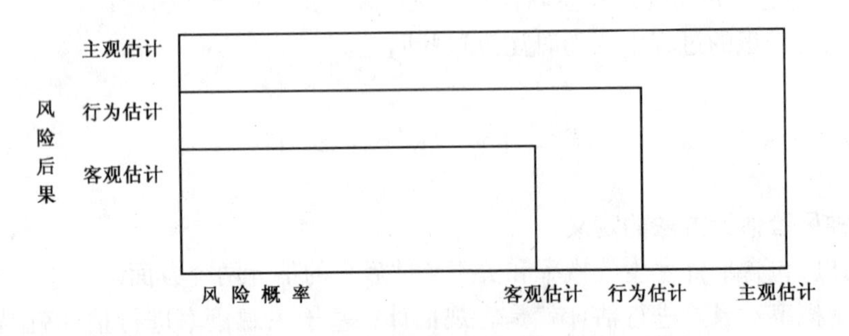

图2-11 三种估计与三种风险关系

传统的风险估计都是用科学实验和测量的方法去计算客观概率，近年来，像在整个决策科学当中一样，越来越多的人开始注意到并研究当事人的表现和作用，因而关于合成概率的研究得到迅速发展，而对行为后果估计的研究也在行为科学中占据着重要的位置。但在实际的社会决策中却常依赖于主观概率估计，当事人的感情和意志常优先于客观的科学知识，这种情况无论在国内或国外都是屡见不鲜的。科学的客观估计更符合事实，它应当成为政府和领导决策的依据，这就要求决策者要重视和依赖客观估计。

三、直觉判断

主观估计的历史可能与人类社会的历史一样长，社会上流传的算命、看风水、看手相等都算作主观估计，这些估计都是以“上天”或”神仙”的名义出现的。随着科学的发展，这种估计方法越来越没有市场了，有些则作为迷信是违法的。

直觉判断是主观估计的一种方式，常表现为某些个人对风险发生的概率及其后果做出迅速的判断。有时连估计者本人都很难解释为什么他会做出这一判断或为什么这一判断是正确的。Wstcott 描述直觉判断是“根据比通常为得出某一结论所需要的显式信息要少的信息量作出结论的过程”。对于那些不能进行多次试验的事件，如重大的工程项目所具有的各种风险等，主观判断常常是一种可行的办法。我们不能一概排斥。当一个人进行判断时，他实际上是在运用他长期积累的各方面的经验，但这些丰富的信息还不能明确地或显式地表达出来，而是一种隐式信息。但这并不妨碍他的判断可能是正确的。当然，直觉判断出偏差的可能性也是很大的。近些年来科学家们正在从各个方面探讨减少这些偏差的程序和方法。

四、外推法

外推法（Extrapolation）是合成估计的一种方法，在风险估计中是十分有效的方法。外推法可分为前推法、后推法和旁推法。

1. 前推法

前推就是根据历史的经验和数据推断出未来事件发生的概率及其后果。这是经常使用的方法。例如要建立一个输油泵站，需要考虑大雨成灾的风险。为此，可以根据这一地区水灾事件的历史记录进行前推。如果历史记录呈现明显的周期性，那么外推可认为是简单的历史重现，也可以认为是将历史数据系列投射到未来风险的估计；有时不能预见水灾发生的确定时间，只能根据历史数据估计出重现期的概率；有时由于历史数据往往是有限的，或者看不出周期性，可认为已获得的数据只是更长的关于水灾历史数据系列的一部分；关于这一序列又假设它服从某一曲线或公式表示的分布函数，根据此曲线或函数再进行外推；有时需要根据逻辑上或实践上的可能性去推断过去未发生过的事件在将来发生的可能性。这是因为历史记录往往有失误或不完整的地方，气候和环境也在变化，另外对历史事件的解释也可能掺进某些个人的意见，因此必须考虑历史上未发生事件在未来发生的可能性。在进行这一推断工作时，要采用各种方法，从简单的统计到复杂的曲线拟合和物理系统的分析。

2. 后推法

如果没有直接的历史经验数据可供使用，可以采用后推的方法，即把未知的想象的事件及后果与某一已知的事件及其后果联系起来，这也就是把未来风险事件归算到有数据可查的造成这一风险事件的一些起始事件上。在时间序列上也就是由前向后推算。如对于水灾这一例子，如果没有关于水灾的直接历史数据可查，可将水灾的概率与一些水文数据如年降水量等联系起来考虑。考虑到某一地区已有的或设计的排水条件，根据降水量的数据，我们可估算出足以引起一定大小水灾的“假想的大雨”，再根据此假想大雨的概率，即可对水灾风险做出估计。

3. 旁推法

旁推法就是利用不同的但情况类似的其他地区或情况的数据对本地区或情况进行外

推，例如可以收集一些类似地区的水灾数据以增加本地区的数据，或者使用类似地区一次大雨的情况来估计本地区的水灾风险等。应当说，旁推法我国早已在采用，在进行风险较大的实验时，我们常采用的"试点"、"由点到面"的方法，也是旁推法的一种。用从某一地区或单位取得的数据，去预测其他地区和单位的表现，这也是一种风险估计的方法。

复习思考题

1. 简述风险分析的内容及种类。
2. 简述风险辨识方法的内容及种类。
3. 分析辨别三种风险估计方法的联系和区别。

第三章　事故损失评价[46]

在安全经济学的研究中，事故经济损失的计算或评估是重要的内容。评估事故和灾害对社会经济的影响，是分析安全效益、指导安全定量决策的重要基础性工作。为了能对事故对社会的危害和造成的后果做出科学、合理的评价，首先要解决事故损失的计算问题。由于事故造成的损失是一涉及对象广泛、影响因素复杂的问题，有必要将事故损失分为经济损失和非经济损失进行探讨。

第一节　事故损失的概念和分类

一、基本概念

1. 事故损失：指意外事件造成的生命与健康的丧失、物质或财产的毁坏、时间的损失、环境的破坏。

2. 事故直接经济损失：指与事故事件当时的、直接相联系的、能用货币直接估价的损失。如事故导致的资源、设备、设施、材料、产品等物质或财产的损失。

3. 事故间接经济损失：指与事故事件间接相联系的、能用货币直接估价的损失。如事故导致的处理费用、赔偿费、罚款、劳动时间损失、停工或停产损失等事故非当时的间接经济损失。

4. 事故直接非经济损失：指与事故事件当时的、直接相联系的、不能用货币直接定价的损失。如事故导致的人的生命与健康、环境的毁坏等无直接价值（只能间接定价）的损失。

5. 事故间接非经济损失：指与事故事件间接相联系的、不能用货币直接定价的损失。如事故导致的工效影响、声誉损失、政治安定影响等。

6. 事故直接损失：指与事故事件直接相联系的、能用货币直接或间接定价的损失。包括事故直接经济损失和事故直接非经济损失。

7. 事故间接损失：指与事故事件间接相联系的、能用货币直接或间接定价的损失。包括事故间接经济损失和事故间接非经济损失。

二、事故损失分类

1. 按损失与事故事件的关系划分

一起伤亡事故发生后，会给企业带来多方面的损失。一般地，伤亡事故的损失包括直接损失和间接损失两部分。

直接损失指事故当时发生的、直接联系的、能用货币直接或间接估价的损失。其余与事故无直接联系，能以货币价值衡量的部分或损失为间接损失。

2. 按损失的经济特征划分

分为经济损失（价值损失）和非经济损失（非价值损失）。经济损失是指可直接用货币计算的损失。后者指不可直接用货币进行计量，只能通过间接的转换技术对其进行测算的损失。

3. 按损失与事故的关系和经济的特征进行综合分类

分为直接经济损失、间接经济损失、直接非经济损失、间接非经济损失四种，其中包括的内容见上述基本概念的定义。这种分类方法把事故损失的口径作了严格的界定，有助于准确地对事故损失进行测算。

4. 按损失的承担者划分

分为个人损失、企业（集体）损失和国家损失三类，也可分为企业内部损失和企业外部损失。

假设某企业由于使用某种化学涂料，致使每年有部分职工患职业病，它可以购买一种更安全，但是价格更贵的替代涂料。为了简化，假设所有损失都是可变的。决策者可以看到另支付100万元医疗和赔偿费，这些损失都是可以通过转变涂料配方避免的。然而，这并不能直接刺激决策者变换配方。如果企业仅关注利润，而无保护职工安全的意识，则其决策仅取决于新涂料的成本是否低于100万元。现在假设雇用了安全调查小组，在分析了相应数据以后，发觉存在间接但是真实的损失另外还有200万元。这时候出现这种情况：以前经济上不可行的方案，现在完全可行。但是，决策者是否就会决定使用替代涂料呢？也不一定。如果换涂料需要400万元，企业决策者将不会花钱解决这个问题。因为，大部分经济成本并非由雇主负担，它们将由雇员、雇员家庭及社会负担，还有不能反映在企业账本中的非经济损失。假设这些额外损失为300万元。这样400万元投资对社会而言，是非常经济的决策，但是对于企业而言并非如此，因为，其损失仅为100万元。在本例中，直接内部损失为100万元，间接内部损失为200万元，外部损失为300万元。经济理论告诉我们，外部损失的存在使得个体投资决策者可能做出与社会利益最大化相违背的决策。

5. 按损失的时间性划分

分为当时损失、事后损失和未来损失三类。当时损失是指事件当时造成的损失；事后损失是指事件发生后随即伴随的损失，如事故处理、赔偿、停工和停产等损失；未来损失是指事故发生后相隔一段时间才会显现出来的损失，如污染造成的危害，恢复生产和原有的技术功能所需的设备（施）改造及人员培训费用等。

6. 按损失的状态划分

分为固定损失与变动损失。在经济损失中，有部分固定损失，即不随事故水平的变化而变化。如保险和监控部门的管理费用，大部分甚至可以说全部企业的保险费是与实际事故水平相独立的。如果事故损失可以通过会计处理分配到固定损失中去，则对决策者而言，是无任何动力去降低事故风险的。只有可变部分，如相应提高事故风险工厂的保险率等方能促使决策者改善安全状况。

第二节　事故经济损失评估计算

国际上关于事故费用的研究经历了海因里希（Heinrich 1930）—西蒙兹（Simonds 1956）—国际劳工局（Andreoni 1986）—英国卫生安全执行局（HSE 1994）为阶段性代表的70余年。每一阶段都在前一阶段的基础上有进一步的发展。国内在这方面近几年来也有有益的探讨。

一、海因里希方法（间接费用方法）

海因里希在1941年对工伤事故造成的事故损失费用问题进行了探讨。他把一起事故的损失划分为两类；由生产公司申请、保险公司支付的金额划为“直接损失”，把除此以外的财产损失和因停工使公司受到损失的部分作为“间接损失”，并对一些事故的损失情况进行了调查研究，得出直接损失与间接损失的比例为1:4。由此说明，事故发生而造成的间接损失比直接损失费用要大得多。

国外事故直接损失和间接损失倍比系数　　表3-1

研究者	基准年	事故直接损失和间接损失系数	说　明
美国 Heinrich	1941	4	保险公司5000个案例
法国 Bouyeur	1949	4	1948年法国数据
法国 Jacques	20世纪60年代	4	法国化学工业
法国 Legras	1962	2.5	从产品售价、成本研究中得出
Bird 和 Loftus	1976	50	
法国 Letoublon	1979	1.6	针对伤害事故
Sheiff	20世纪80年代	10	起重机械事故
挪威 Elka	1980	5.7	
Leopold 和 Leonard	1987	间接损失微不足道	将很多间接损失定义为直接损失
法国 Bernard	1988	3	保险费用按赔偿额
		2	保险费用按分摊额
Hinze 和 appelgate	1991	2.06	考虑法律诉讼引起的损失
英国 HSE	1993	8～36	因行业各异

海因里希对间接损失的界定为：

1）负伤者的时间损失；

2）非负伤者由于好奇心、同情心、帮助负伤者等原因而受到的时间损失；

3）工长、管理干部及其他人员因营救负伤者，调查事故原因，分配人员代替负伤者继续进行工作，挑选并培训代替负伤者工作的人员，提出事故报告等的时间损失；

4）救护人员、医院的医护人员及不受保险公司支付的时间损失；

5）机械、工具、材料及其他财产的损失；

6）由于生产阻碍不能按期交货而支付的罚金以及其他由此而受到的损失；

7）职工福利保健制度方面遭受的损失；

8）负伤者返回车间后，由于工作能力降低而在相当长的一段时间内照付原工资而受到的损失；

9）负伤者工作能力降低，不能使机械全速运转而遭受的损失；

10）由于发生了事故，操作人员情绪低落，或者由于过分紧张而诱发其他事故而受到的损失；

11）负伤者即使停工也要支付的照明、取暖以及其他与此类似的每人的平均费用损失。

对于直接损失由于保险体制有差别和企业申请保险的水平不同而有较大的区别。由于各个行业确定间接损失的范围及估算损失不一致，间接损失的比例有的企业小于1:4有的大于1:4，这是正常的现象。

根据这种理论，事故的总损失可用直间比的规律来进行估算。即先计算出事故直接损失，再按1:4（或其他比值）的规律，以5倍（或其他比值的倍数）的直接损失数量作为事故总损失的估算值。这样的计算过程是较为简便的，但如果直间比值取得不合理，会使估算结果误差较大。

表3-1所示为国外事故直接损失和间接损失的倍比系数。

二、美国西蒙兹方法

美国的R. H. 西蒙兹教授对海因里希的事故损失计算方法提出了不同的看法，他采取了从企业经济角度出发的观点来对事故损失进行判断。首先，他把“由保险公司支付的金额”定为直接损失，把“不由保险公司补偿的金额”定为间接损失。他的非保险费用与海因里希的间接费用虽然是出于同样的观点，但其构成要素不同。他还否定了海因里希的直接损失与间接损失比为1:4的结论，并代之以平均值法来计算事故总损失，即提出下述计算公式：

事故总损失 = 由保险公司支付的费用（直接损失）+ 不由保险公司补偿的费用（间接损失）

= 保险损失 + A × 停工伤害次数 + B × 住院伤害次数 + C × 急救治疗伤害次数 + D × 无伤害事故次数　　(3-1)

式中，A、B、C、D 表示各种不同伤害程度事故的非保险费用平均金额，是预先根据小规模试验研究（对某一时间的不同伤害程度的事故损失调查统计，求其均值）而获得的。西蒙兹没有给出具体的 A、B、C、D 数值，使用时可因不同的行业条件采用不同的取值。即应随企业或行业的变化，如平均工资、材料费用以及其他费用的相应变化，A、B、C、D 的数值也随之变化。

在式（3-1）中，没有包括死亡和不能恢复全部劳动能力的残废伤害，当发生这类伤害时，应分别进行计算。

此外，西蒙兹将间接损失，即没有得到补偿的费用，分为如下几项进行计算：

1）非负伤工人由于中止作业而引起的费用损失；

2）受到损伤的材料和设备的修理、搬走的费用；

3）负伤者停工作业时间（没有得到补偿）的费用；

4）加班劳动费用；

5）监督人员所花费的时间的工资；

6）负伤者返回车间后生产减少的费用；

7）补充新工人的教育和训练的费用；

8）公司负担的医疗费用；

9）进行工伤事故调查付给监督人员和有关工人的费用；

10）其他特殊损失，如设备租赁费、解除合同所受到的损失、为招收替班工人而特别支出的经费、新工人操作引起的机械损耗费用（特别显著时）等。

西蒙兹的事故损失计算方法得到了美国 NSC（全美安全协会）等权威机构的支持，在美国得到广泛采用。这种损失计算方法具有较好的可靠性。

三、国际劳工局方法

国际劳工局方法是国际劳工局（ILO）委托 D. Andreoni 提出的。在事故的损失计算方面，国际劳工局采用的是综合以下三部分费用，估算事故总损失。

1. 生产计划阶段的费用

（1）各生产要素的费用（各要素的安全问题）

工作环境（建筑物、场地）；使用的物资（原材料、半成品、成品、废品）；工作设备（生产机械，运输装置和其他装置，控制和调节系统，机械防护设备，个人保护用具等）；人（培训、指导、资料，医学鉴定、能力调试，早期检测）；工作方法（如矿业中的强制规定，工时效限制，女工、童工限制，轮班工作问题，工作节奏等）。

（2）附加的费用（对易于预见的事件的预防）

预防维修计划；控制系统；贮存备件；应急救援（对房产、物质、人员等）；工人参与活动。

（3）保护环境和公众的费用

保护企业外的环境（有害废物、振动、噪声等副产品和废品）；外部环境被严重污染时要保护企业内工人；为保护公众而预先采取的措施，如噪声、振动等的隔离；防止外人随便进入企业。

2. 企业运营期间的费用

（1）固定的预防费用

1）硬件：与房屋、材料、设备有关的预防费用；付给审计员（或主计员）或外部顾问的费用。

2）软件：企业内安全卫生活动使企业工作人员为完成一定的职责所花的时间（监督人、安全、医疗、防火、人事、培训部门等，工人及其代表，行政工作人员，文件、记录、统计人员等）。

（2）固定的职业伤害保险费用

人的伤害保险；物质的保险（工业的，火灾的，接续损失的等）。

（3）变动的预防费用

安全活动（安全部门、医疗部门的活动）；训练课；宣传；调查、检查等。

（4）变动的职业伤害保险费用

差别费率导致的费用［（2）中不考虑差别费率，有此项；否则，无此项］；浮动费率导致的费用。

（5）职业伤害发生后的变动性费用

1）伤害后的治疗费用和其他费用。事故现场或医务室的急救（物资）费用。运送受伤害者去进行（厂外）医疗处理的交通费用。企业承担的企业外医疗处理费用。雇主自愿付给受伤害者或其家庭的补助金。法律方面或管理方面的费用：民事或刑事诉讼费用（法律费用，专家或律师费用等）；付给企业内人员和外部团体的罚款和赔偿费。

2）与所付的非生产性质的工资有关的费用（时间损失费用）。

a 对受伤害者。急救时间的工资；较复杂的或需企业外的医疗，当日损失时间的工资；“等待期”的工资；“等待期”后企业支付的补充费用（在补偿保险金之外）；返岗后试验期的工资及工作能力测试费用；转成轻度工作后的工资差额（可能会很长时间，直到退休）。

b 对其他工人。事故时救助、生产停顿等；事故后调查中的询问。

（6）与职业伤害有关的物质损毁费用（建筑物，设备，保护具，物质，半成品，备件，产品）

整顿、维修、恢复费用（含能耗费用及本企业人员的管理工作时间）；不能再继续使用时的价值［现值（折旧费用）——残值及拆除费用］；产品、半成品或制品的损失费用。

（7）特殊的预防费用

更新设备、设置新工序的费用（如噪声及污染防护、联苯设备的更换等）。

3. 与生产损失相关联的财政损失

工作停顿使原正常状态本可赚得的利润损失掉；因未满足对顾客的支付条件受到的罚款和赔偿金；采取特别措施进行等效生产以弥补生产损失所需的费用；质量变坏（生产未停顿）引起的损失；能补救 = 补救费用，不能补救 = 优品与次品的价值之差；新工人的工资差额（与原受伤害者间的差）和培训费用，生产率下降的损失，受伤害工人生产能力下降的损失。

四、企业职工伤亡事故经济损失计算方法

根据事故损失管理的需要，结合中国实际情况，中国制定了《企业职工伤亡事故分类标准》（GB 6441—86）。该“标准”将伤亡事故的经济损失分为直接经济损失和间接经济损失两部分。因事故造成人身伤亡的善后处理支出费用和毁坏财产的价值，是直接经济损失；而导致产值减少、资源破坏等受事故影响而造成的其他经济损失的价值是间接经济损失。企业职工伤亡事故经济损失统计标准（GB 6721—86）规定的事故经济损失的统计范围如下。

1. 直接经济损失的统计范围

1）人身伤亡后所支出的费用补助及救济费用；歇工工资。

2）善后处理费用。处理事故的事务性费用；现场抢救费用、事故罚款和赔偿费用。

3）财产损失价值。固定资产损失价值；流动资产损失价值。

2. 间接经济损失的统计范围

1）停产、减产损失价值。

2）工作损失价值。

3）资源损失价值。

4）处理环境污染的费用。

5）补充新职工的培训费用。

6）其他损失费用。

其中“工作损失价值”计算公式为

$$V_{\mathrm{w}} = D_1 \frac{M}{SD} \tag{3-2}$$

式中 V_w——工作损失价值，万元；

D_1——一起事故的总损失工作日数，死亡一名职工按6000个工作日计算，受伤职工视伤害情况按《企业职工伤亡事故分类标准》（GB 6441—86）的附表确定，日；

M——企业上年税利（税金加利润），万元；

S——企业上年平均职工人数；

D——企业上年法定工作日，日。

在标准的“编制说明”中对“工作损失价值”有如下说明；“职工受伤或死亡而不能继续工作或改为从事较轻的简单工作，就经济效果讲，被伤害职工就不能继续为国家和社会创造物质财富或者少创造物质财富，企业的经济效益也会受到一定的影响”；“税金和利润之和是劳动者超出必要劳动时间所创造的那部分价值，是职工在一定时期内为国家和社会所提供的纯收入，具体表现为企业销售收入扣除成本后的余额。因而用税金加利润进行计算，就如实地反映了被伤害职工因工作损失少为国家和社会创造的价值”。

此外，关于“停产、减产损失价值”，标准中说：“按事故发生之日起到恢复正常生产水平时止，计算其损失的价值。”实际计算中，常按“减少的实际产量价值”核算。

第三节 事故非经济因素的损失评价

一、概述

事故及灾害导致的损失后果因素，根据其对社会经济的影响特征，可分为两类：一类是可用货币直接测算的事物，如对实物、财产等有形价值因素；另一类是不能直接用货币来衡量的事物，如生命、健康、环境等。

安全最基本的意义就是生命与健康得到保障。我们所探讨的安全科学技术的目的是保证安全生产，减少人员伤亡和职业病的发生，以及使财产损失和环境危害降低到最小限度。在追求这些目标，以及评价人类这一工作的成效时，有一个重要的问题，就是如何衡量安全的效益成果，即安全的价值问题。财产、劳务等价值因素客观上就是商品，它们的价值一般来说容易做出定量的评价，而生命、健康、环境影响等非价值因素都不是商品，不能简单直接地用货币来衡量，但是，在实际安全经济活动中，需要对它们做出客观合理的估价，以对安全经济活动做出科学的评价并有效地指导其决策，因此需要对其测算的理论及方法进行探讨。

二、生命和健康的价值评价

对于生命价值的评定，长期以来一直是经济学家关注的一个问题，其研究和认识已经历了几个阶段。起初，一些经济学家主张用一个人有生之年的可能收入来评价人的生命价值，即用国民年均收入乘以一个人的工作年数进行估价。这种方法的缺陷，一是用一确定的经济指标来衡量生命价值易于引起争论；二是明显表现出无职业人员（如儿童、妇女、退休人员）的生命价值大大低于有职业人员，这显然是不合理的，因此这种方法已不为人们所接受。20世纪70年代以来，一些经济学家利用统计方法来研究不同行业的政策和制度，或者社会上人们对某种安全问题的效用的态度等，从中测算出特定环境及条件下，社会或行业客观上对人的生命价值的现行估价，或潜在理解、意识和接受的水平。

1. 国外的理论

1）美国经济学家泰勒等1975年对死亡风险较大的一些职业进行了研究，考察了随安全性变化社会预付工资的差别，采用回归技术来推断社会（人们）对生命价值的接受水平，其结果是：由于有生命危险，人们自然要求雇主支付更多的生命保险，在一定的死亡风险水平下，似乎人们接受到一定的生命价值水平，将其换算为解救一个人的生命，大约价值为34万美元。

2）英国学者SMDAIR 1972年利用本国国家统计数字研究了三种不同工业部门为防止工伤事故而花费的金钱。从效果成本分析中得出了人生命内在估值。即为防止一个人员死亡所花费的代价，用以推断人的生命价值。

3）美国学者布伦奎斯特1977年进行了一项研究，他考察了汽车座位保险带的使用情况。他用人们舍得花一定时间系紧座位安全带的时间价值，推算出人对安全代价的接受水平，结果是人的生命价值为26万美元。

4）美国经济学家克尼斯在他1984年出版的论著《洁净空气和水的费用效益分析》一书中，主张在对环境风险进行分析时，考察每个生命价值可在25万～100万美元之间取值。

5）美国环境专家奥托兰诺在其专著《环境规划与决策》中提到一种方法，即用向公众征询的方法，调查减少死亡危险愿支付的水平。例如：对乘较安全的飞机应付较高的费用。得到的结果是，人的生命价值范围在数万美元到500万美元之间，相差一个数量级。

6）目前，国外比较通行的是“延长生命年”法，即人一生的生命价值就是他每延长生命一年所能生产的经济价值之和。这主要由年龄、教育、职业和经验等决定。在计算中一般用工资来代表一个人的生产量。如果把反映时间序列的贴现率考虑进来，就可以参照当年的年工资率来计算任何年龄段上人的生命价值。例如一个6岁孩子的生命价值，就要看他的家庭经济水平，他的功课状况，预期他将接受多少教育及可能从事哪一职业。假设他21岁时将成为会计师，年薪2万美元，由此可用贴现率计算他在6岁时的生命经济价值。

当一个人年老退休后，由于他已不再从事生产，因此就不能用上述方法计算人的经济价值，而要用他的消费额来反映他的生命价值。根据诺贝尔经济学奖获得者莫迪里安尼的生命周期假说，人们在工作赚钱的岁月里（18～65岁）进行积累，以便在他们退休以后进行消费，从而一个人在不同的年龄段其生命价值的计算方法是不同的。未成年时是以他将来的预期收入计算；退休后是以他的消费水平计算；在业期间则要预测他若干年中的工资收入变动状况。这三种计算方法不仅在计量标准上不统一，而且所反映的生命价值含义也是不确定的，有时指的是人的生产贡献，有时又指的是人的消费水平。

2. 国内的理论

1）中国的一些经济学家在进行公路投资可行性论证时，当考虑到减少伤亡所带来的效益，从而计算效益比时，对人员伤亡的估价为死亡一人价值1万元，受伤一人0.14万元。

2）在中国，人们普遍感到经济赔偿标准定得太低，死一个人只赔偿亲属几千元，并且是长期稳定不变。由于理论上说不清是对人的生命中经济价值损失的赔偿，还是对人的生命本身的赔偿，使得计算方法和模型难以科学地确立，只能按惯例处理。为此有人给出

一种生命价值的近似计算公式

$$V_h = D_H \cdot P_{v+m}/(N \cdot D) \tag{3-3}$$

式中　V_h——生命价值，万元；

D——企业上年度法定工作日数，一般取250～300日；

P_{v+m}——企业上年度净产值（$V+M$），万元；

N——企业上年度平均职工人数；

D_H——人的一生平均工作日，可按12000日即40年计算。

由上式可知人的生命价值指的是人的一生中所创造的经济价值，它不仅包括事故致人死后少创造的价值，而且还包括死者生前已创造的价值。在价值构成上，人的生命价值包括再生产劳动力所必需的生活资料价值和劳动者为社会所创造的价值（$V+M$），具体项目有工资、福利费、税金、利润等。如果假设中国职工全年劳动生产率是2万元，即一个工作日人均净产值约为67元，即$P_{v+m}/(N \cdot D)=67$元，则可算出中国职工的平均生命价值是80万元。

3）人身保险的赔偿也需要对人的价值进行客观、合理的定价。它客观上是用保险金额来反映一个人的生命价值。它是根据投保人自报金额，并参照投保人的经济情况、工作地位、生活标准、缴付保险费的能力等因素来加以确定的，如认为合理而且健康状况合格，就接受承保。保险金额的标准只能是需要与可能相结合的标准，如中国民航人身保险：丧失生命保险赔偿20万元，其他身体部分伤残按一定比例给予赔偿。

4）中国在20世纪80年代中期，企业在进行安全评价时，当考虑事故的严重度，对经济损失和人员伤亡等同评分定级时，做了这样的视同处理：财产损失10万元视同死亡一人，指标分值15分；损失3.3万元视同重伤一人，分值5分；损失0.2万元视同轻伤一人，分值0.2分。这种做法客观上对人的生命及健康的价值用货币做了一种界定。

三、工效损失的价值评价

提高工作效率的实质，就是提高生产力水平，增加社会物质财富积累，加速社会主义现代化建设事业的进程。因为工作效率是一项重要的综合经济指标，反映了一定时期内企业劳动资源总投入与产品（服务）总产出之间的比值关系，同时也间接地反映了企业的产品水平和技术构成，是企业经济效益的有机组成部分。

往往事故（特别是重大伤亡事故）的发生，给员工心理带来了极大的影响，使得某些员工的劳动效率无法达到事故发生前的正常值。在其工作效率达到正常值之前的一段时间内的经济损失即为工效的损失价值。

工效损失的计量标准及评估模型如下：

事故造成的工效损失的计量标准是指采用何种指标来计量工效损失的问题。可使用价值指标、利税指标、净产值指标等。本书使用价值指标，即以企业在事故发生前后的平均增加价值的减少额来衡量工效的损失价值。

事故发生前后企业的工作效率会发生一定的变化，这里假设，无事故发生时，企业的工作效率是一个较为稳定的值，而有事故发生时，工作效率会有一个急剧下降而后又慢慢恢复的过程。假如事故发生前后的企业的工作效率分别为：$f_1(x)$，$f_2(x)$，如图3-1所示。

在不考虑货币时间价值时，图中阴影部分的面积即为事故的工效损失价值。

$$\Delta L = \int_{t_0}^{t_1} [f_1(t) - f_2(t)] \mathrm{d}t \tag{3-4}$$

式中　ΔL——企业在事故发生前后的工效损失值。

对式（3-4）进行简化处理，假设$f_1(t)$为一水平直线，$f_2(t)$为一线性直线，如图3-2所示。

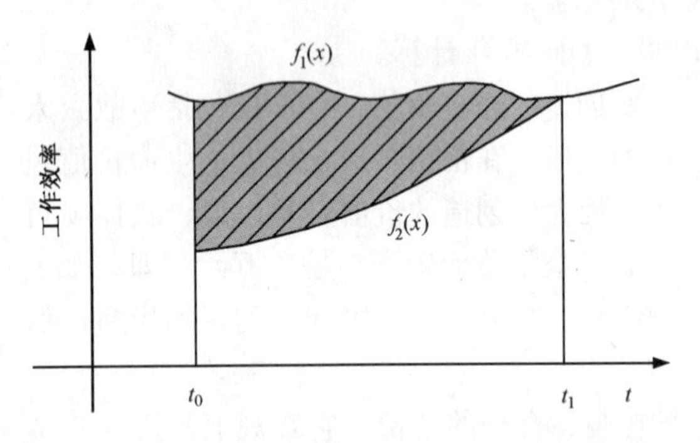

图3-1　某企业在事故发生前后的工作效率情况

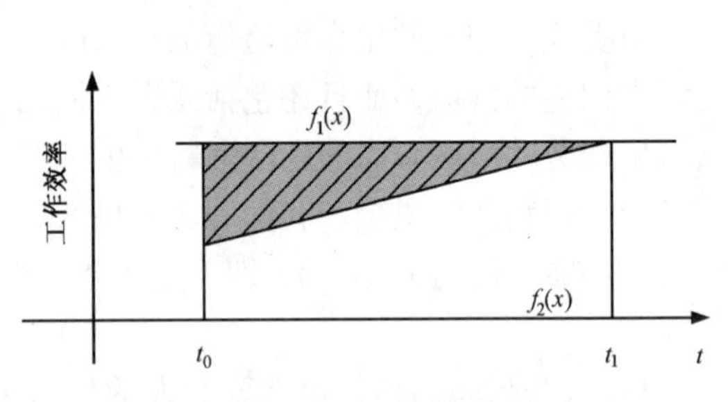

图3-2　简化后的工效损失情况

在不考虑货币时间价值时，图中阴影部分的面积即为企业的工效损失。

即

$$\Delta L = [f_1(t) - f_2(t)] \times (t_1 - t_0)/2 \tag{3-5}$$

若考虑货币的时间价值，可写成：

$$\Delta L = \int_{t_0}^{t_1} [f_1(t) - f_2(t)] \frac{1}{(1+i)^{t_1 - t_0}} \mathrm{d}t \tag{3-6}$$

式中　i——社会贴现率。

四、商誉损失的价值评价

1. 企业商誉的影响

所谓商誉是指企业由于各种有利条件，或历史悠久积累了丰富的从事本行业的经验，或产品质量优异、生产安全，或组织得当、服务周到，以及生产经营效率较高等综合性因素，使企业在同行业中处于较为优越的地位，因而在客户中享有良好的信誉，从而具有获得超额收益的能力。这种能力的价值便是商誉的价值。也就是说，商誉是企业在可确指的各类资产基础上所能获得额外高于正常投资报酬能力所形成的价值，是企业的一项受法律保护的无形资产。

一旦企业发生安全事故，企业的商誉就会受到很大的影响，甚至于企业积累了多年的良好信誉会毁于一旦。而一旦企业因为安全事故失去了原有的良好信誉，要想有朝一日在同行中重振雄风，其所花费的代价就要比原来大得多。安全在企业商誉的创建和维护中起到了增加企业收益（增值）的作用，因此有必要研究企业商誉的价值。当然企业商誉是由产品质量、安全状况、组织效率、良好服务等组成的，这里只强调安全的负面作用和它的重要性，以便看到安全在社会经济方面的作用。

2. 商誉损失的评估

根据实际情况的不同，商誉的估价方法可分为超额收益法和割差法。

(1) 超额收益法

超额收益法将企业收益与按行业平均收益率计算的收益之间的差额（超额收益）的折现值确定企业商誉的评估值，即直接用企业超过行业平均收益的部分来对商誉进行估算。

$$商誉的价值=\frac{企业年预期收益额-行业平均收益率\times企业各项资产评估值之和}{商誉的本金化率}$$

$$=\frac{企业各项单项资产评估值之和\times(被评估的企业预期收益率-行业平均收益率)}{商誉的本金化率}$$

即：

$$P=(D-Rc)/j \tag{3-7}$$

式中 P——商誉的价值；

D——预期收益额

R——该行业平均收益率；

c——企业各项资产评估值之和；

j——商誉的本金化率，即把企业的预期超额收益进行折现，把折现值作为商誉价格的评估值。

如果以商誉在未来的一个期间内带来的超额收益为前提，可根据年金现值原理计算商誉价值。

$$商誉的价值=预计年超额收益\times年金现值系数 \tag{3-8}$$

$$年金现值系数=\frac{1-(1+i)^{-n}}{i}$$

式中 i——贴现率；

n——商誉所带来的超额收益的期限。

(2) 割差法

割差法将企业整体评估价值与各单项可确指资产评估值之和进行比较。当前者大于后者时，则可用此差值来计算企业的商誉价值。

实际计算中，可以通过整体评估的方法评估出企业整体资产的价值，然后通过单项评估的方法分别评估出各类有形资产的价值和各单项可确指无形资产的价值，最后在企业整体资产的价值中扣减各单项有形资产及单项可确指无形资产的价值之和，所剩余值即企业商誉的评估值。其计算公式为：

$$\begin{aligned}商誉评估值=&企业整体资产评估值-单项有形资产评估值之和\\&-可确指无形资产评估值之和\end{aligned} \tag{3-9}$$

在商誉得到评估之后，就可以对事故所引起的商誉损失进行评估。在实际工作中，可以用以下公式来进行估算。

$$事故引起的商誉损失值=商誉的评估值\times事故引起的商誉损失系数 \tag{3-10}$$

其中，商誉损失系数 $C_i=F(Y_i,W_i,M_i,N_{10})$

式中 C_i——企业 i 事故引起的商誉损失系数；

Y_i——企业发生事故的严重程度；

W_i——企业发生事故的影响范围；

M_i——企业发生事故后受媒体的关注程度；

N_{10}——企业 10 年内发生事故的频率。

复习思考题

1. 简述事故损失的概念及其分类。
2. 事故经济损失的评估方法有什么，请举出至少 3 种方法。除此之外，还有什么方法?
3. 事故非经济损失的评估方法有什么，请举出至少 3 种方法。除此之外，还有什么方法?

第四章　层次分析法

第一节　概　　述[47]

层次分析法（Analytic Hierarchy Process，简称 AHP）是由美国匹兹堡大学教授 T. L. Saaty 在 20 世纪 70 年代中期提出的。它的基本思想是把一个复杂的问题分解为各个组成因素，并将这些因素按支配关系分组，从而形成一个有序的递阶层次结构。通过两两比较的方式确定层次中诸因素的相对重要性，然后综合人的判断以确定决策诸因素相对重要性的总排序。

AHP 本质上是一种决策思维方式，AHP 体现了人们决策思维的这些基本特征，即分解、判断、综合。

AHP 作为一种有用的决策工具有着明显优点：

第一是它的适用性。用 AHP 进行决策，输入的信息主要是决策者的选择与判断，决策过程充分反映了决策者对决策问题的认识，加之很容易掌握这种方法，这就使以往决策者与决策分析者难于互相沟通的状况得到改变。在多数情况下，决策者直接使用 AHP 进行决策，这就大大增加了决策的有效性。

第二是它的简洁性。了解 AHP 的基本原理，掌握它的基本步骤并不困难，用 AHP 进行决策分析可以不用计算机。一个简单计算器足以完成全部运算，所得的结果简单明确，一目了然。

第三是它的实用性。AHP 不仅能进行定量分析，也可以进行定性分析。它把决策过程中定性与定量因素有机地结合起来，用一种统一方式进行处理。AHP 也是一种最优化技术，从学科的隶属关系看，人们往往把 AHP 归为多目标决策的一个分支。但 AHP 改变了最优化技术只能处理定量分析问题的传统观念，使它的应用范围大大扩展。许多决策问题如资源分配、冲突分析、方案评比、计划等均可使用 AHP，对某些预测、系统分析、规划问题，AHP 也不失为一种有效方法。

第四是它的系统性。人们的决策大体有三种方式。第一种是因果推断方式，在相当多的简单决策中，因果推断是基本方式，它形成了人们日常生活中判断与选择的思维基础。事实上，对于简单问题的决策，因果推断是够用的。当决策问题包含了不确定因素，则需要第二种推断方式，即概率方式。此时决策过程可视为一种随机过程。人们需要根据各种影响决策的因素出现的概率，结合因果推断进行决策。近年来发展起来的系统方式是第三种决策思维方式。它的特点是把问题看成一个系统，在研究系统各组成部分相互关系以及系统所处环境的基础上进行决策。对于复杂问题，系统方式是有效的决策思维方式。相当广泛的一类系统具有递阶层次的形式。AHP 恰恰反映了这类系统的决策特点。当然，由递阶层次可以进而研究更复杂的系统，如反馈系统。

第二节　AHP 的基本步骤

运用 AHP 解决问题，大体可以分为四个步骤，即：一、建立问题的递阶层次结构；二、构造两两比较判断矩阵；三、由判断矩阵计算被比较元素相对权重；四、计算各层元素的组合权重。

一、建立问题的递阶层次结构

这是 AHP 中最重要的一步。首先，把复杂问题分解为称之为元素的各组成部分，把这些元素按属性不同分成若干组，以形成不同层次。同一层次的元素作为准则，对下一层次的某些元素起支配作用，同时它又受上一层次元素的支配。这种从上至下的支配关系形成了一个递阶层次。处于最上面的层次通常只有一个元素，一般是分析问题的预定目标，或理想结果。中间的层次一般是准则、子准则。最低一层包括决策的方案。层次之间元素的支配关系不一定是完全的，即可以存在这样的元素，它并不支配下一层次的所有元素。一个典型的层次可以用图 4-1 表示出来：

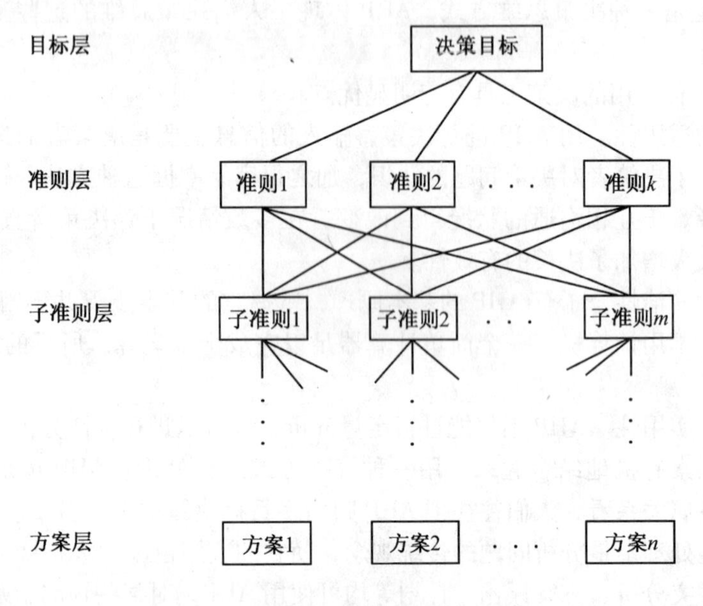

图 4-1　典型递阶层次结构图

一个好的层次结构对于解决问题是极其重要的。层次结构建立在决策者对所面临的问题具有全面深入的认识基础上，如果在层次的划分和确定层次之间的支配关系上举棋不定，最好重新分析问题，弄清问题各部分相互之间的关系。有时一个复杂问题仅仅用递阶层次形式表示是不够的，需要采用更复杂的结构形式，如循环层次结构、反馈层次结构等，这些结构是在递阶结构基础上的扩展形式。

二、构造两两判断矩阵

在建立递阶层次结构以后，上下层次之间元素的隶属关系就被确定了。假定上一层次的元素 C_k 作为准则，对下一层次的元素 A_1，A_2，…，A_n 有支配关系，我们的目的是在准

则 C_k 之下按它们相对重要性赋予 A_1，A_2，…，A_n 相应的权重。对于大多数社会经济问题，特别是对于人的判断起重要作用的问题，直接得到这些元素的权重并不容易，往往需要通过适当的方法来导出它们的权重。AHP 所用的是两两比较的方法。

在这一步中，决策者要反复回答问题：针对准则 C_k，两个元素 A_i 比 A_j 哪一个更重要些，重要多少。需要对重要多少赋予一定数值。这里使用 1 ~ 9 的比例标度，它们的意义见表 4-1。例如，准则是社会经济效益，子准则可分为经济、社会和环境效益。如果认为经济效益比社会效益明显重要，它们的比例标度取 5。而社会效益对于经济效益的比例标度则取 1/5。

两两判断矩阵其形式为：

C_k	A_1	A_2	……	A_n
A_1	a_{11}	a_{12}	……	a_{1n}
A_2	a_{21}	a_{22}	……	a_{2n}
⋮	⋮	⋮	⋮	⋮
A_n	a_{n1}	a_{n2}	……	a_{nn}

其中 a_{ij} 表示对于 C_k 来说，A_i 对 A_j 相对重要性的数值体现。

标度的含义　　**表 4-1**

1	表示两个元素相比，具有同样重要性
3	表示两个元素相比，一个元素比另一个元素稍微重要
5	表示两个元素相比，一个元素比另一个元素明显重要
7	表示两个元素相比，一个元素比另一个元素强烈重要
9	表示两个元素相比，一个元素比另一个元素极端重要

注：2、4、6、8 位是上述相邻判断的中值。

两两判断矩阵的元素必须满足：$a_{ij}>0$；$a_{ij}=\dfrac{1}{a_{ji}}$；$a_{ii}=1$

1 ~ 9 的标度方法是将思维判断数量化的一种好方法。首先，在区分事物质的差别时，人们总是用相同、较强、强、很强、极端强的语言，再进一步细分，可以在相邻的两级中插入折衷的提法，因此对于大多数决策判断来说 1 ~ 9 级的标度是适用的。其次，心理学的实验表明，大多数人对不同事物在相同属性上差别的分辨能力在 5 ~ 9 级之间，采用 1 ~ 9 的标度反映多数人的判断能力。再次，当被比较的元素其属性处于不同的数量级，一般需要将较高数量级的元素进一步分解，这可以保证被比较元素在所考虑的特性上有同一个数量级或比较接近，从而适用于 1 ~ 9 的标度。当然根据问题的特点也可以采用别的类型标度方法。如 0 ~ 1 的标度，指数型的标度等。

三、单一准则下被比较元素的相对权重

这一步需要根据判断矩阵计算对于目标元素而言各元素的相对重要性次序的权值。计

算判断矩阵 A 的最大特征根 λ_{max} 和其对应的经归一化后的特征向量 $W=[\varpi_1 \quad \varpi_2 \quad \cdots \quad \varpi_n]^T$。首先对判断矩阵求解最大特征根问题。这种方法称为排序权向量计算的特征根方法，λ_{max} 存在且唯一。

$$Aw=\lambda_{max}W$$

λ_{max} 和 w 的计算在精度要求不高的情况下，可以用近似方法计算，步骤如下

1）将判断矩阵 A 中元素按行相乘，即 $\prod_{j=1}^{n} a_{ij}(i=1,2,\cdots,n)$；

2）计算 $\overline{\varpi}_i = n\sqrt{\prod_{j=1}^{n} a_{ij}}$；

3）将 $\overline{\varpi}_i$ 归一化，得 $\varpi_i = \frac{\overline{\varpi}_i}{\prod_{j=1}^{n} \overline{\varpi}_j}$，$W=[\varpi_1 \quad \varpi_2 \quad \cdots \quad \varpi_n]^T$ 为所求向量；

4）计算最大特征根 $\lambda_{max} = \sum_{i=1}^{n} \frac{(AW)_i}{n\varpi_i}$，其中 $(AW)_i$ 表示向量 AW 的第 i 个元素。

特征根方法是AHP最早提出的排序权向量计算方法，使用广泛。近年来，不少学者提出了排序向量计算的其他一些方法，如最小二乘法、对数最小二乘法、上三角元素法等等，这些方法在不同场合下运用各有优点。

在判断矩阵的构造中，并不要求判断具有一致性，即不要求 $a_{ij} \cdot a_{jk} = a_{ik}$ 成立，这是为客观事物的复杂性与人的认识多样性所决定的。但要求判断有大体的一致性却是应该的，出现甲比乙极端重要，乙比丙极端重要，而丙比甲极端重要的情况一般是违反常识的。而且，当判断偏离一致性过大时，排序权向量计算结果作为决策依据将出现某些问题。因此在得到 λ_{max} 后，需要进行一致性检验，步骤如下：

（1）计算一致性指标

$$C.I. = \frac{\lambda_{max} - n}{n-1} \tag{4-1}$$

式中 n——判断矩阵的阶数。

（2）计算平均随机一致性指标 $R.I.$ 是多次重复进行随机判断矩阵特征值的计算后取算术平均数得到的，表4-2给出了1~15维矩阵的平均一致性指标值。

矩阵平均一致性指标值 **表4-2**

阶数	1	2	3	4	5	6	7	8	9	10	11	12	13	14	15
R.I.	0	0	0.52	0.89	1.12	1.26	1.36	1.41	1.46	1.49	1.52	1.54	1.56	1.58	1.59

（3）计算一致性指标

$$C.R. = \frac{C.I.}{R.I.} \tag{4-2}$$

当 $C.R. < 0.1$ 时，一般认为判断矩阵的一致性是可以接受的，否则就要修改判断矩阵使之符合要求。

四、计算各层元素的组合权重

为了得到递阶层次结构中每一层次中所有元素相对于总目标的相对权重，需要把第三

步的计算结果进行适当的组合，并进行总的判断一致性检验。这一步骤是由上而下逐层进行的。最终计算结果得出最低层次元素，即决策方案优先顺序的相对权重和整个递阶层次模型的判断一致性检验。

假定已经计算出第 $k-1$ 层元素相对于总目标的组合排序权重，向量 $a^{k-1}=(a_1^{k-1}, a_2^{k-1}, \cdots, a_m^{k-1})^T$，第 k 层在第 $k-1$ 层第 j 个元素作为准则下元素的排序权向量为 $b_j^k=(b_{1j}^k, b_{2j}^k, \cdots, b_{nj}^k)^T$，其中不受支配（即与第 $k-1$ 层第 j 个元素无关）的元素权重为零。令 $B^k=(b_1^k, b_2^k, \cdots, b_m^k)$，则第 k 层 n 个元素相对于总目标的组合排序权重向量由下式给出：

$$a^k = B^k \cdot a^{k-1} \tag{4-3}$$

更一般的，有排序的组合权重：

$$a^k = B^k \cdot B^{k-1} \cdots B^2 a^2 \tag{4-4}$$

式中 a^2——第二层次的排序向量。

对于递阶层次组合判断的一致性检验，要逐层计算。

若分别得到了第 $k-1$ 层的计算结果 $C.I._{k-1}$，$R.I._{k-1}$，$C.R._{k-1}$，则第 k 层的相应指标可按如下方法计算：

$$C.I._k = (C.I._k^1, \cdots, C.I._k^m) a^{k-1} \tag{4-5}$$

$$R.I._k = (R.I._k^1, \cdots, R.I._k^m) a^{k-1} \tag{4-6}$$

$$C.R_k = C.R._{k-1} + \frac{C.I._k}{R.I._k} \tag{4-7}$$

式中 $C.I._k$ 和 $R.I._k$ 分别为在 $k-1$ 层次下第 i 个准则的一致性指标和平均一致性指标。

当 $C.R._k<0.1$ 时可认为第 k 层在整个层次上有良好的一致性。

根据上述四个步骤，可得到相对于总的目标各决策方案的优先顺序权重，并据此做出决策。

本节所介绍的 AHP 四个基本步骤，是运用 AHP 解决比较简单的决策问题时所用的，对于更复杂的决策问题，这四个基本步骤是远远不足分析问题的。在这样的情况下，AHP 还有许多扩展的方法，例如边际排序方法，动态排序方法，信息不全下的 AHP 方法，Fuzzy AHP，不确定型 AHP 等。

第三节 AHP 方法的基本原理[47]

AHP 是社会经济系统决策的有用工具。这里所讲的决策包括计划、资源分配、方案排序、政策制定、冲突求解、性能评价等相当广泛的问题。本节介绍 AHP 基本原理的哲学方面，较少涉及数学方面，主要是 AHP 的社会经济系统度量方式的原理，递阶层次结构原理，两两比较标度原理和排序原理。

一、社会经济系统的测度

所谓测度，是指在一定标度下对事物某种属性的定量测量。决策的困难之处在于社会经济系统中的许多因素难于定量测度。如果定量测度能够做到，那么数学这一定量分析的有力工具就能得以发挥作用，决策过程会变得比较容易。因此，在某种意义上讲，决策问题的核心是决策因素的测度。

社会经济系统的测度是使系统由无结构状态向有结构状态转化的重要条件。建立大多数社会经济现象的标度相当困难，诸如对环境、健康、安全、生活美满、幸福这类问题的测度就很难提出一种标度。因此，涉及社会经济系统的大量决策问题，人们常常凭自己的经验和知识进行判断，略去了对决策因素测度这一重要环节。这是造成决策失误的一个主要因素。

社会经济系统测度的困难在于测量对象的属性大多具有相对的性质，无法确定统一的标度，在于测度对象的环境时常变化，即使有一种统一的标度，由于环境的变化也会使其失去常规意义；在于缺少必要的测度工具，而往往需要人的判断。

社会经济系统许多问题的属性常有相对的性质，不可能对这类属性的调度确定一种绝对的标度，例如国家的安全就无法用绝对的标度去衡量。对它的估计只能在比较中确定。这提示我们可以在社会经济系统某些问题的测度上考虑一种相对标度。对于决策目的来说，这种相对标度和测度正是所需要的。

层次分析法作为一种决策过程，提供了测度决策因素（尤其是社会经济因素）的基本方式。这种方式充分利用人的经验和判断，采取相对标度形式，能够统一对有形与无形、可定量与不可定量的因素进行测度。在某种程度上，AHP 解决了社会经济系统某些现象的测度问题，提出了决策思维的一种新方法。

用 AHP 进行决策因素的测度，首先要做的是在问题划分为各种因素的基础上，把具有相同属性的因素编为一组，形成一个递阶层次结构，利用 AHP 中规定的比例标度对同一层次有关的因素的相对重要性进行比较，按递阶层次从上到下的顺序对测度进行合成以得到各个方案相对于决策目标的测度，即基本步骤所说的方案的组合排序权值。由此可见，利用 AHP 对社会经济因素进行测度具有决策目的明确、采用相对标度、依靠决策者的比较判断等特点。测度的最终结果以方案相对重要性的权重表示。这种测度不仅可以作为决策的依据，在解决社会经济系统的许多问题中也有一定作用。特别重要的是，AHP 提出的解决社会经济问题测度的基本思想，有进一步深化与扩展的可能性。

二、递阶层次结构的基本原理

一个复杂的无结构问题可分解为它的组成部分或因素，即目标、约束、准则、子准则、方案等，每一个因素称为元素，按照属性的不同把这些元素分组形成互不相交的层次，上一层次的元素对相邻的下一层次的全部或某些元素起着支配作用（有时是包含关系），形成按层次自上而下的逐层支配关系。具有这种性质的层次称为递阶层次。这样我们所面临的问题是分解与综合方式的深化与发展。在 AHP 中递阶层次的思想占据核心地位。在使用 AHP 中，最重要的是建立有效的递阶层次结构。

在自然科学和社会科学中，递阶层次的研究思想由来已久。在数学研究中递阶层次的思想导致数学理论有着严密的递阶层次结构。在社会科学研究中，特别是系统思想日益渗透的今天，递阶层次形式的分解与综合方法被广泛应用，其结果是使得社会科学的研究更有效。

从人的决策思维角度来看，递阶层次原则是这种思维活动的重要特点。显然，决策思维离不开逻辑判断、因果推理，离不开分解与综合。如果考察一个具体的决策思维过程，我们会发现，一个复杂问题被分解为若干组成部分，这些部分对更细的决策因素起着支配作用。因此，决策因素中的分解与综合常常是按照递阶层次结构形式进行的，人的逻辑判断是在这种递阶层次结构得到体现的。事实上，在很多情况下人们总是在自觉或不自觉地利用递阶层次原则进行决策思维。思维的递阶层次方式并不是什么新东西，只不过它没有像逻辑判断、分解综合那样被人们摆在明显的地位罢了。

作为决策思维的一种方式，AHP突出反映了思维的递阶层次特点。在AHP使用过程中，复杂问题被分解为递阶的层次结构，从最高到最低层向下起着支配作用，每一层次都要通过两两比较导出它们包含的元素相对重要性的排序权值。最后仍然通过层次的递阶关系得到决策因素总的相对重要性排序权值。AHP把递阶层次、分解综合、逻辑判断统一在这样的树状结构中，使得人的思维趋向条理化，使思维决策更为有效。

AHP中的递阶层次结构有下面一些特点：第一，从上到下顺序的支配关系。这种关系在某种意义上类似于集合、子集、元素间的属于关系。第二，整个结构中层次数不受限制，层次数大小取决于决策分析的需要，最高层次的元素一般只有一个，其他层次的元素一般不超过9个，这是出于两两比较判断要尽可能一致的考虑。当层次中元素过多时，可以进一步划分为子层次，因此不超过9的限制并不会给递阶层次结构的建立带来困难。第三，层次之间的联系比同一层次各元素的联系要大得多。如果实际问题中层次内部元素的联系非常密切，以至难于忽略，则AHP的基本排序原则不再适用。递阶层次结构的层次位置必须是确定的，同一层次元素的位置无需确定。从递阶层次结构的特点可以看出，AHP使用中，层次结构的建立有着很大的灵活性和抗干扰性，当一个层次包含的元素发生变化时，对整个层次结构变化的影响是有限的。特别是，由于决策目标的实现要经过自上而下几个层次的分析判断，即使某一层次中若干判断失误，对决策目标的影响比采用非层次决策方法要小很多。层次结构使得人们的思维条理化，在决策面临的问题比较复杂时，采用AHP的递阶层次结构会使问题的分析清楚容易，便于迅速地做出决策。

三、AHP的比例标度

AHP从决策角度提出社会经济因素的测度方式，测度过程中存在着两种标度，一种是规定性标度，它用于在某个准则下两个元素的相对重要性的测度，属于比例标度，标度值为1~9之间的整数及其倒数。测量方法是两两比较判断，其结果表示为正的互反矩阵。另一种标度是导出性标度，用于被比较元素相对重要性的测度，标度值为区间［0，1］上的实数，利用两两比较判断矩阵通过一定的数学方法（如特征向量法）导出测度结果，它涉及AHP的排序理论。

AHP的测度是通过两两比较判断给出的，在进行判断时，被比较的对象在它们所从属的性质上应该比较接近，否则定性分析没有太大意义，例如没有必要对太阳和原子的大小进行比较。当被比较因素在属性上级差太大时，一般需要将小的因素聚合，或将大的因素分解；当被比较的因素的属性比较接近时，人们的判断趋于用相等、较强、强、很强、绝对强这类语言表达。如果进一步细分，相邻判断之间可再插入一档，这样，1~9可以满足表达判断的这一要求。

其次，AHP的创始人Saaty提出AHP时，也提出了多少比例标度方法，但通过实例对1~9标度法和其他26种方法做了比较，结果表明1~9标度是比较合理的方法。1~9的标度是一种比例标度，由于在同一准则下对因素进行两两比较，这种方法并不要求对被比较元素的属性有专门的知识，适于普通非专业人员使用。标度结果组成的判断矩阵，一般不具有一致性。这里所指的一致性既包括基本一致性，也包括次序一致性。前者的含义为：如果元素甲比元素乙重要两倍，元素乙比元素丙重要4倍，那么元素甲比元素丙重要8倍。所谓次序一致性是指如果元素甲比元素乙重要，元素乙比元素丙重要，则元素甲比元素丙重要。基本一致性和次序一致性又分别称为强一致性和弱一致性。利用AHP的比例标度进行判断赋值，允许违反上述两类一致性。这是出于客观世界的复杂性和人们认识的多样性。事实上，不一致性在实际生活中是存在的。例如球类比赛中常有甲队胜乙队，乙队胜丙队，丙队胜甲队的情况出现。所以允许判断不一致更符合客观实际。比例标度的方法便于在判断不一致或者相互矛盾的情况下对被比较元素进行标度，而由此求得的导出标度（即元素相对重要性的排序权值）仍是对某种属性的一个合理的测度。

复习思考题

1. 简单说明应用AHP方法的步骤。
2. 简述递阶层次结构的基本原理。

第五章 风险评价

第一节 风险标准

在风险分析的基础上，需要根据相应的风险标准，判断该系统的风险是否可被接受，是否需要采取进一步的安全措施，这就是风险评价过程中要完成的工作，在此过程中首先要有一个风险标准即参照系。一般在项目风险评价中，我们采用“最低合理可行（As low As Reasonably Practicable，ALARP）”的原则。

一、ALARP 原则含义

ALARP（As Low As Reasonably Practicable，最低合理可行）原则的意义是：任何工业系统都是存在风险的，不可能通过预防措施来彻底消除风险；而且，当系统的风险水平已经很低时，要进一步降低就越困难，为此，所花费的成本往往呈指数曲线上升。也可以这样说，安全风险改进措施投资的边际效益递减，趋于零，最终为负值。因此，必须在工业系统的风险水平和成本之间作出一个折衷。为此，实际工作人员常把“ALARP 原则”称为“二拉平原则”，ALARP 原则可用图 5-1 来表示。

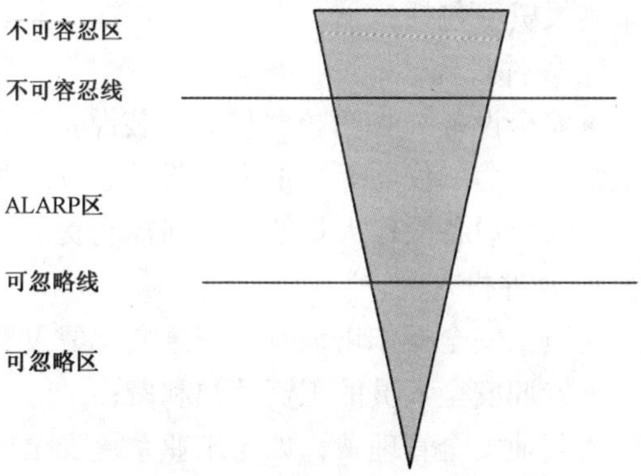

不可容忍区
不可容忍线
ALARP区
可忽略线
可忽略区

图 5-1 风险评价的“最低合理可行”原则

风险评价的“ALARP 原则”包括：

（1）对工业系统进行定量风险评估，如果所评估出的风险指标在不可容忍线之上，则落入不可容忍区。此时，除特殊情况外，该风险是无论如何不能被接受的。

（2）如果所评估出的风险指标在可忽略线之下，则落入可忽略区。此时，该风险是可以被接受的，无需再采取安全改进措施。

（3）如果所评估出的风险指标在可忽略线和不可容忍线之间，则落入“可容忍区”，此时的风险水平符合 ALARP 原则。此时，需要进行安全措施投资成本——风险分析（Cost—Risk Analysis），如果分析结果能够证明：进一步增加安全措施投资，对工业系统的风险水平降低贡献不大，则风险是“可容忍的”，即可以允许该风险的存在，以节省一定的成本。例如，美国核管理委员会在（NRC）法规中 RG1.115 的《轻水型核动力堆放射性废物处理的成本——效用分析》一书中指出：“申请建造轻水型核动力堆的当事人必须在其代价——利益分析报告中表明其放射性废物处理系统已设计完善到这种程度，即如需进一步减少该反应堆厂址周围 50 英里半径内居民的群体（集体）剂量，则该处理系统的成本将提高到每年减少每人一雷姆花费 1000 美元以上，或每人一甲状腺雷姆需花费

1000 美元以上（或表明只有在特殊情况下才能以低于此种代价实现这一目标）”。

二、ALARP 原则的经济本质

同工业系统的生产活动一样，采取安全措施、降低工业系统风险的活动也是经济行为，同样服从一些共同的经济规律。在经济学中，主要用生产函数理论来描述和解释工业系统的生产活动；下面，笔者将建立与生产函数类似的风险函数，用来描述和解释工业安全生产，并在此基础上根据边际产出变化规律来分析 ALARP 原则的经济本质。

经济学中的生产函数（Production Function）是指生产过程中生产要素投入和产出之间的数量关系的数学表达式，其一般形式为：

$$x = f(I_0) = f(A_1, A_2, \cdots\cdots, A_n) \tag{5-1}$$

式中 x——产出的产品数量；

I_0（A_1，A_2，……，A_n）——投入的各种生产要素的数量和其他影响产出数量的因素。

类似，可以建立风险函数的概念，风险函数是工业安全工作中投入（安全措施投资）和产出（工业系统的风险水平）之间数量关系表达式，可写为：

$$R = f(I) \tag{5-2}$$

其中产出 R 为工业系统的风险水平，用相对风险数 R 来度量。投入 I 指工业系统的安全措施投资，包括：

1. 硬件投入

• 安全设备（如消防器材、吊装设备能力要求、船上备用泵、船舶性能要求、火灾检测系统、电力、仪器等）的合理设置、安装和维修维护费用；

• 安全设备操作人员的工资和福利费。

2. 软件投入

• 员工安全操作培训费、安全文化建设费；

• 专职安全人员的工资及福利费；

• 其他安全管理费，如与工业系统安全风险分析相关的科研经费等。

生产函数中的边际产出（Marginal Product）是指在其他生产要素投入量不变的情况下，某一特定生产要素投入量每增加一单位所带来的产出的增加量。

在式（5-2）的风险函数中，工业系统的安全措施投资 I 的边际产出为：

$$MP_I = \frac{\partial R}{\partial I} \tag{5-3}$$

在经济学的生产函数理论中，一般认为生产要素的边际产出服从先递增、后递减的规律，而式（5-3）的风险函数也服从此规律，工业系统的安全措施投资 I 的边际产出函数图形如图 5-2（a）所示，在 OA 段，边际产出递增；超过 A 点后，边际产出递减。

关于生产要素的边际产出变化规律，在经济学理论中一般是用规模收益规律来解释的。下面，将依据规模收益规律对式（5-3）的风险函数的边际产出变化规律进行解释。

初期，工业系统的安全措施投资 I 的边际产出递增的原因是安全措施投资的规模收益递增。规模收益递增的原因有：

1. 技术与管理的整体性和不可分性（Indivisibility）。即成套的集成安全控制系统肯定要比零敲碎打的安全设施的效率高。例如，集成化的高质量的一级系统。

2. 由于纯的几何维量关系造成。例如对于安全措施中的钢丝绳的强度和更换率，如果将其更换率增加两倍，则其效果肯定是要好于开始。

后来，工业系统的安全措施投资 I 的边际产出递减的原因是安全措施投资的规模收益递减。规模收益递减的原因有：

1. 随着安全系统规模的扩大，其复杂性迅速增长，变得难以控制和管理，反而导致效率降低。

2. 时间、空间和其他资源的有限性。例如，浮吊不可能无限制增加起吊能力。

根据边际产出的变化规律，可以导出风险生产函数的图形，如图5-2（b）所示。

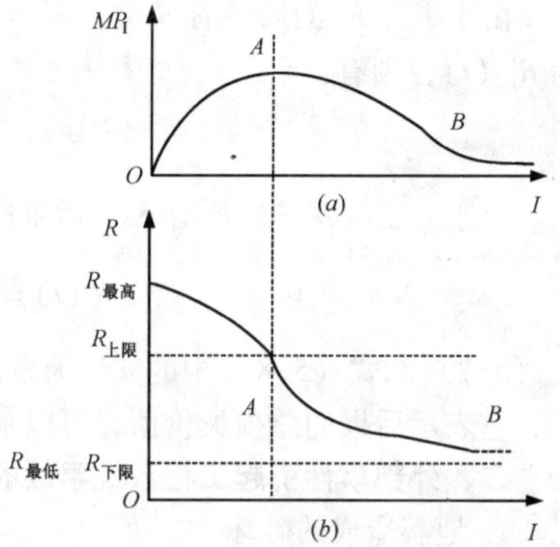

图5-2　风险函数及其边际产出函数图形
（a）安全措施投资 I 的边际产出函数图形；
（b）风险函数图形

1. 如果对工业系统不采取任何安全措施，则系统将处于最高风险水平及最低边际产出；

2. 在 OA 段，工业系统的安全措施投资 I 的边际产出是递增的。显然，在达到 A 点之前，不应停止对工业系统的安全措施的投资。故将 A 点所对应的风险水平 $R_{上限}$ 设为风险上限，即风险水平高 $R_{上限}$ 将是不能被接受的。

3. 在 AB 段，工业系统的安全措施投资 I 的边际产出是递减的。只要增加安全措施的投资，系统的风险将进一步降低，但作用越来越有限。此时，应进行安全措施投资的成本——风险分析，如果分析结果证明：进一步增加安全措施投资，所降低的风险与所需要的成本相比显得得不偿失，则该风险水平是“可容忍的”。

4. 在工业系统当前技术状态下，工业系统的风险水平最低为 $R_{最低}$，即无论采取何种安全措施，工业系统的风险水平都不可能再低于 $R_{最低}$。只有对工业系统进行技术升级，才有可能进一步降低工业系统的风险水平。

第二节　概率风险评价

一、工业系统概率风险评价

定义风险概率密度函数为 $f_i(x_j,t)$，表示事件 E_i 在 t 时刻发生 j 类危险后果，且危险值落在 x_j 和 x_j+d_{xj} 之间的频率。由于事故频率与使用时间有关，因此风险值也是时间函数。定义风险概率为：

$$F_i(\geqslant x_j,t)=\int_{x_j}^{\infty} f_i(x_j,t)\,\mathrm{d}x_j \tag{5-4}$$

表示事件 E_i 在 t 时刻发生 j 类后果的危险值等于或大于 x_j 的累积频率。

工程系统在设计寿命为 T 年内的 t 时刻，因各类可能的初因事故造成的累积风险概率为：

$$F(\geqslant x_j,t)=\sum_i F_i(\geqslant x_j,t) \tag{5-5}$$

工程系统在寿命为 T 年的事故累积风险概率为：

$$F_i(\geqslant x_j,t) = \int_0^T F(\geqslant x_j,t)\,\mathrm{d}t \tag{5-6}$$

由于事件 E_i 的后果有 K 类，即 $j=1$，2，……，k，对于 t 时刻第 j 类的累积风险度记为 R_i^j（t），则有：

$$R_i^j(t) = a_i^{(j)}\int_0^{\infty} f_i(x_j,t)\,\mathrm{d}x_j \tag{5-7}$$

对于一工程系统，所有 K 类后果造成的总风险为：

$$R_i(t) = \sum_{j=1}^{K} a_i^{(j)}\int_0^{\infty} f_i(x_j,t)\,\mathrm{d}x_j \tag{5-8}$$

式（5-7）和式（5-8）中的 $a_i^{(j)}$ 为事件 E_i 造成的 K 类后果的第 k 类后果中第 j 类后果因子，它表示后果的总损失价值，可以是死亡数、伤害和财产损失等，可用货币来度量。

二、外部事件引起工程系统事故的概率

1. 地震造成的破坏

为了估计地震引起系统破坏的概率 P_{sf1}，必须考虑工程系统寿命范围内超越某种强度地震发生的超越概率 P_e 和在此强度地震下系统破坏的概率 P_{ef}，由于 P_e 和 P_{ef} 相互独立，由概率乘法定理知：

$$P_{sf1} = P_e \cdot P_{ef} \tag{5-9}$$

在估计地震引起的破坏时，一般以 50 年超越概率为 10% 的烈度为设计度。考虑 T 年内某工程系统在未来遭受 T_i 年一遇灾害 E，则 E 的超越概率为：

$$P_e = 1 - e^{-T/T_i} \tag{5-10}$$

2. 沙尘暴造成的破坏

某强度风灾袭击某一给定场地，每年的概率为：

$$P_w = \frac{A \times n}{s} \tag{5-11}$$

其中，A 表示受影响面积，n 为 s 范围内该强度风灾的年平均频率值。

系统遭受风灾也可比照地震灾害处理，给出在运行期间的灾害超越概率。根据工程系统实验，可采用重现期为 T_0 年一遇作为设计标准，则不超设计最大风速的概率 P_0 为：

$$P_0 = 1 - \frac{1}{T_0} \tag{5-12}$$

对于一般工程系统可取 $T_0=50$ 年，对特别重要和特殊要求的工程结构，可取 $T_0=100$ 年。

3. 洪水造成的破坏

洪水破坏可按 100 年一遇的洪水强度计算，即重现期 $T_0=100$ 年，亦可按式（5-12）定义超越概率 P_b，在洪水作用下，工程系统破坏概率为：

$$P_{sf3} = P_b \cdot P_{bf} \tag{5-13}$$

式中 P_{sf3}——洪水造成的系统破坏概率；

P_{bf}——此洪水下系统破坏的概率。

第三节 模糊风险评价

工程系统发生的事故以及自然灾害的影响评价在时间和强度上都有随机性和模糊性。

在灾害评价中，通常只考虑其随机性而不考虑模糊性，这在解决实际问题时，其可行性和可靠性都存在一定问题。建立在大数定理基础上的古典概率统计方法在遇到小样本时，结果可能很不可靠。所以，比较全面的风险评价可以采用模糊数学的方法。

一、工程系统模糊风险评价

1. 模糊风险概率可能性分布

基于某一工程系统在未来 T 年内受 N 种自然灾害的破坏，用致灾因子集 Z 表示，有

$$Z=\{Z_i \mid i=1,2,\cdots\cdots,n\} \tag{5-14}$$

灾害后果程度（一般为造成的经济损失）论域用 $L=\{l\}$ 表示，即：

$$L=\{l_j \mid j=1,2,\cdots\cdots,m\} \tag{5-15}$$

存在 $Z_i\in Z$，$x\in[0,1]$，$l_j\in L$ 简记为 $l\in L$，称：

$$\pi_{Ti}\{\pi_i(l,x)\mid l\in L,x\in[0,1]\} \tag{5-16}$$

为 T 年内工程系统二级模糊风险概率可能性分布，表示 T 年内第 i 种灾害的损失超越的概率 $P(l)$ 取 X 的可能性。称：

$$\pi_T(l,x)=f[\pi_1(l,x),\pi_2(l,x),\cdots\cdots,\pi_n(l,x)] \tag{5-17}$$

为 T 年内工程系统一级模糊风险概率可能性分布。若简记 $\pi_i(1,x)$ 为：

$$\pi_i(x)=\pi_n(1,x) \tag{5-18}$$

则式（5-17）中 f 为：

$$\pi_1(l,a_1)=\pi_1(a_1),\pi_2(l,a_2)=\pi_2(a_2),\cdots\cdots,\pi_n(l,a_N)=\pi_N(a_N) \tag{5-19}$$

设 Z_1，Z_2，……，Z_N 相对独立

$$\begin{aligned}&f[\pi_1(a_1),\pi_2(a_2),\cdots\cdots,\pi_N(a_N)]\\&=\sup\nolimits_{1-(1-a_1)(1-a_2)\cdots\cdots(1-a_N)=x}\min\{\pi_1(a_1),\pi_2(a_2),\cdots\cdots,\pi_N(a_N)\}\end{aligned} \tag{5-20}$$

若已知 $p(l)$，则其相应的模糊风险概率可能性分布为

$$\pi(l,x)=\begin{cases}1 & x=p(l)\\0 & x\neq p(l)\end{cases} \tag{5-21}$$

2. 模糊风险评价

设 π_i 为 $X=\{x_1,x_2,\cdots\cdots x_n\}$ 上的模糊集

$$\pi_i=\frac{\mu_{\pi_i}(x_i)}{x_i}+\frac{\mu_{\pi_2}(x_2)}{x_2}+\cdots\cdots+\frac{\mu_{\pi_n}(x_n)}{x_n} \tag{5-22}$$

记 $p(l)$ 取 x_i 的概率为 $p_1(x_i)$，则由模糊概率和风险定义可求得 T 年内 Z 灾害造成的工程系统风险为：

$$R_T=\sum\mu_{\pi_i}(x_i)\cdot p_l(x_i)\cdot C_l(x_i) \tag{5-23}$$

式中，$C_l(x_i)$ 为与 $p_l(x_i)$ 相应的损失，当论域为边疆情况时，有：

$$R_T=\int_x\mu_{\pi_i}(x_i)\cdot p_l(x_i)\cdot C_l(x_i)\,dx \tag{5-24}$$

式中　$\mu_{\pi_i}(x)$——x 的模糊分布函数；

$C_l(x)$——x 的损失函数；

$p_l(x)$——x 的概率密度函数，一般估算时可取 $C_l(x)=C_l(X_i)=1$。

二、单一致灾因子对单体和系统的破坏模糊风险概率可能性分布

1. 单一致灾因子灾害分析

设：A_j 为工程系统的某一承灾子系统，$A_j \in A$，A 为工程系统，工程系统 A 由 m 个子系统组成，即：

$$A = \{A_1, A_2, \cdots\cdots, A_m\} \tag{5-25}$$

称灾害 Z 在 A_j 上产生灾害为单体灾害 d，相应单体风险 R_d，灾害 Z 在 A 上产生的灾害为系统灾害，相应的风险为系统风险 R_D。

设对于单一致灾因子 Z 其量值指标域用 Y 表示，量值指标值 $y \in Y$，例如：Z_j 为地震，Y 表示地震指标域，可以是震级，也可以是烈度，还可以是场地速度、加速度，y 则表示具体某一震级、烈度、速度、加速度值。当 z 为洪水时，Y 可以是水位高度、流量或特定地区在一定时期内的降雨量等，y 则表示相应的某一 Y 指标的具体水位高度、流量值以及降雨量值等。

用 $\pi_Z(y,x)$ 表示 T 年内 Z 的量值超越 y 的概率是 x 的可能性分布，有

$$\pi_Z = \{\pi_Z(y,x) \mid y \in Y, x \in [0,1]\} \tag{5-26}$$

2. 单体受力分析

设通过可能性分析可以对致灾因子 Z 的量值 y 作用于单体 $A_i \in A$ 产生的灾害作出分析：

$$d_{A_i}(y) = \{\mathrm{poss}_{A_i}(l,y) \mid l \in L, y \in Y\} \tag{5-27}$$

式中，$\mathrm{poss}_{A_i}(l, y)$ 表示当量值为 y 的致灾力量作用于 A_i 单体时，该单体产生灾害程度为 1 的可能性。

记 $\pi A_i(l,x)$ 为 A_i 单体在 T 年内灾害损失超越 1 的概率是 x 的可能性分布，则

$$\pi_{AI}(l,x) = \sup_{y \in Y}\{\min[\pi_Z(y,x), \mathrm{poss}_{Ai}(l,y)]\} \tag{5-28}$$

这样，通常意义下的风险概率是 $\pi_Z(y,x)$ 的特例，即：

$$\pi_Z(y,x) = \begin{cases} 1 & l = f(y) \\ 0 & l \neq f(y) \end{cases} \tag{5-29}$$

其中，$p(y)$ 为 Z 的量值超越 y 的概率值。若对 A_i 进行确定性灾害预测，设在 y 作用下 A_i 产生 $f(y)$ 的灾害，于是有

$$\mathrm{poss}_{Ai}(y,x) = \begin{cases} 1 & l = f(y) \\ 0 & l \neq f(y) \end{cases} \tag{5-30}$$

故

$$\pi_{Ai}(y,x) = \begin{cases} 1 & l = f[p^{-1}(x)] \\ 0 & l \neq f[p^{-1}(x)] \end{cases} \tag{5-31}$$

其中，p^{-1} 为 $p(y)$ 的反函数。

由此可以看出，自然灾害的风险概率评价是风险概率可能性评价的特例。

3. 工程系统受灾分析

设系统各子系统（单体）之间的损失相互独立或可以忽略相关关系，则工程系统 A 在 T 年内产生 Z 类灾害损失程度超越 1 的概率为 x 的可能性分布为 $\pi_A(l,x)$：

$$\pi_A(l,x) = \sup_{l_1 + l_2 + \cdots + l_m = l}\{\min_{A_i \in A}\pi_{Ai}(l,x), l \in L, x \in [0,1]\} \tag{5-32}$$

式中，l_1，l_2，……，l_m 分别对应于子系统（单体）A_1，A_2，……，A_m 的损失。

单一致灾因子对单体和破坏模糊风险概率可能性分布，采用了模糊挖推理和模糊数学运算方法。能较好地处理风险分析中的模糊性和随机性。在单一致灾因子的灾害损失风险评价中，有两个主要的环节存在不确定性，首先是诱因的不确定性，其次是承灾体遭受灾害程度的不确定性。

第四节　风险评价方法

项目风险评价方法一般可分为定性、定量、定性与定量相结合三类，有效的项目风险评价方法一般采用定性与定量相结合的系统方法。对项目进行风险评价的方法很多，常用的主要有主观评分法、概率树法、决策树法（Decision Tree Analysis）、层次分析法（AHP，the Analytical Hierarchy Process）、模糊风险综合评价（Fuzzy Comprehensive Evaluation）、故障树分析法（FTA，Fault Tree Analysis）、外推法（Extrapolation）和蒙托卡罗模拟法（Monte Carlo Simulation）等。

一、主观评分法

主观评分法是利用专家的经验等隐性知识，直观判断项目每一单项风险并赋予相应的权重，如0～10之间的一个数。0代表没有风险，10代表风险最大，然后把各个风险的权重加起来，再与风险评价基准进行分析比较。

二、概率树法

概率树与风险辨识中的事故树、事件树有相同之处，其分析都是以树的形式为基础进行，区别在于概率树对风险事件要进行概率量化。概率树以事件分支形式表示，将所研究的风险事件作为树干，称为顶事件；而称导致这一事件发生的主要风险因素为中间事件；按树枝的走向继续细分，得到引起顶事件的最下层风险因素，称为底事件。事件的上中下之间的逻辑关系用树型分叉表示，即构成概率树。分支可以无限细分，直至得到事件的最底层因素。

在分析过程中，从概率树的末梢即底事件开始（图5-3中的C层经B层到A层），顺着树枝找到树干，按概率分布分析的基本方法，从下至上逐步找到整个事件的概率分布，最后得出事件系统的概率分析结果。如图5-3所示。

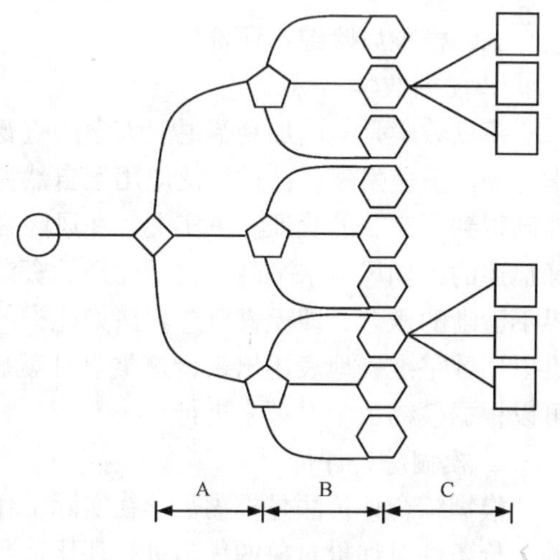

图5-3　概率树示意图

三、决策树法

根据项目风险问题的基本特点，项目风险的评价既要能反映项目风险背景环境，同时又要能描述项目风险发生的概率、后果以及项目风险的发展动态；决策树这种结构模型既简明又符合上述两项要求。采用决策树法来评价项目风险，往往比其他评价方法更直观、清晰，便于项目管理人员思考和集体探讨，因而是一种形象化和有效的项目风险评价方法。

四、层次分析法

层次分析法（AHP，the Analytical Hierarchy Process），又称 AHP 法，是 20 世纪 70 年代美国学者 T. L. Saaty 提出的，是一种在经济学、管理学中广泛应用的方法。层次分析法可以将无法量化的风险按照大小排出顺序，把它们彼此区别开来。层次分析法（Analytic Hierarchy Process）本质上是一种决策思维方式，它把复杂的问题分解为各组成因素，将这些因素按支配关系分组以形成有序的递阶层次结构，通过两两比较判断的方式确定每一层次中因素的相对重要性，然后在递阶层次结构内进行合成，得到决策因素相对于目标的重要性的总顺序。

应用 AHP 方法进行风险评价的过程如图 5-4 所示：

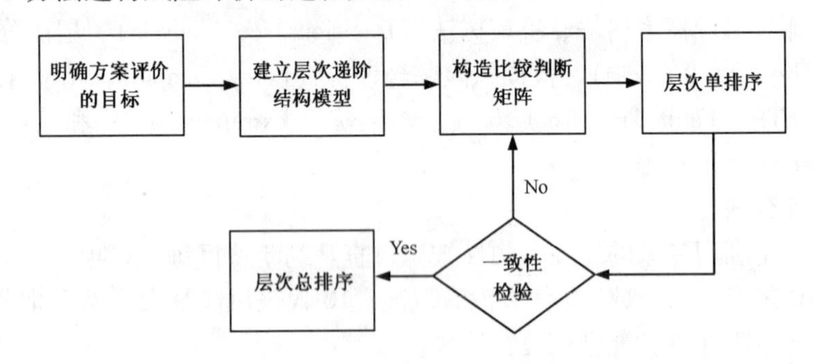

图 5-4　AHP 法进行风险评价流程图

在做一致性检验时，如果达不到要求的指标，就需要调整两两判断矩阵中的权值，直到符合一致性要求。

五、模糊风险综合评价

1. 模糊数学

模糊数学是美国加利福尼亚大学的查德教授于 1965 年提出来的。40 多年来，模糊数学得到了迅速发展，已被广泛应用于自然科学、社会科学和管理科学的各个领域，其有效性已得到了充分的验证。事实上，在风险评估实践中，有许多事件的风险程度是不可能精确描述的，如风险水平高、技术先进、资源充分等，“高”、“先进”、“充分”等均属于边界不清晰的概念，即模糊概念。诸如此类的概念或事件，既难以有物质上的确切含义，也难以用数字准确地表述出来，这类事件就属于模糊事件。对于这些模糊事件的综合评价，可以根据模糊数学原理来进行。

2. 模糊综合评价

模糊综合评价法是模糊数学在实际工作中的一种应用方式。其中评价就是指按照指定的评价条件对评价对象的优劣进行评比、判断，综合是指评价条件包含多个因素。综合评价就是对受到多个因素影响的评价对象作出全面的评价。采用模糊综合评价法进行风险评价的基本思路是：综合考虑所有风险因素的影响程度，并设置权重区别各因素的重要性，通过构建数学模型，推算出风险的各种可能性程度，其中可能性程度值高者为风险水平的最终确定值。其具体步骤是：

（1）选定评价因素，构成评价因素集。

（2）根据评价的目标要求，划分等级，建立备择集。

（3）对各风险要素进行独立评价，建立判断矩阵。

（4）根据各风险要素影响程度，确定其相应的权重。

（5）运用模糊数学运算方法，确定综合评价结果。

（6）根据计算分析结果，确定项目风险水平。

六、蒙特卡罗模拟法（Monte Carlo Simulation）

蒙特卡罗方法又称随机抽样法或统计试验法，它是评价工程风险常用的一种方法。它利用随机发生器取得随机数，赋值给输入变量，通过计算机计算得出服从各种概率分布的随机变量，再通过随机变量的统计试验进行随机模拟，达到求解复杂问题近似解的一种数字仿真方法。此法的精度和有效性取决于仿真计算模型的精度和各输入量概率分布估计的有效性，此法可用来解决难以用解析方法求解的复杂问题，具有极大的优越性。

应用蒙特卡罗模拟方法进行风险评价的基本步骤如图5-5所示。

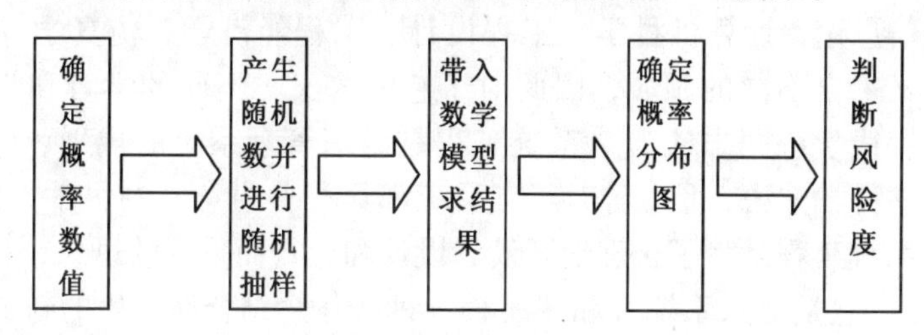

图5-5 蒙特卡罗模拟方法分析步骤

复习思考题

1. ALARP法则是什么，它的本质是什么？
2. 模糊风险评价的步骤是什么？
3. 简述风险评价的内容。风险评价有什么方法，如何应用？

第六章　系统分析方法简介

系统工程学是在20世纪40年代发展起来的以“系统”为研究对象的工程学，它不仅被用于研究宇航、能源、交通运输、预算编制等工程和经营管理问题，而且也被用于研究人口、环境保护等社会问题，随着现代化大生产和科学技术的迅猛发展，它愈来愈显示出强大的生命力。

系统工程是一门方兴未艾、发展尚未成熟的学科，其技术内容是如此广泛（例如包括数学、运筹学、信息论、计算机科学、工程设计、工程经济学、仿真学等不同的学科），参与研究的学者又来自不同的领域，因此对于它的含义，不同的学者和学派有不同的说法。我国著名学者钱学森同志认为“系统工程是组织管理系统的规划、研究、设计、制造、试验和使用的科学方法，是一种对所有系统都具有普遍意义的科学方法。”日本学者寺野寿郎认为“系统工程是为了合理地开发、设计和运行而采用的思想、程序、组织和方法的总称。”总之，它是由“系统”和“工程”两个概念结合而产生的新概念。这里“工程”一词是广义的，既指硬件的生产，也指为生产硬件而提供的研究、方法、程序等软件的生产。

所谓系统分析，按照韦伯斯特大字典，它被定义为“应用数学方法（典型的情况）以研究一种行动（如一个过程、一种商业或一种生理逻辑功能）的行为、步骤和任务，达到设定的目标或使命，并找出更有效地完成它们的计划和程序”。对于它的其他定义有“由科学方法、系统哲学和涉及选择情况的各种学术分支导出的一种方法集合（包括定性的、定量的和混同的）。应用系统分析的目的是改进公共的和私有的人类系统（更有效地达到目标）。”

从广义的角度来理解，有人认为系统分析和系统工程是同义词，是一门以思想、步骤、组织、方法等哲理为主要内容的协助制定政策、规划，进行决策或行动部署的管理技术。它们的作用是：为决策者辨识充分有效的待选方案，高效（率）和有效（果）地利用稀少和昂贵的人类资源；便宜（且）更好地达到目的；改进政策制定。

系统开发过程是由系统的规划、研究、设计、制造和运行等各个阶段的螺旋式的循环和反馈组成的。在这些过程中包括设定目的、建立评价准则和指标、拟订待选方案、模型化和仿真预测、详细测算费用和效益、综合评价和排序、决策选优等步骤，因此狭义地可以按下列逻辑形式将系统分析理解成是系统工程的一个重要程序和核心组成部分，为创建新系统或改善现有系统而通过一定的步骤，帮助决策者选择决策方案的一种系统方法。这些步骤是：研究决策者提出的整个问题，确定目标、建立方案，并根据各个方案的可能结果，使用适当的方法（尽可能用分析的方法）去比较各个方案，为决策者提供尽可能多的资料（尽可能定量化），以便能够依靠专家的判断能力和经验去处理问题，帮助决策者选择能达到规定目标的最优方案。系统开发的基本步骤见图6-1。

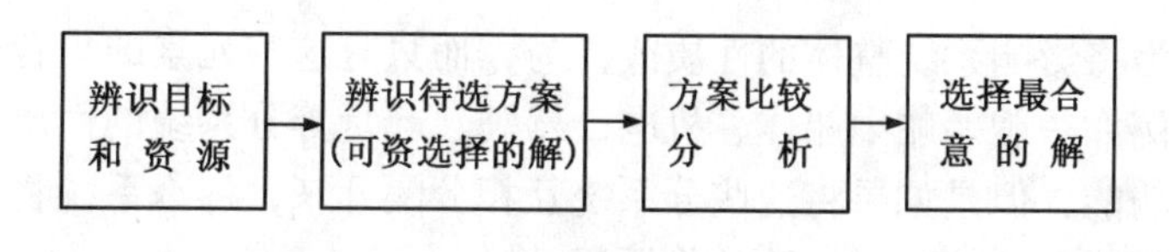

图6-1 系统开发的基本步骤

第一节 关于系统的概念

系统是由相互作用和相互依赖的若干组成部分结合而成的，具有特定功能的有机整体，而系统本身又是它所从属的一个更大系统的组成部分。系统作为一个整体来说可大可小，在宇宙中大至银河系、太阳系，小至质点系都可作为一个系统来研究，其量级可以相差很多倍。

系统可分为自然系统和人工系统。由太阳和行星、彗星构成的太阳系，其运行规律服从力学法则，是自然系统的一个例子；而由人工要素组成的、保持一定目的与机能的系统，例如机械装置等，则属于人工系统。系统分析的对象主要限于人工系统。

一艘船舶可以看成一个系统，它的功能是航行和运输，或者完成某种特定的任务，它由若干子系统例如船体、机电、驾驶、通信、起货、救生、锚泊以及生活设施等组成。一个水运系统则可以包含港口、码头、航道、货物装卸、贮存和疏运、船舶以及为支持海上运输所必需的辅助设施，而整个水运系统则又是属于国家的交通运输系统中的一个子系统。

1. 按照大小或复杂程度，系统可以区分为

简单系统　仅包含相对少量的元素和相互作用关系，或仅包含相对少量的参数和变量。

复杂系统　包含大量的元素，其中绝大部分参数和变量是可度量的。

极复杂系统　包含大量不同的元素，其中绝大部分参数变量是不可度量的。

2. 按照行为的预测，则系统可区分为

确定性系统　系统对每个输入将产生一种可以预测的效应，且对同样的输入其效应是一致的。

随机系统　对于规定的输入其效应是不再重现的，即不能期望对于同样的输入得到同样的行为。

例如，梁的弯曲属于确定性的简单系统；水运系统属于确定性的复杂系统；国家经济预测或海上油田开发则属于随机性的极复杂系统。

3. 系统按其形态又可做出下面的分类

实体系统与概念系统　以生物、机械、能量、自然现象等实体构成的系统称为实体系统；由概念、原理、制度、程序、社会观念等非实体构成的系统称为概念系统。例如科技系统、教育系统、经济系统等属于概念系统。

静态系统和动态系统　表征系统运动规律的数学模型中不含有时间的因素，即模型中的变量不随时间而变化者为静态系统；否则是动态系统。

系统不是一个不可分解的元素，而是一个可以分成许多部分的整体。在整体中每一个

元素的性质或行为将影响系统整体的性质或行为，而只有这些元素的集合才具有系统整体的性质或行为。例如一艘船舶中船体、机电、驾驶、起货等分系统的性质或行为将会影响船舶这个整体的功能，但是如果将这些分系统互相分隔开来，那么系统将失去其原来的功能，就不能再起到船舶的航行和运输的作用了。

因此，我们对系统进行研究时首先要强调着眼于整体的研究，对每个分系统的技术要求都首先要从实现整个系统技术要求的观点来考虑，俗语说“不要只见树木，不见森林”也就是这个道理。例如一个交响乐队，各个演奏者只有在统一组织和指挥下，才能演奏出高水平的悦耳的乐曲。系统分析者要根据系统的目标达到各个部件的最佳配合来优化系统总的功能。在解决问题时，要将系统分解成基本元素，研究各个元素对整体的影响程度，探索这些元素的最佳综合以达到规定的系统目标和要求。由此可见分析和综合两者相辅相成的道理了。

第二节　系统分析的内容和步骤

所谓系统分析，在工程上就是这样一个有目的有步骤的探索和分析过程，即：为了给决策者提供直接判断和选择最优系统所需的信息和资料，运用科学的分析工具和方法，对系统的目的、功能、环境、费用、效益等进行充分的调查研究，收集、分析和处理有关的资料和数据，据此建立若干比较方案和必要的模型，进行仿真实验，测算费用和效益，把试验、分析、计算的各种结果同早先制订的目标进行比较和评价，最后整理成完整、正确与可行的综合资料或报告，作为决策者选择最优系统方案的主要依据。

在处理一个大规模的复杂系统的过程中，系统分析的步骤如下所述。

一、论点说明

这个步骤对系统工程问题是至关重要的，其结果是得到对研究要素的鉴别。此步骤又可分为问题解说、价值系统设计和系统综合三个方面。

1. 问题解说

问题解说是与任务委托者一起进行探讨，以鉴别对问题的要求、参数和变量、制约和约束、有关的环境和社会关系、研究的历史和背景、知识领域等。要辨识并制订系统的目标（目的），说明测算目标的标志。

系统的目标和要求是建立系统的根据，也是系统分析的出发点。通常是分析任务委托者（或决策者）对现状不满而提出一种希望达到的设想或要求。有了差距就产生了问题，据此可以规划、设计和选择策略行动以达到目的和要求。因此，只有当分析人员能够正确、全面地理解和掌握系统的目标和要求时，才能为今后的分析工作奠定良好的基础，为建立模型取得必要的信息。

系统分析中一个很重要的方面是要识别系统中的关键参数。例如分析和设计一个运输某种一定年运量的货物的船队时，其关键参数除了能运载这类货物的船型外，还有货物的装卸方式和设备、货物的中转地点以及航速和船舶载货量等。这种影响系统状态而可由决策者（或分析者）控制的参数我们称之为变量。还有一些参数也是影响系统状态的，但不随分析者的意志为转移，或不能由分析者加以控制，例如货源、码头上的装卸设备和装卸能力、燃油价格等。要在分析时变更其中主要参数的量值作敏感性分析，揭示系统状态如何随某一参数量值的变动而变化，预测系统未来状态的不确定性和研究参数对系统状态变化的敏感程度，以鉴别其中影响系统状态最重要的因素。

系统的元素是互相有联系的。因此充分识别各个元素（或分系统）间的相互依存性（系统的内部约束）是进一步分解并协调大系统的关键，一个分系统的输出是另一个分系统的输入。例如在分析一个包含船、港口、码头、航道的运输系统时，货物装卸设备是船舶和码头两者很重要的边界条件或接口，如果船上不设起货设备，那么码头就要设置足够的装卸设备；如果港口与陆上的集装箱运输相连，那么船舶就要设计成集装箱船。

系统的外部环境在一定程度上形成了对系统的限制和约束，它们直接或间接地影响系统的状态，因此在进行分析时必须充分说明系统的限制性因素。构成对系统的限制条件或约束有：经济上的限制，例如资金限额；资源限制，例如货源；地理和环境的限制，例如航道宽度、港口水深、风浪、潮流等；技术条件的限制，例如对噪声、振动、船舶性能等限制要求，设备的制造条件等；国家政策，法令和技术规范等；时间过程的限制，例如对系统研制完成的时间要求、使用寿命等；人文、生态、环境保护等。

总之，最后被采纳和选用的方案必须满足三种可行性，即技术可行性、经济可行性以及社会和政治可行性。

2. 价值系统设计

系统是要求达到一定目的的，因此就相应得产生了系统的价值。也就是说，可以用系统的价值来衡量系统目标的达到程度。在经济学上，为了达到设定的目的，以币值表示的投入资源的价值称为费用。系统的价值不是仅仅简单地以费用价格来决定的，实际上，性能、有效性、可靠性以及研制的时间过程等都是影响系统价值的因素。例如设计和制造一种产品，要求成本低或利润高、重量轻或体积小、耗能省、功能多，设计和制造周期短、可靠性好等。这些要求有些是互相排斥的。一般说，当性能或可靠性达到一定水平时，费用小的系统的价值高，如以当前的技术性能和可靠性水平为基准，则具有基准以上性能水平的系统的价值高，反之则低；可靠性高的系统的价值高，反之则低。此外，如系统的开发时间比预定的推迟，则系统的价值低，反之则高。

价值系统设计是将价值特征转换成一种可适用于估算的形式。为了便于测算，在分析时要制订一组衡准指标，用来评价待选方案达到目标的程度。这些衡准指标可作如下分类：

技术的衡准指标　以功能或操作特性来测算系统的效果，例如发动机的单位功率重量、汽车的里程耗油率、船舶的航速、稳性、运输系统的吨/公里·年等等，通常都可以定量表示。

经济的衡准指标　以费用来测算系统的效果，例如收益费用比、净现值（*NPV*）、投资回收期（*PBP*）、必需的货运费率（*RFR*）等等。通常以币值表示。

心理的衡准指标　以人的主观感觉来测量系统的效果，例如美观、满意、安全等等，一般以定性表示。

政治的衡准指标　以权力特征来测量系统的效果，例如方案被批准和实施的“权力”等，一般只能定性表示。

3. 系统综合（或系统设计）

这一步骤的要点就是将已识别的基本元素组合起来成为一个系统整体，制订出各种待选的设计方案。其含义就是优选并组织关键元素以产生符合约束并满足目标和要求的系统。

二、论点分析

论点分析有如下主要内容。

1. 建立模型（模型化）

建立模型是系统分析中的重要环节。它既包括分析的也包括综合的，并可以与实际问题相比较，籍此可以从量的方面分析预测各个方案的性能、费用和效益。所谓模型化就是将所要研究的系统的物理现象、经济规律、生产组织等确切地用数学、图表、流程等关系表达出来。

模型可以按照不同目的和要求加以分类。

（1）按照系统的形态，模型可以区分为：

物理模型　又可分为静态的和动态的两种。静态的例如建筑、图像、船舶的尺度等；动态的例如交通运输、市场价格波动、人员、信息或现金的流动。

行为模型　例如社会实况、环境响应、安全等。

（2）按照分析的目的，模型又可分为功能模型（能定量地表示系统的性能）、结构模型（例如各种方框图和流程图，可以作为建立功能模型的定性模型）、评价指标模型（是功能、费用、可靠性和时间等因素的综合）等等。

（3）在表达方式上，模型又可分为形像的、模拟的和符号的三种。

形像模型　这是实体在视觉上的几何相似，例如模型试验时的实物缩尺模型、地球仪等。

模拟模型　则用一种量来模拟物理实体或系统的相当的量，其行为与实际系统相当而不需要形似实物，例如图表曲线，模拟计算机以及用液流量或电流量来模拟交通系统和经济系统等。对于研究动态情况，模拟模型通常很有用。

符号模型（或数学模型）　是系统中实体和现像间因果关系的数学表达，它又可分为理论的和经验的两个范畴。理论的数学模型表示普遍性的定律或原理，例如热力学中的 $PV=RT$ 定律、数学中的正态分布规律等；经验的数学模型则是根据经验或试验导出（分析或归纳）的公式，例如船舶阻力计算中的摩擦阻力计算公式以及初稳性近似计算公式等。计算框图也可以看作符号模型。

数学模型一般由常系数、参数、决策变量和状态变量等几部分组成。其中特别要注意的是决策变量，这是可由分析者控制的量值，也是需要优选的量值。状态变量不能由决策者直接控制，而是有赖于决策变量的从变量。例如在作船舶主尺度优选的探讨时，$\frac{L}{B}$、$\frac{B}{T}$、C_B 可以作为需要优选的决策变量。排水量 Δ、稳性高 GM、航速 V、必需的货运费率 RFR 是状态变量。

在构造模型时需要注意下面三个重要的问题：

（1）确定哪些是关键变量；

（2）确定变量间的结构关系；

（3）确定模型结构中的参数和系数的量值。

2. 方案精选和优化

在系统综合时提出的建议方案可能是很多的。要对数量众多的方案进行详细评价既花时间又费金钱。因此在进入详细测算和评价之前先要进行初步筛选。筛选可以分成两步进行：

（1）结合约束进行筛选，即去掉不能满足约束的方案，留下满足约束的可行方案；

（2）对可行方案结合主要的2～3个衡准指标进行测算和筛选，因为最后被采纳的方案在主要衡准指标上总是较先进的。

最后留下的供进一步测算和评价的方案不宜多于2～5个。

三、论点解释

这个步骤包括详细测算待选方案的费用和效益（包括各项衡准指标），针对测算所表明的对目标和要求的满足程度将方案或策略进行排序，以确定其中一个或几个策略值得进一步考虑或实施，并确定一个实施的计划或日程，包括资源分配等。因此，这个步骤可进一步分为：

1. 决策；

2. 对所选择方案作出行动计划，例如作业计划、开发和实施。

需要指出的是，系统分析不是以直线路线循序渐进的。从一个步骤获得的知识和信息可导致修正前面步骤所取的途径，迭代和反馈是必需的。系统过程和方法的格式是有伸缩性的，图6-2代表了一种典型的系统分析过程的流程图。

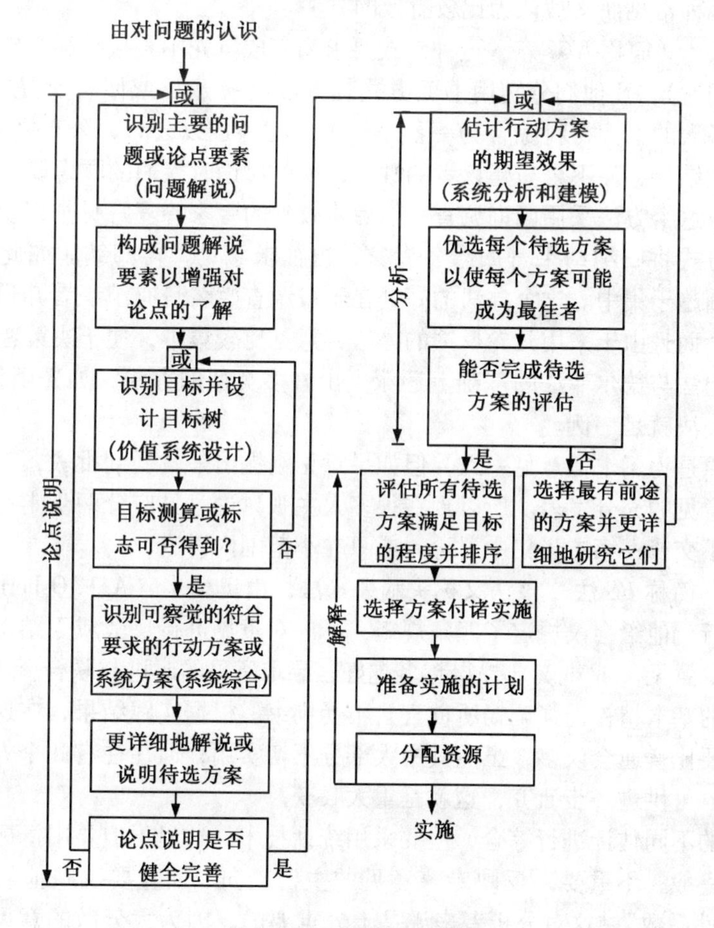

图6-2　系统分析流程图

第三节 系统分析的方法

在系统分析的论点说明阶段，当数据或理论不足、资料缺乏时，特别是在许多因素只能依靠定性分析的情况下，为了获取情况和信息，专家意见法是一种广泛应用的方法。在确定系统分析的目标时，对于目标是否切中问题的要害，目标是否定得偏高或偏低，有无达到的可能等等，专家的意见往往不容忽视。在拟定各种可能方案时专家的创造力就更加重要，它决定了方案的数量和质量。在评价与选择方案时，虽然要利用数学手段作出定量分析，但往往少不了还要作定性分析，要考虑许多非定量的因素，所以仍然需要利用专家的智慧。

当然，对于不同的问题，专家意见所起的作用程度也不一样。根据实践经验来看，对于因素较多而又关系错综复杂的问题、综合抽象程度较高的问题、牵涉社会心理因素较多的问题、高层战略决策问题，专家法所起的作用较大。但是对于数学精确性很高的问题、需要复杂计算过程才能得出结论的问题、数学关系复杂无法直接得出结果的问题，则专家的直接判断较难见效，而数学处理方法在这些方面却可以发挥较大的作用。

下面列举几种常见而又被认为比较有效的方法。

列名小组法 （简称 *NGT*） 这种形式要求列名成员先不直接接触（或即使围桌而坐也不交谈决策问题），让他们分别用书面方式提办法（提建议或回答所提问题），然后由小组组织者把各人的书面材料综合为一份小组汇编材料加以公布，公布之后才进行讨论。由于只公布汇编结果，而不公布建议者的姓名，因此讨论时人们的顾虑要少些。

德尔菲法 这个方法采用函询调查，然后将收到的专家答复意见加以统计归纳，再以不公布姓名的方式将归纳结果寄回给各专家，再征求意见，再归纳。如此经过几轮的反复，使意见逐渐趋于集中。这个办法的好处在于被调查姓名只有组织者知道，可以避免相互消极的影响，而且由于采用几轮反馈的办法，意见比较集中，便于决策者最后下决心。

在列名小组法与德尔菲法的基础上还派生出许多类似的办法，如先函询后口头讨论，最后再函询的办法就是一例。

意见交锋原是为了求得意见一致，但如果意见刚提出来就受到批驳，就有可能把意见顶回去，影响意见的充分发表。所以现在很多人主张讨论意见应分两步走：第一步先让充分发表意见，不交锋；第二步集中讨论，或只在小范围内讨论。

智暴法 （简称 *BS* 法）该法又称头脑风暴法，由奥斯本（A. F. Osborn）首创，目前在国外比较流行。他给会议规定了四条规矩，不许对意见进行反驳或下结论；欢迎自由思考；追求数量，意见（或建议）提得越多越好；寻求意见的改进与联合。

这种会议的基本精神是强调畅所欲言，不受拘束。根据实践结果，在这种会议上所提的意见与设想要比普通会议多，虽然其中大部分不切实用，但往往有几个方案或意见既新颖又很有价值，可供进一步研究，这就是重大收获。

对于专家的不同估计进行综合，主要采用统计技术。这里不但要用指标等级（例如很重要、重要、一般、不重要）反映专家意见的主要趋向，而且要反映他们意见的集中程度，即“一致性系数”。这对分析者来说是十分重要的，因为太分散的意见对于分析者来说是没有太大的参考价值的。一致性系数的测定，一般要用到统计学中分析离散度与相关度的方法，不过为了使反映一致性程度的指标更加直观，一般人都喜欢让一致性系数成为只限于从 0～1 之间变化的参数，让意见一致时的一致性系数为 1。

下面列举一些在系统分析过程中经常用到的其它方法。

在建立模型阶段，下面列出的一些基于数学建模和仿真的预测方法在系统分析中是很有用的。

时间序列预测法　是一种根据过去统计资料来预测未来状态的方法。它预测的变量是时间，用定时的方法来研究和判断预测对象的发展过程。

相关分析预测法　通过相互联系、相互影响着的一些事物来预测对象的发展，例如有些工业产品，可以找出它与国民经济某些经济指标的相关性，作出预测。

投入产出分析　又称部门平衡经济数学模型。是研究国民经济各部门之间相互依存的数量关系的方法。它从国民经济系统的整体出发，分析各个部门之间产品流入与流出的数量关系，以确定为了得到各种产品的最终数量，各部门产品应有的生产量。投入产出最初只用于国民经济的综合平衡，现在已经用这种模型来研究劳动和固定资产的投入产出，地区和部门的投入产出，企业的投入产出和能源的投入产出，并且用来进行经济预测，确定就业水平等。

连续时间动态仿真技术　仿真也称为模拟，它是在一个小范围内模仿实际情况所进行的实验或生产活动。在企业的经营活动中，实际问题往往是非常复杂的，经常会遇到变量众多而相互关系又不确定的因素影响。因此，对这类问题的数学建模及求解是十分困难的，甚至是无法解决的，而利用仿真技术则能够得到比较满意的结果。由于系统行为的不同动态形式，可把仿真分为连续性仿真和离散性仿真。

蒙特卡罗方法　也称统计试验法。是通过建立随机模型，利用电子计算机进行数值计算的一种数学方法。它的基本思想是把数学问题或运筹学问题的解，与随机模型的统计特性相联系，再用计算机模拟随机现象，来代替一系列复杂的公式推算。

规划论　是运筹学的一个分支，研究将有限的资料（人力、材料、机器和资金等）如何进行分配，以便取得最好的经济效果。规划论根据数学模型形式和要求的不同，可以分为线性规划、非线性规划、动态规划、整数规划等。

信息论　是一门研究信息传输和信息处理系统一般规律的科学。它将近代统计学中、力学中的重要概念，将概率论，随机过程理论以及广义谐波分析的数学方法应用到信息系统的研究。从最普通的电报、电话、传真、电视、雷达、声呐，直到各类生物神经的感知系统，都可以概括成这样或那样的随机过程或统计学的数学模型，加以深入研究。

运筹学中的其他方法例如排队论、对策论等。

在方案评价与选择阶段，价值系统设计、费用－效益分析方法是很重要的。

在计划实施阶段，为了确定计划的总的程序和日程，下列方法对进度控制是很有效的。

关键路线法　（简称 *CPM*）是一种计划管理方法。它用网络图表示各项工作之间的关系，找出控制工期的关键路线，在一定工期、成本、资源条件下获得最佳的计划安排，以达到缩短工期、提高工效、降低成本的目的。

计划评审法　（简称 *PERT*）与关键路线法基本相同，但 *PERT* 中工序时间是不确定的。此法多用于科研和实验等不确定性较大的一次性工作计划安排中。

在将系统具体化成实体系统的制造阶段，各种工业管理方法、生产工艺学、母型试验法、可靠性分析等都是很适用的。

在系统的运行阶段，则资材分配、生产管理和库存管理等方法都是很有用的。

复习思考题

1. 系统的概念是什么？简述系统分析的步骤。
2. 最后被采纳和选用的方案必须满足哪几种可能性？
3. 政治的衡准指标以什么来测量系统的效果？
4. 举例说明几种较为常见又公认比较有效的系统分析方法。

第七章　费用—效益分析方法及其应用[1]

技术经济效果是指人们在实施技术方案产生物质资料时，所取得的有用劳动成果与投入的劳动耗费的比较。如果一个方案付诸实施的话我们就需要测算其效果，即它达到结果的价值。系统的效果通常以效益和费用来衡量，效益是一个方案解的“正”的方面，即输入投资以后经过转化所输出的使用价值和收益，它既包含定量也包含定性的因素；费用是方案的“负”的方面，即形成使用价值的耗费部分，也包含定量的和定性的因素。系统分析的目的在于帮助决策者选择费用少、效益高、能达到规定的系统目标的最优方案。因此系统分析方法在一开始是与决策方案的“费用—效益”分析方法分不开的，某些学者甚至认为系统分析方法归根结底是费用—效益分析。费用—效益分析最早被用于研究军事工程问题，它的一个例子如图 7-1 所示。

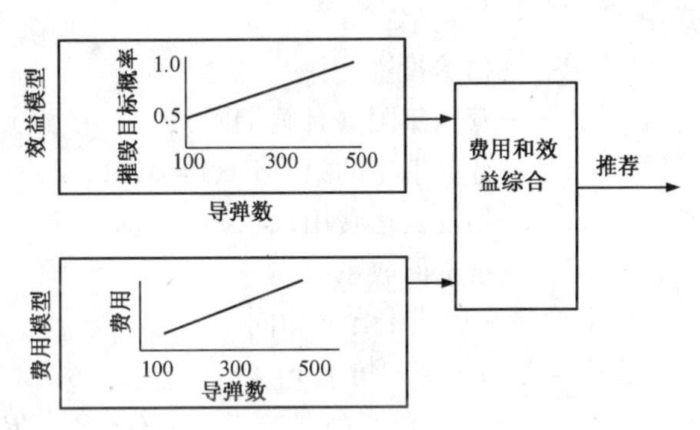

图 7-1　军事问题的费用和效益分析模型

图中的分析模型包括费用和效益两个模型，它被用于选择一种包含一定数量导弹的武器系统。在此情况中费用和效益是决策的评价准则（衡准指标），这是一个多指标的评价问题，由决策者规定一个临界的最高费用和要求的最低效益水平，两个指标之间的折算由决算者选择。

在工程经济学中，货币是计量（比较）的基础，当实现一规定目标有几种途径时，具有最低总费用或最大经济收益的方案常被选中，这种基于费用和收益的分析，我们称为经济性评价。然而在大多数情况下评价指标中常含有不能用货币来计量的因素，这时费用—效益分析将是一种有效的工具。

第一节　系统的经济性评价

作为系统经济性评价的基础，必须考虑下面几个因素：在系统的研制和运行中投入的资金、器材、劳动等资源，即费用；在系统运行中得到的收益；系统的研制时间和系统从开始运行到报废的时间，即营运期限或寿命。

一般来说，费用大致可分为三类：在系统开发中需要的研究费用；在系统制造或建设中需要投资的费用；在系统运行中需要的营运作业费用。

系统的研制和运行时间是较长的过程，在这段过程中，费用和收益的发生时期是不同的。因此，在进行系统的经济性评价时，要考虑费用和收益的时间价值，把将来的现金流通折算成现在的时值，就是所谓贴现。

在系统的研制和运行过程中要对不同的待选方案进行技术和经济评价。为了选择一个合适的系统方案，确定评价准则是不可少的。

一、经济性评价的衡准指标

经济性评价中经常使用如下几种主要衡准指标。

1. 平均年度费用（*AAC*）

对于收益不能预估、营运作业费用不变、而营运年限不等的各个方案，可用平均年度费用作为比选的衡准指标。平均年度费用最小的方案为最优方案。*AAC* 的计算公式如下：

$$AAC=\frac{i(1+i)^{N}}{\{(1+i)^{t}-1\}}\times\left\{P+\sum_{t=0}^{N}\frac{Y_t}{(1+i)^{t}}\right\}=CR\left\{P+\sum_{t=0}^{N}\frac{Y_t}{(1+i)^{t}}\right\} \tag{7-1}$$

式中　i——年利率；

P——初始投资；

N——营运年限（计算期限）；

t——计算期中的第 t 年（$t=0$，1，2，$\cdots N$）；

Y_t——年度营运费用；

CR——投资回收系数。

以上变量在后式中含义相同。

在 $Y_t=\overline{Y}$ 为一定的情况下

$$AAC=P\times CR+\overline{Y}_0 \tag{7-2}$$

2. 必需运费率（*RFR*）

对于汽车、船舶等交通运输工具来说，运输能力是不同的，一般不能用 *AAC* 作为方案比较的指标，这时可用必需运费率。必需运费率是投资者为保证获得他所要的一定投资收益率而对每一单位产品（运量等）所要收取的费用（如运费）。*RFR* 最低的方案为最优方案。

$$RFR=\frac{AAC}{Q} \tag{7-3}$$

式中　Q——年度运输能力（吨或吨公里）。

3. 净现值（*NPV*）

净现值是将待选方案在计算期中逐年的净现金流量，按一定年利率折算为基准年的现值。当每年收入可以预估时则可用净现值作为经济性衡准指标，其计算公式为：

$$NPV=\sum_{t=0}^{N}\frac{(B-C)_t}{(1+i)^{t}} \tag{7-4}$$

式中　B——年现金收益；

C——年现金支出；

$B-C=R$——盈利。

$$NPV=\sum_{t=0}^{N}\frac{(B-C)'_t}{(1+i)^{t}}+\frac{L}{(1+i)^{N}}-P \tag{7-5}$$

式中　$(B-C)'_t$——不包括初始投资和残值的年度盈利；

L——使用 N 年后的残值。

净现值为正值表示投资收益率大于基准收益率，投资可得盈利，负值则表明亏损，方案不能被采纳。各比选方案中净现值最大的方案为经济性最优的方案。

4. 净现值指数（*NPVI*）

净现值是方案收益的绝对值。从投资效果来看，不同的投资额其收益应是不同的，因此，对于不同投资数量的比选方案可以用净现值指数来作为经济评价准则。净现值指数是净现值与初始投资之比：

$$NPVI=\frac{NPV}{P} \tag{7-6}$$

其含义相当于单位投资的效果。

5. 内部收益率（*IRR*）

内部收益率是使方案收益现值等于支出现值，即计算出 $NPV=0$ 的折现率 i。它可用来衡量贷款的最高允许利率水平。这相当于对下式解出 i：

$$\sum_{t=0}^{N}\frac{B_t}{(1+i)^t}=\sum_{t=0}^{N}\frac{C_t}{(1+i)^t}$$

6. 投资回收期（*PBP*）

投资回收期是系统在运行中所得的收益，偿还其投资的时间间隔。令从开始年计算的投资回收期为 T，则

$$P=\sum_{t=0}^{T}\frac{B_t}{(1+i)^t} \tag{7-7}$$

式中　B_t——计算期中第 t 年的收益。

7. 收益费用比（*BCR*）

这是公共交通运输常用的评价指标。由于公共工程除本身内部收益外，还存在大量的外部收益和不能计量的效益，所以只要能计量的收益现值与费用现值之比等于或大于 1 则表明方案在经济上是有利的，即

$$B/C=\sum_{t=0}^{N}\left\{\frac{B_t}{(1+i)^t}\Big/\frac{C_t}{(1+i)^t}\right\}\geqslant 1 \tag{7-8}$$

收益费用分析的另一种办法是计算（$B-C$）的现值。如($B-C$)>0 则方案是可被接受的。这就是上面所叙述的净现值 *NPV*。

系统方案的收益、盈利、费用、使用年限等特点不同，则适用的衡准指标是不同的。现将适用情况归纳于表 7-1 中。图 7-2 列出的是通常进行的经济性评价流程图。

二、系统的经济指标计算和评价举例

[例 7-1] 某运输公司以 840 万元购入 2 万吨级油轮一艘，并有某石油公司向它申请签订为期 20 年的定期用船契约。估计投资收益率至少为 10%，试问每月每吨货油的最小用船费是多少？设年营运作业费为 42 万元，年工作时间为 11.5 个月，20 年后的残值可以忽略不计。

[解] 当计算利率 $i=0.10$ 时，20 年中的投资回收系数

$$CR=\frac{0.10\times(1+0.10)^{20}}{[(1+0.10)^{20}-1]}=0.1175$$

所以要求年收益为 $42+840\times0.1175=140.7$（万元）。

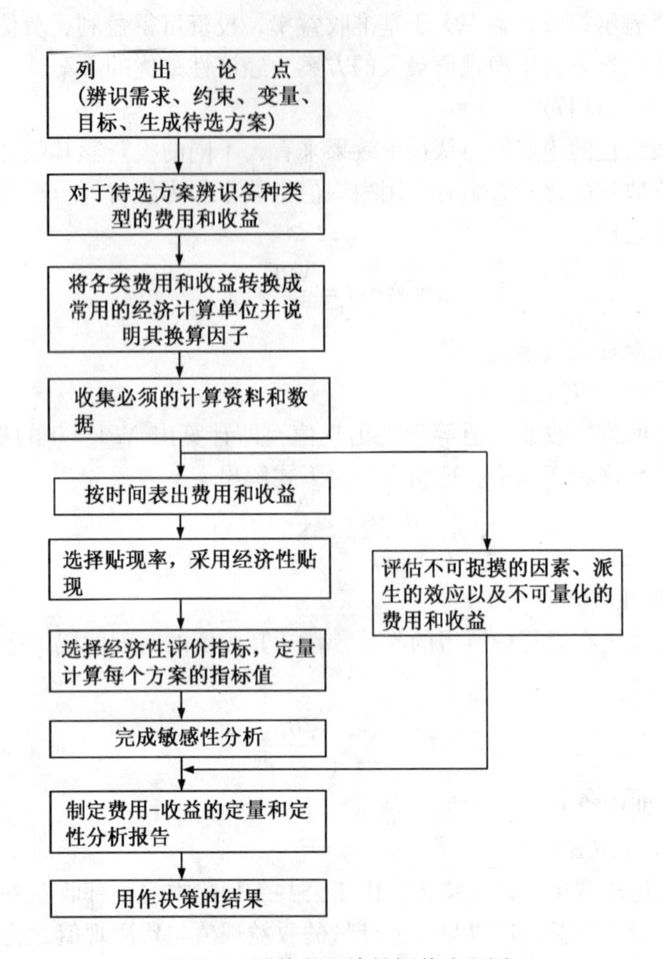

图 7-2　系统的经济性评价流程图

系统经济性衡准指标的适用情况　　**表 7-1**

对象系统	盈利	费用	使用期限	模　式	经济性衡准指标
收益 可以预估	盈利随 年度变化	相同或 不相同		R_1 R_2 R_n P R'_1 R'_2 R'_n P'	*NPV* *NPVI*
	盈利不变		不同	$\overline{R}$ P $\overline{R'}$ P'	投资收益率 i 投资回收期 T
			相同	$\overline{R}$ P $\overline{R'}$ P'	*CR*

续表

对象系统	盈利	费用	使用期限	模　式	经济性衡准指标
收益不能预估		营运作业费用随年度变化	相同或不相同	P Y_1 Y_2 Y_n / P' Y_1' Y_2' Y_n'	*RFR*
		营运作业费用不变	不同	P $\overline{Y}$ / P' $\overline{Y'}$	*AAC*
			相同	P $\overline{Y}$ / P' $\overline{Y'}$	*AAC*

设每月每吨货油的定期用船费为 C（元/月吨），则由

$$C \times 2 \times 10^4 \times 11.5 = 1407000 \text{ 元}$$

得

$$C = \frac{1407000}{2 \times 10^4 \times 11.5} = 6.11 \text{ 元/月吨}$$

［**例 7-2**］上例可以更改成如下相反的问题，即当国际海运市场的定期用船费为 6.30 元/月吨时，

①以 910 万元船价购进船舶时的投资收益率为多少？

②要求投资回收率为 10% 时，船舶购入费的上限是多少？

［**解**］①年收益 $=6.30 \times 2 \times 10^4 \times 11.5 = 1449000$ 元

投资回收系数

$$CR = \frac{1449000 - 420000}{9100000} = 0.1131$$

以 $N=20$ 和 $CR=0.1131$ 代入式

$$CR = \frac{i(1+i)^N}{[(1+i)^N - 1]}$$

即可求得相应的计算利率为 0.0945，即投资收益率为 9.45%。

②年净利润为

$$1449000 - 420000 = 1029000 \text{ 元}$$

这是按 20 年中都是这样来考虑的，再求出其现值，则

$$\text{船舶购入费的上限} = 102.9 \times \frac{[(1+0.1)^{20} - 1]}{0.1 \times (1+0.1)^{20}} = 875.7 \text{（万元）。}$$

经济性评价是一个系统可行性研究的核心问题，它又分为国民经济评价和企业财务评价。前者是站在国家立场上从国民经济全局出发来考察系统的得失，评价其宏观效果；后者是站在企业立场上从企业范围考察系统的财务盈亏，评价其微观效果。运输系统作为国民经济和全国综合运输网的重要组成部分，其发展不仅要有利于自身，而且首先要有利于

整个社会、整个国民经济和交通运输网整体的发展。因此，对系统进行分析时，应以国民经济效果作为方案取舍的主要依据，以确保国民经济的协调发展和最大的宏观效果，但同时也应充分注意企业的微观财务效果。

［**例 7-3**］新船型开发方案的经济性指标测算和分析：

当前长江下游申汉线客运的主要运力是东方红号 11 号型客货轮。现提出两种船型改革设想，一种方案是增加船宽并采用双尾鳍船体线型；另一种方案是采用双体船型。对三种船型方案的经济性指标进行测算后作出比较如表 7-2 所示。

三种船型方案的经济性指标　　**表 7-2**

项　目	船　型		
	东方红 11 型	双尾鳍船型	双体船型
总长（m）	113	113.5	113.4
垂线间长（m）	105	105	105
型宽（m）	16.4	20.4	27.0
总宽（m）	19.6	23.6	27.0
吃水（m）	3.6	3.6	3.6
排水量 $\Delta(t)$	3680	4285	4390
方形系数 C_B	0.595	0.552	0.607
主机功率 P_s(kW)	2×1654	2×1470	2×1470
航速 V(km/h)	28.71	28.01	27.98
初稳性高 GM（m）	1.956	5.770	27.091
客位数（人）	1252	1848	2016
载货量（t）	400	100	0
船员（人）	136	166	176
造价（万元）	1010	1300	1500
船舶使用年限	25	25	25
贷款年利率 i	10.08%	10.08%	10.08%
平均年度费用（万元）	251.75	286.93	330.90
年营运收入（万元）	367.15	477.03	545.72
年净收益（万元）	115.40	190.10	214.83
净现值 NPV	40.23	426.76	451.65
净现值指数 $NPVI$	3.98%	32.8%	30.1%
投资回收期 PBP	22.27	12.17	12.67
内部收益率 IRR	10.59%	14.14%	13.81%

由表 7-2 所列的计算值可见，双尾鳍船型方案和双体船型方案的经济性指标如年净收益、净现值、投资回收期和内部收益率等都比原方案（东方红 11 型）有显著提高。双体船型方案的净现值指标比双尾鳍船型方案好，但考虑了建造投资以后，则其净现值指数和内部收益率反而较差。在上表的定量分析中，尚未反映出来的其他费用有坞修费等。

第二节　效用函数及评价指标综合

所谓费用—效益分析，是指研究能取得达到系统目标的效果（效益）与所耗费的资源（费用）之间的关系。费用—效益分析方法所能做到的是：当把效益保持在可以接受的最低水平上时，讨论如何使系统的费用达到极小值；或把费用保持在可以接受的最高水平上时，如何使效益达到极大值。

费用—效益分析特别强调要尽可能用计算数值去确定定量的因素。当然，现在还没有一种有效的方法可用数值表示例如心理影响等不可捉摸的因素，有时只得靠直观判断解决问题。费用—效益分析要尽量设法使在逻辑上能够进行计算的那些因素定量化，以便使决策者知道，在多大程度上还必须凭直观判断去作决定。因此在分析时的一个重要问题是如何将各个评价指标定量化，并且沟通各个指标之间的关系，综合成一个总的指标，供方案选择时衡准之用。

一、效用函数

效用函数可以理解为达到目的（目标）满足要求的程度，是人们给予有形商品或无形商品的主观价值，是评价指标相对值的计算模型。至于将概念用于方案设计或系统分析则可从图7-3所示我们所熟悉的方案评价过程来进行观察。

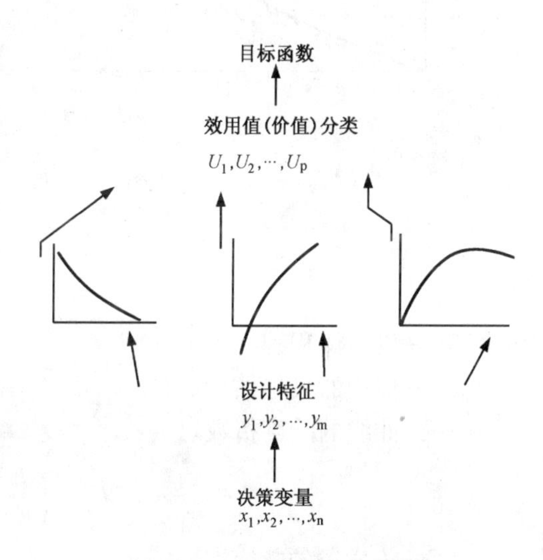

图7-3　方案评价过程

方案分析从辨识和确定决策变量 x_1，x_2，…，x_n 开始（这可理解为例如尺度、机器特性、货物装载量、货物装卸方式等），由此生成下一层的设计特征（例如船的稳性、容量、速度、投资费用、经济指标等），它们的量值是由决策变量来测算的，因此也称为从属变量。

一种常规且较简单的分析方法是从这些设计特征中挑选出一个最主要的指标作为评价准则，同时假定其他设计特征服从某种限制或约束（例如规定最大的投资费用，最低的航速，规定稳性高度极限等），由此则这些其他设计特征就成为问题的约束而不需要考虑价值转换了。也就是说，将分析问题转变成一种带约束的单目标决策问题来求解。

另一种解题方法是，可以设想由各设计特征直接地对一个方案生成效用值或价值 U_1，U_2，…，U_p。将这些效用值通过一定关系和方法综合起来就给出了一种评价的准则或目标函数，例如

$$U = w_1 U_1 + w_2 U_2 + \cdots + w_p U_p \tag{7-9}$$

式中　U——总的效用值或目标函数；

U_1，U_2，…，U_p——效用值分量或单目标函数；

w_1，w_2，…，w_p——权重系数 $\sum_{t=1}^{p} w_i = 1$

这样，就将分析的问题转变成一种多目标决策问题来求解了，其中效用函数用于将不能直接定量的指标定量化，已起到沟通各个指标之间关系的作用。下面我们举一个简单的例子说明效用函数在分析中的应用。

设在某个装置中要设计一种发条。最成功的设计是使之具有高的能容（能量储备）和小的体积，这是两种不能兼容的效能指标。

设 E_0 和 V_0 是能容和体积的最佳指标值，它们达到设计要求的效用值为 1。

对于效用值与设计特征成反比的情况，用效用函数的倒数来分析是特别方便的，其函数曲线如图 7-4 所示。

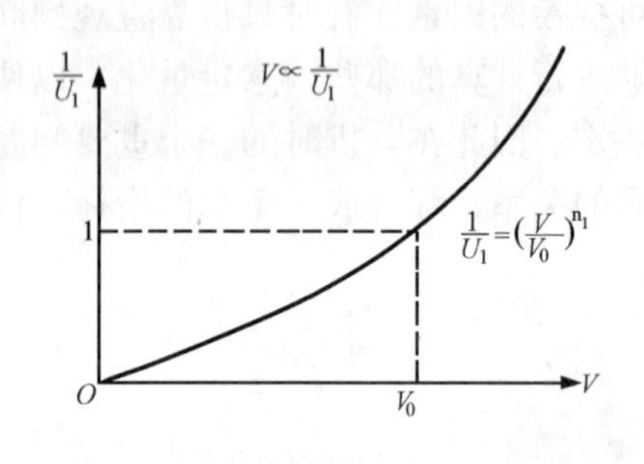

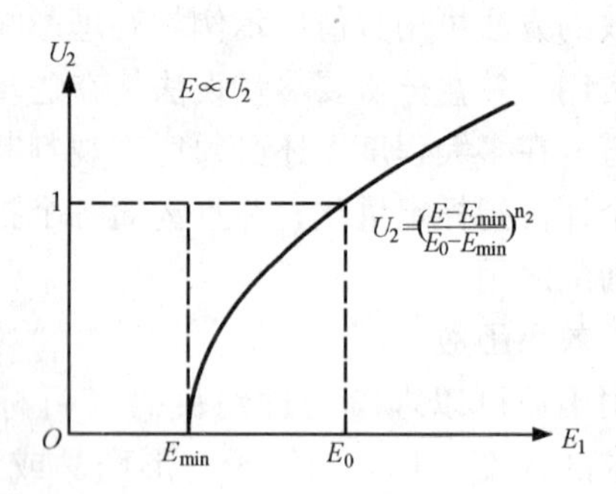

图 7-4　效用函数倒数曲线

$$\frac{1}{U_1}=\left(\frac{V}{V_0}\right)^{n_1}$$

式中　V——发条体积；

V_0——体积的最佳估计值；

n_1——曲线的陡度指数。

$$U_2=\left(\frac{E-E_{\min}}{E_0-E_{\min}}\right)^{n_2}$$

式中　E——发条的能容；

$E_{\min}$——最小可接受的能容；

E_0——能容的最佳估计值；

n_2——曲线的陡度指数。

综合的效用函数为

$$\frac{1}{U}=\frac{w_1}{U_1}+\frac{w_2}{U_2}$$

设计的目的是要极大化 U 或极小化$\frac{1}{U}$。

下面试举三个例子来研究效用曲线的制作：

[例 7-4] 港址选择的评价指标之一——风浪、气候因素的效用值。

风浪、气候是影响港区装卸作业的一个重要效能指标因素，它可用装卸作业的天数来衡量，其依据是：

①日本有关港口规范指出，当港口装卸作业条件为风力小于 5 ~ 7 级、波高小于 0. 5 ~

1m 时全年可作业天数为 329～347 天；我国的设计规范指出全年可作业天数应为 336 天，根据统计，建港地区沿岸码头的正常作业天数为 300～330 天。

由此可将该港址选择中全年装卸的最高天数定为 340 天，即达到这个指标时其效用值为 1。

②最低装卸作业天数可这样来确定：每周以三个工作日计算，扣除国庆节假 7 天，因此全年工作少于 150 天时其效用值（或合意度）为 0。

由此可作出效用函数曲线，如图 7-5 所示。

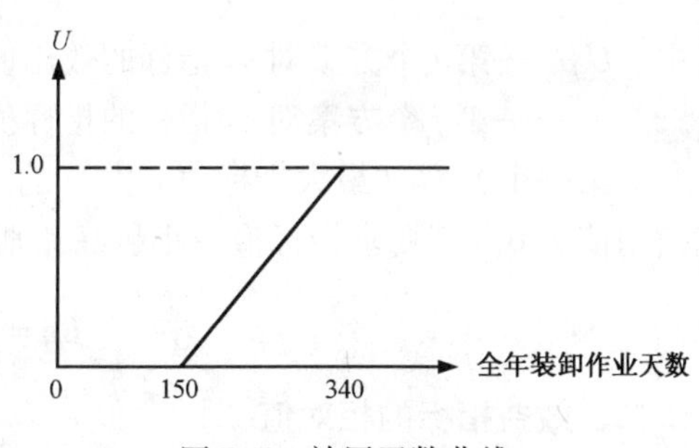

图 7-5　效用函数曲线

［例 7-5］船型耐波性能指标的效用值：

遣送潜水员至某海区进行水下作业，可以完成此项任务的船型有：常规船型、半潜平台和潜艇。

船模试验表明：在 3～4 级海况（相当于有义波高于 $H_{1/3}=3\mathrm{m}$）时常规船型将产生剧烈运动，潜水钟难以放下；在 5～6 级海况（相当于 $H_{1/3}=4\mathrm{m}$）时半潜平台的作业将受限制；潜艇由于在水下航行，可认为不受海面风浪影响。

根据对该海区的常年观察，各种波高海况的累积概率分布如图 7-6 所示。

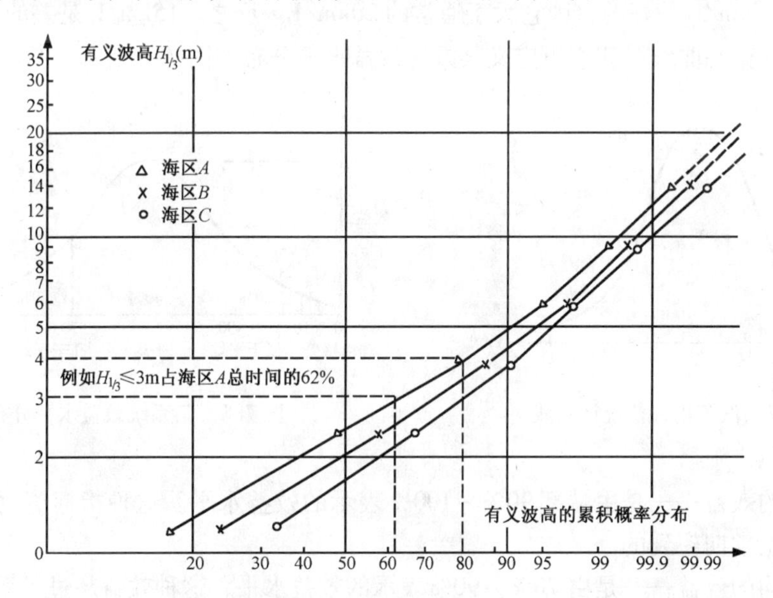

图 7-6　各种波高海况的累积概率分布

因此就海况影响作业这个效能指标来说，图 7-6 中的有义波高累积概率分布值可视为船型效用值。即常规船型的效用值（合意度）为 0.62（即一年中有 62% 时间可以进行工作）；半潜平台的效用值为 0.80；潜艇为 1.0。

［例 7-6］计算多个方案的指标效用值：

设对某评价指标 y_i 而言，有 m 个方案对此测得的指标值按大小次序排列为 y_{i1}，y_{i2}，…，y_{im}，则可算得第 j 个方案的效用值为：

$$U_{ij}=\frac{y_{ij}-y_{i\min}}{y_{i\max}-y_{i\min}}$$

式中　U_{ij}——第 j 个方案对 y_i 指标的效用值；

y_{ij}——第 j 个方案对 y_i 指标的指标值。

即第一个方案（最大指标值方案）的效用值为 1；最后一个方案（最小指标值方案）的效用值为 0。若要求指标值越小越好，则

$$U_{ij}=\frac{y_{i\max}-y_{ij}}{y_{i\max}-y_{i\min}}$$

二、效益指标的相对值

评价效益是不存在绝对性的。“越多越好”，是评价效益指标的普遍规则，它既不能告诉我们什么是属于好的，也不能告诉我们什么是属于坏的，因此有必要确定一种比较的基础，建立一种评价效益的尺度。

例如选购一辆小型轿车，它的评价指标（效益指标）之一是每升汽油行驶的里程（km/L）。现有一种汽车其指标为 25km/L，它算好，还是差？

在观察了 100 种这类汽车的样品（比较集）后，得到的统计曲线如图 7-7 所示。曲线的图形为正态分布，大多数汽车的指标值围绕峰值 20km/L，少数为 10km/L 和 35km/L。因此可以说 25km/L 是好的，因它大于通常的 20km/L。反之，15km/L 是差的。

应用这种正态曲线，我们可定义某系统效益水平分布如图 7-8 所示。其中：

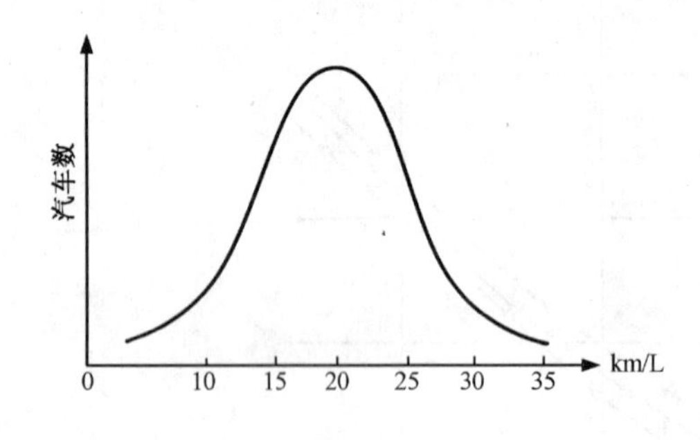

图 7-7　汽车指标值统计曲线

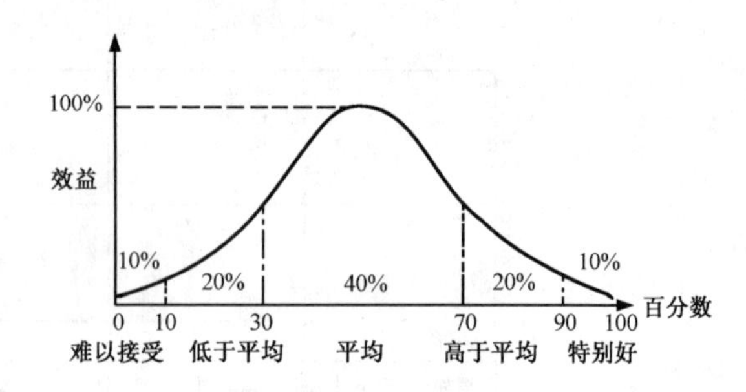

图 7-8　某系统效益水平分布

特别好的效益——是由端部 90% ~100% 表示的效益水平。这种指标值大大超过了系统设计所能正常期望到的。

高于平均的效益——是由 70% ~90% 表示的效益水平，这种效益超过了系统设计所能正常期望到的。

平均的效益——是由 30% ~70% 表示的效益水平，这种效益是可从系统设计正常期望到的。

低于平均的效益——是由 10% ~30% 表示的效益水平，这种效益低于所能正常期望到的。

难以接受的效益——是低于 10% 表示的效益水平，这种效益大大低于正常期望到的。

三、效益指标的分数值

和前述效用值的应用一样，如将效率统计曲线中特别好的、平均的（等）效率水平分

类表示成图 7-9 所示的分数值是很有用的。这里我们用的是 10 分制，当然也可用百分制。

四、评价指标的综合

将评价指标进行综合的第一步就是要组成一种指标树形梯队结构，并对每一层的各个指标指派相对权重如图 7-10 所示。

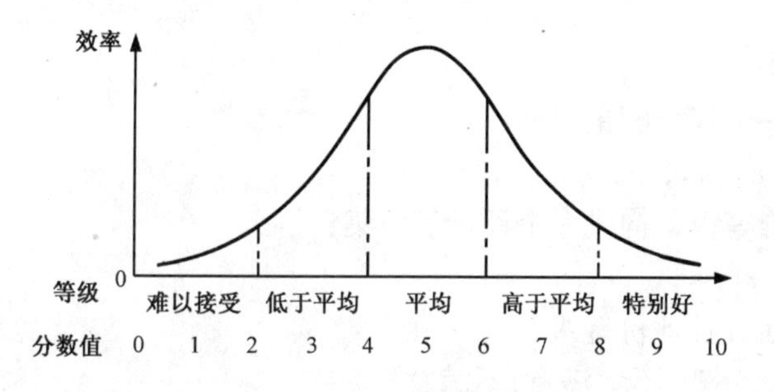

图 7-9　效益指标分数值统计曲线

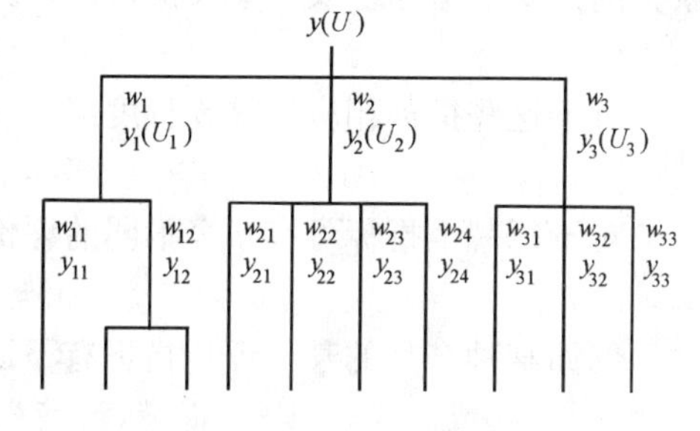

图 7-10　指标树形梯队结构

再用加权和法进行指标综合。综合指标的绝对值为：

$$y = \frac{\sum_{i=1}^{p} w_i y_i}{\sum_{i=1}^{p} w_i} = \sum_{i=1}^{p} w_i y_i \tag{7-10}$$

式中　w_i——单项指标的相对权重 $\sum_{i=1} w_i = 1$

或以指标的效用值表示，则

$$U = \frac{\sum_{i=1}^{p} w_i U_i}{\sum_{i=1}^{p} w_i} = \sum_{i=1}^{p} w_i U_i \tag{7-11}$$

设有 m 个比较方案进行评审，则对每一个方案的评价指标的效用值为（见图 7-10）。

$$y = w_1\left[\frac{y_1 - y_{1\min}}{y_{1\max} - y_{1\min}}\right] + w_2\left[\frac{y_2 - y_{2\min}}{y_{2\max} - y_{2\min}}\right] + w_3\left[\frac{y_3 - y_{3\min}}{y_{3\max} - y_{3\min}}\right] \tag{7-12}$$

式中　$y_{1\max}$——第一层指标中 y_1 指标值之最大者；

$y_{1\min}$——第一层指标中 y_1 指标值之最小者；

⋮

上式中又有

$$y_1 = w_{11}\left[\frac{y_{11} - y_{11\min}}{y_{11\max} - y_{11\min}}\right] + w_{12}\left[\frac{y_{12} - y_{12\min}}{y_{12\max} - y_{12\min}}\right],$$

$$y_2 = w_{21}\left[\frac{y_{21} - y_{21\min}}{y_{21\max} - y_{21\min}}\right] + w_{22}\left[\frac{y_{22} - y_{22\min}}{y_{22\max} - y_{22\min}}\right] + \cdots,$$

⋮

式中　$y_{21\max}$——第二层指标中 y_{21} 指标值之最大者；

$y_{21\min}$——第二层指标中 y_{21} 指标值之最小者。

第三节　模糊综合评价

一般的评价问题往往涉及多个评价指标，而且指标中含有不能量化的或不可捉摸的因素，例如 p 个指标组成一个评价指标集：

$$Y=\{y_1,y_2,\cdots,y_p\}$$

对于这些指标相应的重要程度组成一个权分配集：

$$W=\{w_1,w_2,\cdots,w_p\}$$

对于每一个指标可有 q 个不同的评价等级，构成一个评价等级集：

$$V=\{v_1,v_2,\cdots,v_q\}$$

例如某种产品的某个评价指标有下面五种评价等级：

$$V=\{\text{很满意},\text{满意},\text{一般},\text{不太满意},\text{不满意}\}。$$

对于一个普通集合的范围（或边界）是十分明确的，任何一个元素 v_j 均属于集合 V（$v_j\in V$）或不属于集合 V（$v_j\notin V$），两者必居其一，非此即彼，毫不含糊。但是对于上例所示的这些元素的集合就没有明确的边界，很满意、满意、一般、不太满意和不满意之间都没有一条截然分明的界线。具有模糊边界的集合称为模糊集合，一般用字母下带波浪号，如 $\underset{\sim}{A}$、$\underset{\sim}{B}$ 等表示。显然，上述 W 和 V 都可能是评价指标的界限不分明的集合，而 Y 则可能是评价指标的界限分明的集合。

一、单指标评价

单指标评价就是根据被评论事物的某一评价指标（记为 y_i）来评价该事物对各评价等级的隶属度

$$\mu_{vj}(y_i),j=1,2,\cdots,q \qquad 0\leqslant\mu_{vj}(y_i)\leqslant 1 \tag{7-13}$$

评价指标 y_i 对各评价等级 v_j 的 q 个隶属度，表明了指标 y_i 与 V 之间的模糊关系，记为

$$r_i=[r_{i1},r_{i2},\cdots r_{ij}\cdots,r_{iq}] \tag{7-14}$$

式中

$$r_{ij}=\mu_{vj}(y_i)。$$

当被评定事物只有一个评价指标 y 时，上述模糊关系也就是该事物对各评价等级的隶属度，可称为该事物的“等级模糊矢量”，即“隶属度矢量”，记为

$$B=[b_1,b_2,\cdots b_j\cdots,b_q] \tag{7-15}$$

式中　$b_j=r_j=\mu_{vj}(y)$。

［**例 7-7**］单指标的模糊综合评价

设对某产品评定其质量，确定评价等级为

$$V=\{\text{很满意},\text{满意},\text{一般},\text{不太满意},\text{不满意}\}。$$

现作调查研究征询各方面的意见后，得到的结果是 10% 的人认为很满意，40% 的人认为满意，30% 的人认为一般，15% 的人不太满意，5% 的人不满意，则这一评定结果可用模糊集

$$\underset{\sim}{B}=\frac{0.1}{\text{很满意}}+\frac{0.4}{\text{满意}}+\frac{0.3}{\text{一般}}+\frac{0.15}{\text{不太满意}}+\frac{0.05}{\text{不满意}}$$

来表示。$\underset{\sim}{B}$ 可简单地记为

$$\underset{\sim}{B}=[0.1,0.4,0.3,0.15,0.05]$$

二、多指标综合评价

考虑上面所述的两个论域，即评价指标集合 $Y=\{y_1,y_2,\cdots,y_p\}$ 和评价等级集合 $V=\{v_1,v_2,\cdots,v_q\}$ 之间显然具有一定的模糊关系。例如在序偶(y_i,v_j)中，等级 v_j 常常就是指标 y_i 的论域上的一个模糊子集。多指标综合评价就是在已知 Y 中各指标的情况下，通过适当的综合和模糊变换求得综合等级模糊矢量

$$\underset{\sim}{B}=\frac{b_1}{v_1}+\frac{b_2}{v_2}+\cdots+\frac{b_j}{v_j}+\cdots+\frac{b_q}{v_q} \tag{7-16}$$

式中　b_j——等级 v_j 对综合评价所得模糊子集 $\underset{\sim}{B}$ 的隶属度，它们也就是综合评价的结果。

关键在于找出评价等级论域 V 和指标论域 Y 之间的模糊关系，并找出适当的综合方法。

多指标综合评价的基础是单指标评价。由于各指标 y_i 均为已知，即可根据 y_i 按上面的办法求得各等级的隶属度

$$r_{ij}=\mu_{vj}(y_i),j=1,2,\cdots,q$$

它们组成了指标 y_i 与评价等级论域 V 之间的模糊关系矢量

$$\underset{\sim}{r_i}=[r_{i1},r_{i2},\cdots,r_{ij},\cdots,r_{iq}]$$

所有各指标 y_i（$i=1,2,\cdots,p$）对 V 的模糊关系矢量联合起来，就组成 Y 和 V 之间的模糊关系矩阵（也称评价矩阵）

$$\underset{\sim}{R}=\begin{bmatrix}\underset{\sim}{r_1}\\ \underset{\sim}{r_2}\\ \vdots\\ \underset{\sim}{r_p}\end{bmatrix}=\begin{bmatrix}r_{11} & r_{12} & \cdots & r_{1q}\\ r_{21} & r_{22} & \cdots & r_{2q}\\ \vdots & & & \vdots\\ r_{p1} & r_{p2} & \cdots & r_{pq}\end{bmatrix} \tag{7-17}$$

在进行综合评价时，要考虑权分配对各个指标所起作用的大小，它形成了指标论域 Y 上的一个模糊子集

$$\underset{\sim}{W}=\frac{w_1}{y_1}+\frac{w_2}{y_2}+\cdots+\frac{w_i}{y_i}+\cdots+\frac{w_p}{y_p} \tag{7-18}$$

其中 w_i 为 y_i 对权分配 $\underset{\sim}{W}$ 的隶属度。

模糊子集 $\underset{\sim}{W}$ 和 $\underset{\sim}{B}$ 可以简化为模糊矢量

$$\underset{\sim}{W}=[w_1,w_2,\cdots,w_p]$$

$$\underset{\sim}{B}=[b_1,b_2,\cdots,b_q] \tag{7-19}$$

加 $\underset{\sim}{W}$ 和为已知，即可进行综合评价，其运算一般可写成如下形式

$$\underset{\sim}{B}=\underset{\sim}{W}\cdot\underset{\sim}{R} \tag{7-20}$$

或 $$\underset{\sim}{B}=[b_1,b_2,\cdots,b_j,\cdots,b_q]=[w_1,w_2,\cdots,w_j,\cdots,w_p]\begin{bmatrix}r_{11} & r_{12} & \cdots & r_{1q}\\ r_{21} & r_{22} & \cdots & r_{2q}\\ \vdots & & \vdots & \\ r_{p1} & r_{p2} & \cdots & r_{pq}\end{bmatrix} \tag{7-21}$$

[**例7-8**] 多指标的模糊运算综合评价

设某种汽车产品的评价指标集为

$$Y=\{km/l,外观,价格\}$$

相应的权分配为模糊集 $\underset{\sim}{W}=\{0.5,0.2,0.3\}$

评价等级集为

$$V=\{很满意,满意,一般,不满意\}$$

评价矩阵

$$\underset{\sim}{R}=\begin{bmatrix}r_1\\r_2\\r_3\end{bmatrix}=\begin{bmatrix}0.5 & 0.4 & 0.1 & 0\\0.4 & 0.3 & 0.2 & 0.1\\0 & 0.1 & 0.3 & 0.6\end{bmatrix}$$

因此对该种汽车产品的综合评价为

$$\underset{\sim}{B}=\underset{\sim}{W}\cdot\underset{\sim}{R}=\begin{bmatrix}0.5 & 0.2 & 0.3\end{bmatrix}=\begin{bmatrix}0.5 & 0.4 & 0.1 & 0\\0.4 & 0.3 & 0.2 & 0.1\\0 & 0.1 & 0.3 & 0.6\end{bmatrix}=\begin{bmatrix}0.5 & 0.4 & 0.3 & 0.3\end{bmatrix}$$

式中对 b_1、b_2 等的运算如下：

$$\begin{aligned}b_1&=(w_1\wedge r_{11})\vee(w_2\wedge r_{21})\vee(w_3\wedge r_{31})\\&=(0.5\wedge 0.5)\vee(0.2\wedge 0.4)\vee(0.3\wedge 0)=0.5\\b_2&=(w_1\wedge r_{12})\vee(w_2\wedge r_{22})\vee(w_3\wedge r_{32})\\&=(0.5\wedge 0.4)\vee(0.2\wedge 0.3)\vee(0.3\wedge 0.1)=0.4\end{aligned}$$

对 $\underset{\sim}{B}$ 进行规范化处理：$0.5+0.4+0.3+0.3=1.5$

则 $\underset{\sim}{B}=\begin{bmatrix}\frac{0.5}{1.5} & \frac{0.4}{1.5} & \frac{0.3}{1.5} & \frac{0.3}{1.5}\end{bmatrix}=\begin{bmatrix}0.33 & 0.27 & 0.20 & 0.20\end{bmatrix}$

结果表明：33%的顾客认为该产品“很满意”，27%的顾客认为“满意”，20%的顾客认为“一般”，20%的顾客认为“不满意”。

三、综合评价的逆问题

设评价结果 $\underset{\sim}{B}$ 及评价矩阵 $\underset{\sim}{R}$ 均为已知，求权分配 $\underset{\sim}{W}$，这就是综合评价的逆问题。

[**例7-9**] 综合评价的权分配测算

对某种产品进行评价，指标集为

$$Y=\{质量,外观,价格\}$$

评价集为 $V=\{很满意,满意,一般,不满意\}$

单指标评价矩阵为

$$\underset{\sim}{R}=\begin{bmatrix}0.2 & 0.7 & 0.1 & 0\\0 & 0.4 & 0.5 & 0.1\\0.2 & 0.3 & 0.4 & 0.1\end{bmatrix}$$

评价结果为 $\underset{\sim}{B}=\begin{bmatrix}0 & 0.8 & 0.2 & 0\end{bmatrix}$

现问顾客对质量、外观、价格这三个指标的权分配如何？

[**解**] 据对顾客心理的估计，提出下列四种可能的权分配方案：

$$\underset{\sim}{W}_1=[0.2\quad 0.5\quad 0.3]$$
$$\underset{\sim}{W}_2=[0.5\quad 0.3\quad 0.2]$$
$$\underset{\sim}{W}_3=[0.2\quad 0.3\quad 0.5]$$
$$\underset{\sim}{W}_4=[0.7\quad 0.25\quad 0.05]$$

先算出对应的 $\underset{\sim}{B}_1$，$\underset{\sim}{B}_2$，$\underset{\sim}{B}_3$，$\underset{\sim}{B}_4$

$$\underset{\sim}{B}_1=\underset{\sim}{W}_1\cdot\underset{\sim}{R}=[0.2\quad 0.4\quad 0.5\quad 1]$$
$$\underset{\sim}{B}_2=\underset{\sim}{W}_2\cdot\underset{\sim}{R}=[0.2\quad 0.5\quad 0.3\quad 0.1]$$
$$\underset{\sim}{B}_3=\underset{\sim}{W}_3\cdot\underset{\sim}{R}=[0.2\quad 0.3\quad 0.4\quad 0.1]$$
$$\underset{\sim}{B}_4=\underset{\sim}{W}_4\cdot\underset{\sim}{R}=[0.2\quad 0.7\quad 0.25\quad 0.1]$$

再计算它们与 $\underset{\sim}{B}$ 的贴近度，$\underset{\sim}{B}$ 与 $\underset{\sim}{B}_i$ 的贴近度为

$$(\underset{\sim}{B},\underset{\sim}{B}_{\mathrm{i}})=\frac{1}{2}[\underset{\sim}{B}\circ\underset{\sim}{B}_i+(1-\underset{\sim}{B}\oplus\underset{\sim}{B}_i)]$$

其中

$$\underset{\sim}{B}\circ\underset{\sim}{B}_i=\bigvee_{v\in V}[\mu_{\underset{\sim}{B}}(v)\wedge\mu_{\underset{\sim}{B}i}(v)]$$
$$\underset{\sim}{B}\oplus\underset{\sim}{B}_i=\bigwedge_{v\in V}[\mu_{\underset{\sim}{B}}(v)\vee\mu_{\underset{\sim}{B}i}(v)]$$

由此则

$$\underset{\sim}{B}\circ\underset{\sim}{B}=(0.2\wedge0)\vee(0.4\wedge0.8)\vee(0.5\wedge0.2)\vee(0.1\wedge0)=0.4$$
$$\underset{\sim}{B}_1\oplus\underset{\sim}{B}=(0.2\vee0)\wedge(0.4\vee0.8)\wedge(0.5\vee0.2)\wedge(0.1\vee0)=0.1$$

故　$$(\underset{\sim}{B}_1,\underset{\sim}{B})=(0.4+1-0.1)/2=0.65$$

同理　$$(\underset{\sim}{B}_2,\underset{\sim}{B})=(0.5+1-0.1)/2=0.7$$
$$(\underset{\sim}{B}_3,\underset{\sim}{B})=(0.3+1-0.1)/2=0.6$$
$$(\underset{\sim}{B}_4,\underset{\sim}{B})=(0.7+1-0.1)/2=0.8$$

由 $(\underset{\sim}{B}_4,\underset{\sim}{B})=\max_{1\leqslant j\leqslant4}(\underset{\sim}{B}_j,\underset{\sim}{B})=0.8$ 知 $\underset{\sim}{W}_4=(0.7\quad 0.25\quad 0.05)$ 较符合实际的权分配方案。

综合评价的逆问题有普遍的实用价值。综合评价的数学模型，有助于经验的总结，从而可能用这些量化了的经验去武装电脑。

第四节　海上油田开发钻井装置的评价分析示例

在英国北海的阿盖尔油田、维京油田和金赛尔油田按计划依次钻井，要对选用移动式钻井装置进行评价。

由于对远离作业区的钻井装置需要花费较多的移动时间和费用，因此邻近作业区域者应优先考虑入选。待选装置可有大型、中型和小型的半潜平台、钻井船、自升式平台或其他组成形式。

装置的容量必须满足或超过作业计划的最低要求。表 7-3 列出了对 4 种约束的状态变量值。除了小型自升式平台外所有的参数值都处于作业计划的约束之内，小型自升式平台由于水深容量不足而在进一步考虑时被删去。

各平台对4种约束的状态变量值　　表7-3

	要求的	半潜平台			自升式平台			钻 井 船		
		大型	中型	小型	大型	中型	小型	大型	中型	小型
最小水深（m）	73.8	656	366	244	107	76	45.7 *	732	366	244
期望风速（节）	25	60	50	40	100	50	40	60	60	40
期望波高（m）	4.27	10.7	9.14	7.62	15.24	12.2	9.14	7.31	5.79	3.66
最大钻深（km）	4.27	7.62	7.38	6.56	7.62	7.38	6.56	7.62	7.38	6.56

* 不能满足最低要求（73.8m）

1. 衡准指标

下列衡准指标 y_1，y_2，y_3 及其从属指标 y_{11}，y_{12}，y_{33} 被定为方案决策的"目标"。

（1）效能指标（y_1）：

承载的容量（y_{11}）：甲板、舱室、液柜等的面积或体积表示能够承载水、燃油、管件、散货等的容量；

环境设计制约（y_{12}）：极大风速、波高、流速等的承受能力；

效能记录（y_{13}）：过去的记录表示今后的期望能力，如船龄、作业损失时间、钻过的井数、总的钻深、船型的相对安全性和入级准许级别等；

作业的气候容限（y_{14}）：装置能继续操作的气候极限是测算其因坏天气而损失时间的一种能力；

钻探设备的容量（y_{15}）：一般来说，大型的且功率较大的钻井设备系统能较快地完成钻井作业；

人员因素（y_{16}）：装置的相对舒适性、工作条件和安全性等是提高人员士气的重要因素；

后勤的承载容量（y_{17}）：能承载的燃油、水、食物、钻井化学品、重型钻井设备的周期性更换能力等。

（2）作业费用指标（y_2）：

投资回收费（y_{21}）；

维修费（y_{22}）：与更新费、特殊设备费及船龄成正比；

人员费（y_{23}）：人员包括维修装置、进行拖带、生活服务的船员，操作和维修钻探系统的船员，行政人员以及例如为维护高级钻探和井控设备等特殊任务的船员等；

保险费（y_{24}）：影响两种保险费（船体和人员及其资产）的主要因素为船舶更新费，特殊设备费，人员数目及船的类型；

消耗品费（y_{25}）：分为与装置有关的消耗品以及与钻探有关的消耗品两种。人员用的水和食物已包含在 y_{25} 中，与钻探有关的消耗品主要与作业计划有关而与装置本身关系不大，因此排除这些消耗品的计算可使 y_2 的计算简化；

装置移动费（y_{26}）：与装置形式有关，且与装置大小和到钻井地点之间的距离成比例。

（3）作业计划时间指标（y_3）：

钻井计划要求于规定时间内在特定的地点钻探一组井。对于每个地点的钻井将遵循一种模式化的作业步骤，称为"作业周期"。正常的程序有：进行中的时间，即起锚、移至新的钻井地点，抛锚，使其水平和垂向定位稳定，操作井控设备的时间；井控设备钻探时间。

因此总的作业计划时间是对钻井计划中作业周期的三方面之和：井控设备操作时间（y_{31}）；钻井时间（y_{32}）；进行中的时间（y_{33}）。

2. 指标计算的数学模型举例

（1）对于性能指标 y_1：

载重容量估算。当达到规定极限重量且装满全部空间容积时则装置容量达到设计极限。因此在任何时间每种货物只能装载一定的百分数（载重系数 μ_i），即

$$\sum_{t=1}^{8} \mu_i P_i \leqslant P_q$$

此外还必须满足稳性的约束，即

$$\sum_{t=1}^{8} (\mu_i \times P_i \times G_i) \leqslant P_9 \times G_9$$

式中 G_i 和 G_9 为相应重量的重心高度。由此可以算出 y_{11}。

其他效能指标计算例如有

$$y_{12} = E_1 \times E_2 \times E_3 \times E_4$$

$$y_{13} = \frac{R_3 \times R_4 \times R_5 \times R_6}{R_1^3 R_2}$$

$$y_{14} = q_1 \times Q_1 + q_2 \times Q_2 + q_3 \times Q_3 + q_4 \times Q_4 + q_5 \times Q_5$$

式中　q_1，…，q_5 为一种典型井对于这五种作业所花时间的相对百分数。

（2）对于作业费用指标 y_2：

$$y_2 = \sum_{K=1}^{5} y_{2K}$$

其中，

$$y_{21} = CR_{C_8}^{C_1}(C_1) + CR_{C_8}^{C_7}(C_5)$$

式中　$CR = \dfrac{i(1+i)^N}{(1+i)^N - 1}$（对利率 i，N 年的投资回收系数），

$$y_{22} = \eta_1 \times (1.1)^R \times C_1 + \eta_5 \times C_5$$

此处 η_1 是装置的维修费系数，η_5 是特殊设备维修费系数。

（3）对于作业计划时间指标 y_3：

$$y_3 = \sum_{K=1}^{3} y_{3K} \qquad y_{31} = \sum_{i=1}^{NL} \frac{n_1\left(\dfrac{S_{2i}}{200}\right)^{15}}{1 - TPW_i}$$

式中　NL 为钻探地点数；

TPW_i 为由于期望有义波高（S_7）超过了能操作井控设备的极大海况（Q_4）而不能执行任务的概率

$$TPW_i = P(S_{7i} > Q_4) = e^{-199} \times (Q_4 / S_{7i})^2$$

S_2 为水深；

n_1 为在 60.96m 水深装置（C_4）能操作井控设备的标准时间系数。

$$y_{32} = \sum_{i=1}^{NW} \frac{S_{12} + 4S_{13} + S_{14}}{(1 - TPD_i) \times 6}$$

式中　NW 为井数；

TPD 为由于海况（S_7）超过了装置能进行钻探的极大海况（Q_4）而不能执行任务的概率，其计算与 *TPW* 类似；

S_{12}为极小的钻探时间；S_{13}为最可能的钻探时间；S_{14}为极大的钻探时间。

3. 计算结果和评价分析

应用式（7-12）对分指标值和指标值的计算结果分别给出于表 7-4 和表 7-5 中。其中相对权重系数 y_1，y_2 和 y_3 依次取为 0.25，0.40 和 0.35。由此算出各种型号装置的效用函数后，排序于表 7-6 中。

分指标值计算结果　　**表 7-4**

分指标	自升式平台		半潜平台			钻井船		
	大型	中型	大型	中型	小型	大型	中型	小型
y_{11}	1450	1425	1700	1400	1100	3700	3200	2700
y_{12}	4.4	1.7	28.8	13.4	5.0	34.6	13.2	3.6
y_{13}	3.4	1.5	1.4	0.7	0.3	5.1	2.9	1.5
y_{14}	48.2	38.5	29.4	21.6	13.8	20.4	15.6	10.9
y_{15}	0.44	0.24	0.56	0.28	0.12	0.99	0.40	0.12
y_{16}	79	23	110	48	25	304	139	60
y_{17}	39.3	18.9	65.3	24.2	5.5	27.9	9.0	1.5
y_{21}	6.5	5.7	12.0	12.0	10.0	10.0	9.0	7.5
y_{22}	0.9	0.8	1.2	1.1	1.0	1.2	1.1	1.0
y_{23}	4.0	3.8	5.8	5.3	4.8	6.0	5.5	5.1
y_{24}	2.2	1.9	3.8	3.4	3.0	2.0	1.7	1.6
y_{25}	0.8	0.8	1.4	1.2	1.0	1.3	1.1	1.0
y_{26}	1.8	1.6	2.0	1.8	1.7	1.0	0.8	0.7
y_{31}	13.7	15.0	10.0	11.0	13.0	23.0	36	51
y_{32}	664	662	675	682	692	696	703	718
y_{33}	11	12	8	8	9	6	7	7

指标值计算结果　　**表 7-5**

待选装置	衡准指标		
自升式平台	效能指标 y_1	作业费用指标 y_2	作业时间指标 y_3
大　型	3.09	16.2	688
中　型	1.55	14.6	690
半潜平台			
大　型	5.6	26.2	693
中　型	3.7	23.8	701
小　型	2.5	21.5	714
钻井船			
大　型	5.5	21.5	724
中　型	4.1	19.2	746
小　型	2.2	16.9	776

效用函数值计算结果　　表 7-6

序号	待选装置	效用函数值（%）	序号	待选装置	效用函数值（%）
1	自升式平台——中型	68.6	5	半潜平台——大型	45.4
2	自升式平台——大型	61.7	6	钻井船——小型	42.1
3	半潜平台——小型	56.1	7	钻井船——中型	41.0
4	半潜平台——中型	53.7	8	钻井船——大型	40.1

第五节　进口磷酸江海联运技术经济分析示例

1. 运输任务和目的要求

从美国进口磷酸 20 万吨，合溶液年运量为 38 万吨，比重 1.6。要求进行以美国坦帕港为起点，由南通或由镇海中转至南京的运输方案论证和经济分析。问题涉及港口建设规划和对外开放政策，以及码头和泊位设施、航道水文、运输船型、环境保护等许多方面。

2. 辨识解的关键因素和限制因素

经初步分析，明确影响船队组成和经济指标的关键因素是：

（1）运酸中转地点

建立磷酸码头必须具备如下条件：码头前沿和航道要有一定水深，周围港区要有建立贮罐的空地以及供应水、电、汽的条件。对于停靠外国远洋轮者还必须是国家批准的对外开放港口。根据调查研究资料分析，进口磷酸的中转运输可以有下面三种供选择的方案。

①远洋运酸船停靠在南通港，并在那里设磷酸贮罐区，由长江驳船运到南京的磷肥厂；

②远洋运酸船停靠在南京新生圩锚地，在那里进行水上过驳作业，由长江推轮和驳船运到磷肥厂；

③远洋运酸船停靠在浙江镇海码头，在那里设磷酸贮罐区，由江海联运的沿海运酸船运到南京的磷肥厂。

（2）船型和船队组成

磷酸是一种有腐蚀性的化学品，对运输磷酸船舶的船体结构、材料和防护、船上设备和操作以及货舱分隔等均有特殊要求。除了必须满足一般船舶设计建造有关的公约和规则以外，还必须满足 IMO 制订的“散装危险化学品船舶的结构与设备规则”中的有关条例。

由于磷肥厂码头水深限制，远洋轮直接停靠厂区码头有困难，因此组成运酸船队的船型须包括远洋轮及沿海船或江船。

根据当前化学品船的发展趋势，国外船运公司为了适应多品种、小批量液货化学品的运输需要，已发展了一种小宗液货化学品船，最大载量吨位达到 37000t，平均约 20000t。此外，为适应像本课题那样有固定年运量和单一货种的化学品运输要求，还专门设计建造类似油船结构的专业性化学品运输船。

按照航道水深资料的分析，进入南京港和南通港一带的长江航道，枯水期间水深一般能在日高潮位时达到 9.5m。根据大量外轮资料的统计分析，允许进入上面两个港口候潮不超过一天的船舶吨位不宜超过16000～17000t。20000吨级船舶在枯水期应采取减载（载重18000t左右）航运的措施。镇海码头可以停靠3～5万t级船舶，吃水不受限制。远洋运酸船的吨位是影响磷酸运费的主要因素之一。

磷肥厂临长江水域的副航道，在枯水期间水深为5～7m，码头前沿水深7m。因此沿海运酸船的载重吨位以3000～5000t为宜。

进口磷酸由远洋轮运至南京新生圩锚地挂浮筒，进行江心过驳作业，由推轮和驳船运到磷肥厂，并由囤船专用泵送达磷酸贮罐。经初步分析，磷酸驳以2500t为宜，推轮功率选用588kW。

据此，构成待选方案如下：

（Ⅰ）美国坦帕——浙江镇海——南京磷肥厂的运输方案

其中坦帕——镇海航线的待选船舶分为10000、20000和30000三种载重吨。其船舱衬里分为不锈钢和橡胶两种方式，共计算6个方案。镇海——南京航线的待选船舶分3000、4000、5000和6000四种载重吨，其船舱衬里分不锈钢和橡胶两种方式，共计算8个方案，此外在镇海需设立磷酸贮罐区，建立直径为25.5m的万吨级贮罐5个。

（Ⅱ）美国坦帕——南京新生圩锚地，水上过驳运至南京磷肥厂的运输方案。

其中坦帕——南京航线的待选船舶为20000载重吨，新生圩锚地过驳运酸的船队由588kW推轮和2500t磷酸专用驳组成。此外，在磷肥厂需建设磷酸贮罐区建立万吨级贮罐3个。

（Ⅲ）由于能够进入南通的外轮吃水和吨位与能进入南京港者基本一致，而在南通建码头泊位中转的方案其经济效益显然要比外轮直达南京者差，投资费用也高，因此初步筛选后排除了在南通建罐中转运酸的方案分析。

3. 经济性评价指标的计算模型（见图7-11）

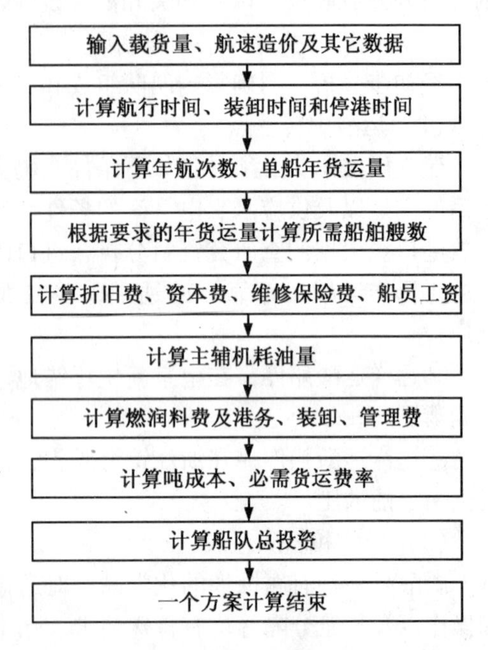

图7-11　经济性评价指标的计算模型

4. 方案精选和优化

取必需的货运费率（*RFR*）作为主要的经济衡准指标，以总投资为辅助指标。在对经济指标计算的基础上，经过筛选，得到两种运输方案组的优值结果如表7-7所示。可以看出，方案Ⅰ的必需的货运费率比方案Ⅱ为优。两种方案的总投资相差不多（方案Ⅱ略小些）。对于方案Ⅱ，由于两万吨级远洋轮进长江时在枯水季节应减载至吃水低于9.5m，因此就全年而言其经济指标比表中计算的结果还要差些。两种运输方案都需要解决船上酸仓和贮罐的酸衬问题。由于磷酸贮存过程无三废排出，运输船卸酸后就地吸水压仓，进入公海后按国际海运有关协定排放污水，二种运输方案都不会对环境带来污染。有利于方案Ⅱ的是其船舶过驳和罐区装卸都在南京进行，离厂区较近，而方案Ⅰ需在镇海中转，分作两地，管理较复杂。

两种运输方案组的优值结果 表7-7

方　案	Ⅰ. 坦帕—镇海—南京磷肥厂	Ⅱ. 坦帕——南京新生圩——南京磷肥厂
船队组成	3艘3万吨级船 2艘3千吨级船	4艘2万吨级船，2艘588kW推船，2艘2500吨磷酸驳
罐区组成	5个万吨贮酸罐	3个万吨贮酸罐
运输系统的必需货运费率（元/吨）	179.9	190.1
运输系统的总投资（万元）	18140	17730

复习思考题

1. 作为系统经济性评价的基础，必须考虑哪些因素？
2. 如何理解“内部收益率（*IRR*）”和“收益费用比（*BCR*）”？
3. 画出通常进行的经济性评价流程图。

第八章　一维搜索方法[1]

当用解析的方法来确定极值问题时，要求目标函数必须是连续的和可微的。在实际问题中对于函数的求导经常是不可能的，因此在以后的章节中将把注意力转移到采用数值搜索方法上。这些方法可以更容易和更快地来确定目标函数的极值问题。在所讨论的方法中不论是一维的还是多维的，将在一定程度上涉及古典的解析理论。在搜索过程中要计算函数的一阶或二阶导数，这称为梯度法（Gradient Techniques）；另外有些方法则不要求目标函数可微，甚至可以不必连续，在搜索过程只对一些点子计算函数的值而不必求其导数，这称为直接搜索法（Direct Search Techniques）。直接搜索法是属于比较简单的优化方法，但也是非常有用的方法。

在所讨论的方法中大多数是属于“序列的”搜索方法，所谓序列的方法就是要用到过去的信息来生成以后的搜索点。除非目标函数是单峰的，序列搜索法产生的不一定是绝对极值，它与初始点的选取很有关系。在许多实际的工程问题中其目标函数是多峰的，然而在理论上总可找到原始区间中的某个子域其目标函数是单峰的，因而可用搜索方法来解。

一维搜索方法用于求一维函数的极值，例如求函数 $y=f(x)=x^2+6x+3$ 的极值。很多求多维函数极值的方法往往可以化成求一维最佳步长因子的形式，因此一维搜索方法，也称线性搜索方法，是最优化理论中很重要的一种方法。

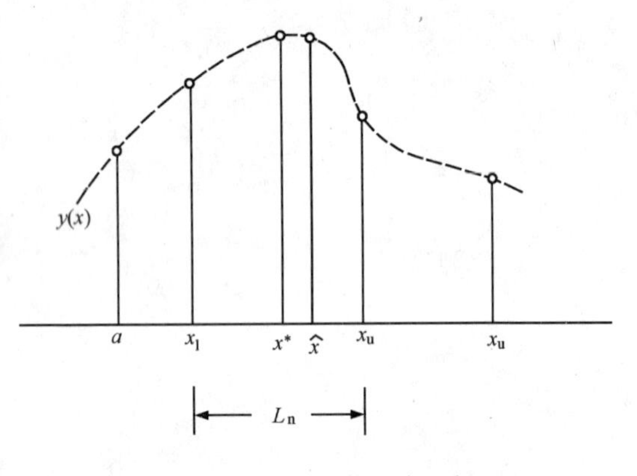

图 8-1　一维函数不定区间

在开始讨论搜索方法之前，先介绍一个概念：不定区间。

如图 8-1 所示，设对一维函数 $y(x)$ 寻求其在闭区间 $a \leqslant x \leqslant b$ 内的极大值。目的是在经过 n 次搜索以后，（将 $[a, b]$ 缩小）得到一个最后的不定区间 L_n。

$$L_n = x_u - x_l$$

此处 x_u 为不定区间的上界；x_l 为不定区间的下界。在 L_n 中既包含了真正的最优值 x^*，也包含了估计的最优值 $\hat{x}$。即

$$x_l \leqslant x^* \leqslant x_u \tag{8-1}$$

$$x_l \leqslant \hat{x} \leqslant x_u \tag{8-2}$$

一维搜索的目的就是要识别式（8-2）表示的最后的不定区间 L_n 中的 $\hat{x}$，因为在绝大多数的情况下我们只能求得 $\hat{x}$ 而不能求得 x^*。若 L_n 缩得尽可能的小，如一个小值 ε，则 $\hat{x}$ 就非常接近 x^*。

第一节　穷举搜索法

我们要求函数 $y(x)$ 在初始区间［a，b］中的极值，相信其中存在最优解 x^*，要求得到其 $\hat{x}$。

计算方法和搜索步骤：

1. 确定 L_n。令所要观察的独立变量 x^i =（$i=0$，1，…，k）之间的间隔 $\Delta x=\dfrac{L_n}{2}$，如图 8-2 所示（注意：x 的上角 i 表示第 i 个点）。

2. 将［a，b］划分成宽为 Δx 的 k 个区间，此处 $k=\dfrac{b-a}{\Delta x}$

3. 在点 $x^i=a+i(\Delta x)$，$i=0$，1，…，k 处测算这些（$k+1$）个点 $y(x^i)$ 值。

4. 选择这（$k+1$）个 $y(x^i)$ 中的最大（或最小）值作为 $\hat{x}$ 的解。因此

$$(\hat{x}-\Delta x)\leqslant x^*\leqslant(\hat{x}+\Delta x)$$

或

$$|x^*-\hat{x}|\leqslant\Delta x$$

即最坏的误差估计是 Δx。

［**例 8-1**］求函数 $y(x)=x^2-6x+3$ 在［0，7］中的极点值和极小值，使 $L_n=1.0$。

［**解**］

$$\Delta x=\frac{L_n}{2}=\frac{1}{2}=0.5$$

$$k=\frac{b-a}{\Delta x}=\frac{7.0}{0.5}=14$$

因此必须计算 15 个 $y(x^i)$ 值，计算结果如图 8-3 所示，具体数值列于表 8-1 中。

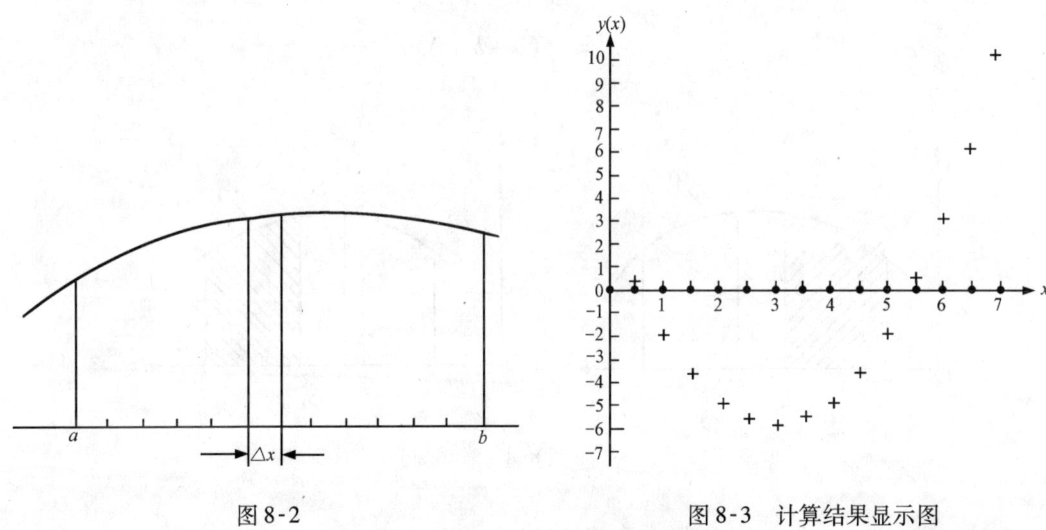

图 8-2　　　　图 8-3　计算结果显示图

经比较后得到 $\hat{x}=3.0$，$y(\hat{x})=-6.00$（注意到在本题中 $x^*=\hat{x}=3.0$）。

穷举搜索方法的优点是方法简单，且函数 $y(x)$ 不必是单峰的，但缺点是须同时计算许多点子，效率不高。不同于序列搜索法，穷举搜索法是一种同时搜索法。

计算结果列表　　**表 8-1**

点 i	x^i	$y(x^i)$	点 i	x^i	$y(x^i)$
0	0	3.00	8	4.0	-5.00
1	0.5	0.25	9	4.5	-3.75
2	1.0	-2.00	10	5.0	-2.00
3	1.5	-3.75	11	5.5	0.25
4	2.0	-5.00	12	6.0	3.00
5	2.5	-5.75	13	6.5	6.25
6	3.0	-6.00	14	7.0	10.00
7	3.5	-5.75			

下面列举几种序列搜索法，每次搜索只测算 1 ~ 2 个点子，效率比穷举法高，但使用序列搜索法有一个前提，即函数 $y(x)$ 必须是单峰的，否则得到的只能是局部极值。

第二节　对分搜索法

计算方法和搜索步骤：

1. 计算区间 $[a, b]$ 内中点附近各 $\frac{\Delta x}{2}$ 的两个点 $y(x^1)$ 和 $y(x^2)$。

$$\Delta x = \frac{L_n}{2}$$

$$x^1 = \frac{1}{2}(a + b - \Delta x)$$

$$x^2 = \frac{1}{2}(a + b + \Delta x)$$

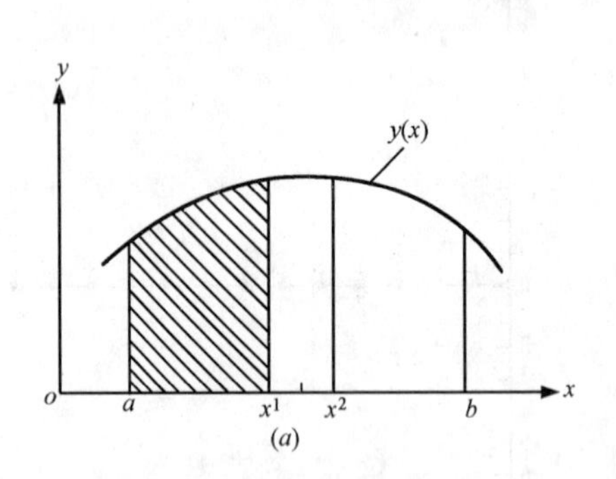

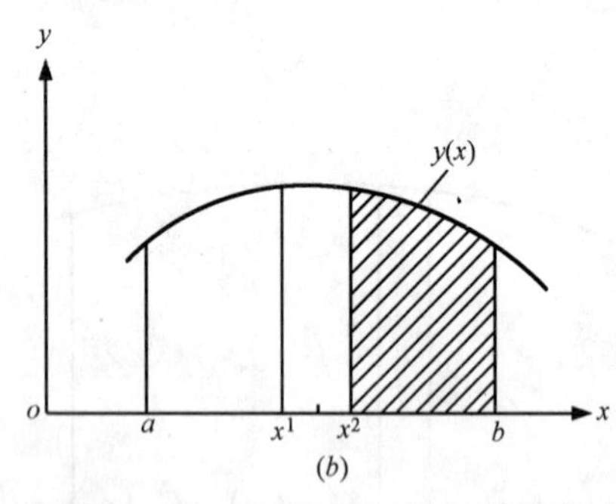

图 8-4

2. 如 $y(x^1) < y(x^2)$，则去除 x^1 左面的区间。

如 $y(x^1) > y(x^2)$，则去除 x^2 右面的区间。

但如 $y(x^1) = y(x^2)$，则不去除任何区间，继续对两个区间进行搜索。

3. 令保留区间的左边为 a，右边为 b，在新的 $[a, b]$ 中重复进行第 1 和第 2 步计算，

当 $b-a \leqslant L_n$ 时终止搜索。

取出最大值 $y(x)$ 的值作为估计解：$\hat{x}$ 和 $y(\hat{x})$。如求 $y(x)$ 的极小解则逆转步骤 2 中各不等式的方向。

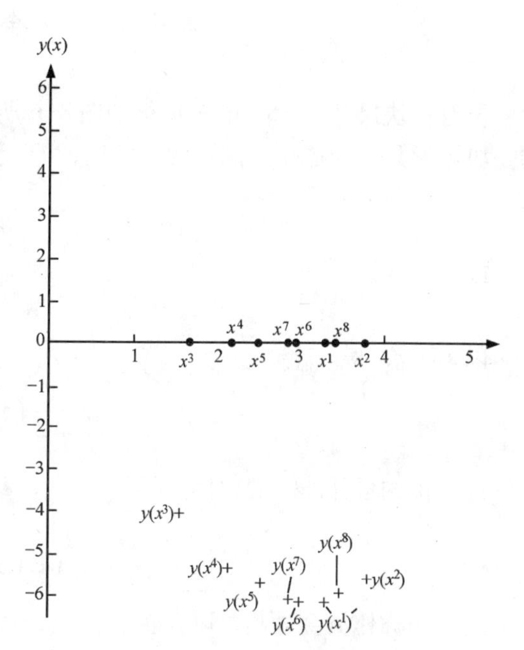

图 8-5　计算结果图

［例 8-2］用对分搜索法计算上例中函数 $y(x)=x^2-6x+3$ 在区间［0，7］中的最小值，再次令 $L_n \leqslant 1.0$。

［解］$\Delta x=\dfrac{L_n}{2}=0.5$，计算结果如图 8-5 所示，具体计算数值列于表 8-2 中。

下面对计算作几点说明：

第一对搜索点是 $x^1=3.25$ 和 $x^2=3.75$，其中心点为 3.50。因为 $y(x^1)<y(x^2)$，故删去 $x>3.75$ 部分，剩下的区间［0，3.75］其中心点是 1.88。

第二对搜索点是 $x^3=1.63$ 和 $x^4=2.13$，删去 $x<1.63$ 的部分。

第三对搜索点是 $x^5=2.44$ 和 $x^6=2.94$，删去 $x<2.44$ 的部分。

第四对搜索点是 $x^7=2.85$ 和 $x^8=3.35$，删去 $x>3.35$ 的部分。

具体计算数值列表　　　　**表 8-2**

点对	中点	搜索点	x 的值	$y(x)$	删除的区间	留下的（$b-a$）
1	3.50	x^1	3.25	-5.94	$x>3.75$	3.75
		x^2	3.75	-5.44		
2	1.88	x^3	1.63	-4.12	$x<1.63$	2.12
		x^4	2.13	-5.24		
3	2.69	x^5	2.44	-5.69	$x<2.44$	1.31
		x^6	2.94	-6.00		
4	3.10	x^7	2.85	-5.98	$x>3.35$	$0.91<L_n$
		x^8	3.35	-5.88		

因 $b-a=3.35-2.44=0.91<1.0$，故终止搜索。得

$$\hat{x}=2.94, y(\hat{x})=-6.00$$

$\hat{x}$ 的位置比 x^* 稍微移开，但实际上 $y(\hat{x})$ 和 $y(x^*)$ 的值是一样的。

穷举搜索是一种同时搜索法，而对分搜索则是一种序列搜索法；穷举搜索需要计算 15 个点，而对分搜法只需计算 8 个点，因此计算效率较高。

对分搜索一次需要计算两个点。那么，能否提出一种一次只计算一个点的更为有效的算法呢？

第三节　黄金分割搜索法

设有一块尺寸为 $r \times s$ 的矩形板如图 8-6 所示，现进行分割如下：去掉面积 s^2，则剩下的一块矩形具有与原矩形同样的尺度比，即

$$\frac{r}{s}=\frac{s}{r-s}$$

或

$$r^2-rs-s^2=0$$

以 s 解 r，得

$$r=\frac{s}{2}(1\pm\sqrt{5})$$

选择正的根并作 $\frac{r}{s}$ 的比例，得

$$\frac{r}{s}=\frac{1}{2}(1+\sqrt{5})=1.618$$

此比例称作黄金分割，以 ρ 表示。

黄金分割搜索法的计算步骤：

1. 在区间［a，b］中置两个观察点，如图 8-7 所示，使

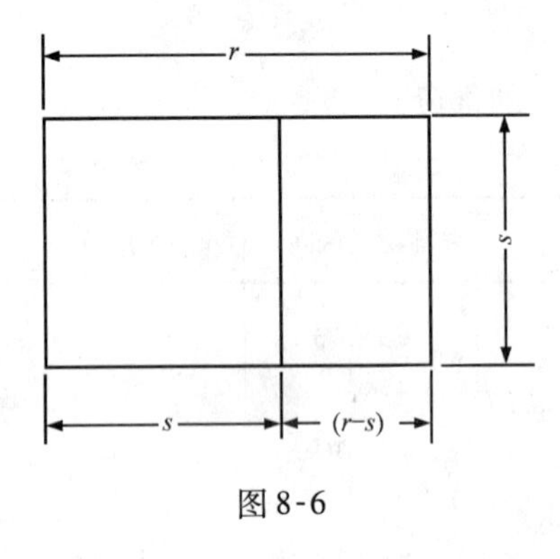

图 8-6

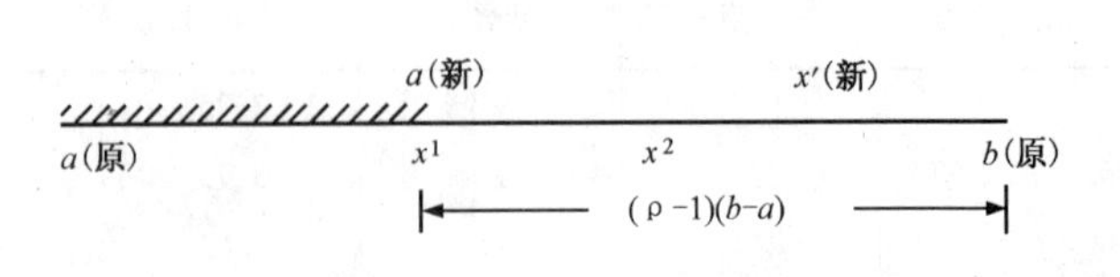

图 8-7

$$x^1=b-(\rho-1)(b-a)$$
$$x^2=a+(\rho-1)(b-a)$$

2. 如 $y(x^1)<y(x^2)$，则删去 x^1 左边的区间；

如 $y(x^1)>y(x^2)$，则删去 x^2 右边的区间。

令 a 为这个新区间的左端，b 为右端。这个新区间的长度是 $(\rho-1)(b-a)$。

3. 在新的区间［a，b］中置一个新的 x^1 点，使等于 $(\rho-1)(b-a)$。

4. 重复步骤 2 和 3，直至 $(b-a)\leqslant L_n$。取最佳点作为 $\hat{x}$ 和 $y(\hat{x})$。

［例 8-3］ 求函数 $y(x)=x^2-6x+3$ 在区间［0，7］中的极小点，令 $L_n\leqslant 1.0$。

［解］

$$x^1=b-(\rho-1)(b-a)=7-0.618\times 7=2.67$$
$$x^2=a+(\rho-1)(b-a)=0+0.618\times 7=4.33$$
$$y(x^1)=(2.67)^2-6\times(2.67)+3=-5.89$$

$$y(x^2)=(4.33)^2-6\times(4.33)+3=-4.23$$

因此删去 x^2 右边的区域，剩下 x^1。从新的区域右端（$\rho-1$）处置 x^3，有 $x^3=1.65$，$y(x^3)=-4.18$，删去 x^3 左边的区域。继续这种运算，其结果如图 8-8 所示，具体数值列于表 8-3 中。

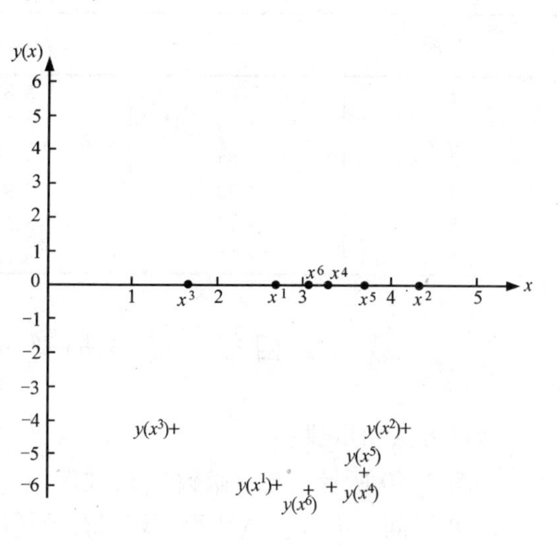

图 8-8　计算结果图

在图 8-9 中我们给出了黄金分割搜索的一个计算框图。读者可据此编出计算程序。

黄金分割搜索也是一种序列的算法。从计算框图可以看出，除第一次需要计算两个点外，以后每次只需计算一个点。由所列举的例题可知，穷举法计算了 15 个点，对分法为 8 个点，而黄金分割搜索只有 6 个点，因此计算效率是比较高的。

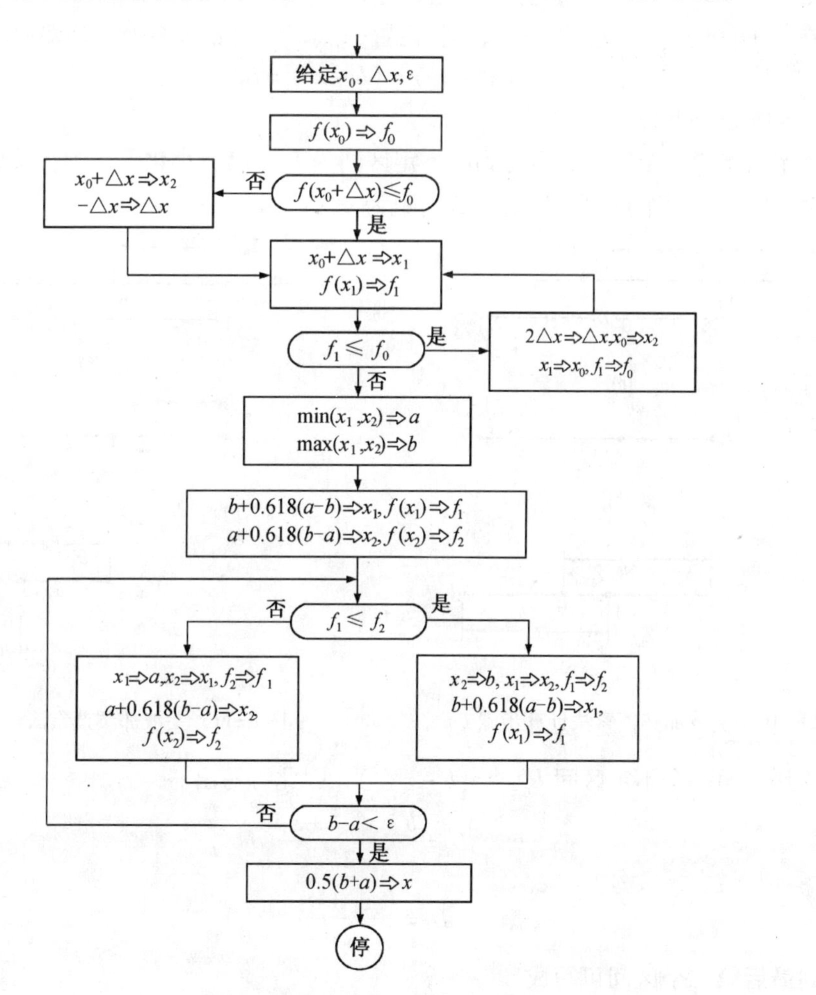

图 8-9　黄金分割搜索计算框图

具体计算数值　　表 8-3

点 i	x^i	$y(x^i)$	删除的区间	剩下的 $(b-a)$
1	2.67	-5.89	—	—
2	4.33	-4.23	$x>4.33$	4.33
3	1.65	-4.18	$x<1.65$	2.68
4	3.30	-5.91	$x<2.67$	1.66
5	3.70	-5.51	$x>3.70$	1.03
6	3.06	-6.00	$x>3.00$	0.63

第四节　斐波那契（Fibonacci）搜索法

计算方法和步骤：

如图 8-10 所示，要求函数 $y(x)$ 在区间 $[a, b]$ 内的极大值。

1. 在区间 $[a, b]$ 内距离两端对称地量取两点 x^1 和 x^2。
2. 如 $y(x^2)>y(x^1)$，则删去 x^1 左边部分，剩下 $x^1 \leqslant x \leqslant b$ 和 x^2 点。
3. 在新的区间 $[a, b]$ 即 $[x^1, b]$ 内置一点 x^3，使之对称于 x^2，即使

$$(x^3-x^1)=(b-x^2)=L_3$$

如此继续划分下去。

令由序列布置 n 个搜索点后得到的不定区间为 L_n，已极小化了，则在最后的搜索区间内必须对称地布置两个点 x^{n-1} 和 x^n，其间距为 ε_1。

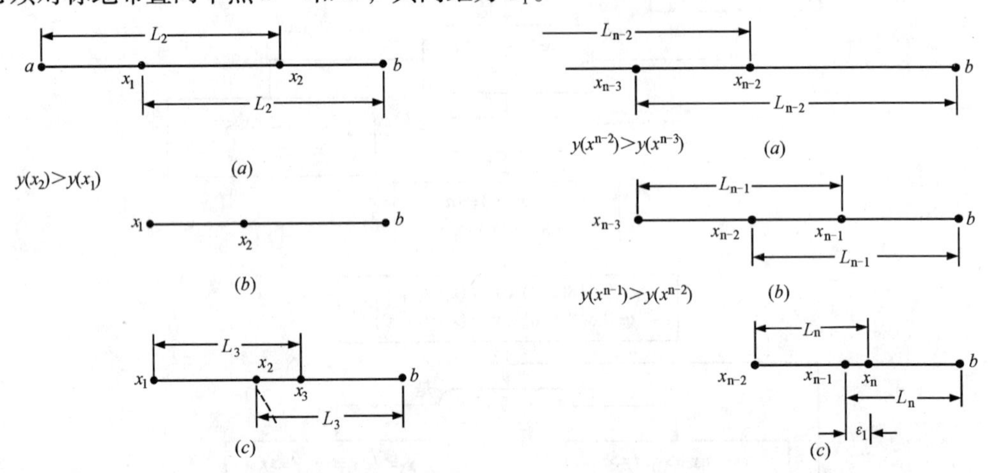

图 8-10　斐波那契搜索法计算步骤 1　　图 8-11　斐波那契搜索法计算步骤 2

注意到前面一个不定区间 $L_{n-1}=(b-x^{n-2})$，因此可写出

$$L_n=\frac{b-x^{n-2}+\varepsilon_1}{2}$$

或

$$L_n=\frac{L_{n-1}+\varepsilon_1}{2} \tag{8-3}$$

也注意到最后第二个区间可写成

$$(b-x^{n-3})=(b-x^{n-1})+(x^{n-1}-x^{n-3})$$

这由图8-11中可表示为

$$(b-x^{n-3})=L_n+L_{n+1}$$

然而由图中可见

$$(b-x^{n-3})=L_{n-2} \qquad (设\ y(x^{n-2})>y(x^{n-1}))$$

因此证明了

$$L_{n-2}=L_n+L_{n-1}, \tag{8-4}$$

式（8-4）可以改成通式

$$L_i=L_{i+1}+L_{i+2} \qquad i=1,2,\cdots,n-2$$

使式（8-3）和式（8-4）合在一起消去 L_{n-1}，给出

$$L_{n-2}=3L_n-\varepsilon_1 \tag{8-5}$$

继续应用式（8-5），可得

$$L_{n-3}=5L_n-2\varepsilon_1$$
$$L_{n-4}=8L_n-3\varepsilon_1$$
$$\vdots$$
$$L_{n-k}=F_{k+1}L_n-F_{k-1}\varepsilon_1 \tag{8-6}$$

系数 F_{k+1} 和 F_{k-1} 可由递推公式生成

$$F_{k+1}=F_k+F_{k-1}, \qquad k=1,2,\cdots$$

设 $F_0=F_1=1$。换句话说，每一个系数是由前面两个系数相加形成的。这样形成的数列称为斐波那契数列，前40个斐波那契数列于表8-4中。

斐波那契数列列表 **表8-4**

n	F_n	n	F_n
0	1	21	17711
1	1	22	28657
2	2	23	46368
3	3	24	75025
4	5	25	121393
5	8	26	196418
6	13	27	317811
7	21	28	514229
8	34	29	832040
9	55	30	1346269
10	89	31	2178309
11	144	32	3524578
12	233	33	5702887
13	371	34	9227465
14	610	35	14930352
15	987	36	24157817
16	1597	37	39088169
17	2584	38	63245986
18	4181	39	102334155
19	6765	40	165580141
20	10946		

考虑到当 $k=n-1$ 的特殊情况时，对式（8-6）有

$$L_1 = F_n L_n - F_{n-2}\varepsilon_1 \tag{8-7}$$

或

$$L_n = \frac{1}{F_n} L_1 + \frac{F_{n-2}}{F_n}\varepsilon_1 \tag{8-8}$$

令 L_1 代表原始区间的长度，则式（8-8）允许我们确定在布置 n 个斐波那契搜索点后的不定区间。值得注意的是第一、第二个搜索点如何布置。这需要研究 L_1 和 L_2 的关系。对情况 $k=n-2$ 估计式（8-6），得到

$$L_2 = F_{n-1}L_n - F_{n-1}\varepsilon_1$$

将此结果与式（8-7）合在一起消去 L_n，给出

$$L_2 = \frac{F_{n-1}}{F_n}L_1 + \frac{F_{n-1}F_{n-2} - F_n F_{n-3}}{F_n}\varepsilon_1 \tag{8-9}$$

它可写成如

$$L_2 = \frac{F_{n-1}}{F_n}L_1 + \frac{(-1)^n}{F_n}\varepsilon_1 \tag{8-10}$$

式（8-9）和式（8-10）之间的等价是由华尔德（Wilde）所证明的。

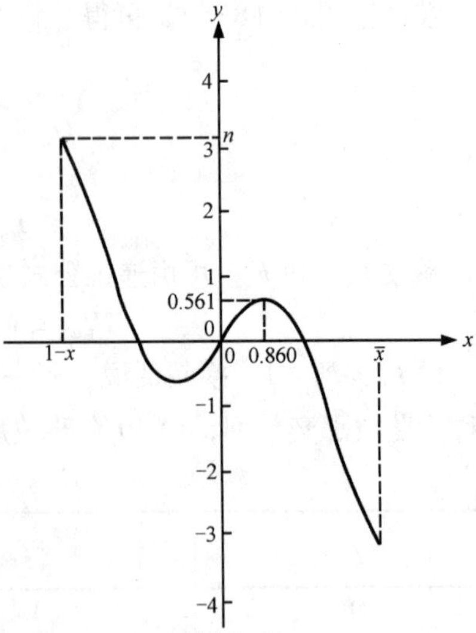

[例 8-4] 求函数 $y(x)=x\cos x$ 在区间 $0\leqslant x\leqslant\pi$ 内的极大值。假定用 14 个斐波那契搜索点，具有 $\varepsilon_1=0.0001$ 弧度。

[解] 由表 8-4 查得 $F_{13}=377$，$F_{14}=610$。将这些值代入式（8-10），有

$$L_2 = \frac{377}{610}\pi + \frac{10^{-4}}{610} = 1.941606$$

图 8-12

所以 $x^2=1.941606, x^1=(\pi-1.941606)=1.199984$,

$$y(x^2)=-0.703580, y(x^1)=0.934839。$$

因此 x^2 成为新的搜索区间的上限。在新的区间内对称于 x^1 布置下一个搜索点，即计算结果列于表 8-5 中，最后的结果是

$$y_{max}(x)=0.561096, \quad \hat{x}=0.860053,$$

$$L_n=0.005188, \varepsilon_1=0.860153-0.860053=0.0001 \text{ 弧度}。$$

对于不同的 $n(n\geqslant1)$ 求斐波那契数的比例 $\frac{F_n}{F_{n-1}}$，具体数值列于表 8-6 中，当 n 趋大时，$\frac{F_n}{F_{n-1}}\to\rho$。

计算结果列表　　　　**表 8-5**

x_i	x_u	x^1	x^2	$y(x^1)$	$y(x^2)$
0	3.141593	1.199984	1.941606	0.434839	−0.703580
0	1.941606	0.741622	1.199984	0.546853	0.434839

续表

x_i	x_u	x^1	x^2	$y(x^1)$	$y(x^2)$
0	1.199984	0.458363	0.741622	0.411050	0.546853
0.458363	1.199984	0.741622	0.916725	0.546853	0.557755
0.741622	1.199984	0.916725	1.024881	0.557755	0.532120
0.741622	1.024881	0.849777	0.916725	0.560980	0.557755
0.741622	0.916725	0.808570	0.849777	0.558345	0.560980
0.808570	0.916725	0.849777	0.875519	0.560980	0.560855
0.808570	0.875519	0.834312	0.849777	0.560397	0.560980
0.834312	0.875519	0.849777	0.860053	0.560980	0.561096
0.849777	0.875519	0.860053	0.865242	0.561096	0.561070
0.849777	0.865242	0.854965	0.860053	0.561066	0.561096
0.854965	0.865242	0.860053	0.860153	0.561096	0.561095

具体数值列表 **表 8-6**

n	F_n/F_{n-1}	n	F_n/F_{n-1}
1	1.0000	9	1.617647
2	2.0000	10	1.618181
3	1.5000	11	1.617978
4	1.6667	12	1.618056
5	1.6000	13	1.618026
6	1.6250	14	1.618037
7	1.615385	15	1.618033
8	1.619048	16	1.618034

下面研究如何计算迭代次数 n。

1. 对于 0.618 法

设经过 n 次计算后，将原区间长度 L_1 缩短至 L_n，缩短率为 $\delta=\frac{L_n}{L_1}$。

$0.618^{n-1}(b-a)=L_n$，（当 $n=1$ 时 $L_1=b-a$）

$$\ln[0.618^{n-1}(b-a)]=\ln L_n,$$

$$(n-1)\ln 0.618+\ln(b-a)=\ln L_n,$$

所以 $$n=\frac{\ln\frac{L_n}{b-a}}{\ln 0.618}+1=\frac{\ln\delta}{\ln 0.618}+1。$$

2. 对于斐波那契法

由式（8-8）除以 L_1 得

$$\frac{L_n}{L_1}=\frac{1}{F_n}+\frac{F_{n-2}}{F_n}\frac{\varepsilon_1}{L_1},$$

$$\frac{1}{F_n}=\frac{L_n}{L_1}-\frac{F_{n+2}}{F_n}\frac{\varepsilon_1}{L_1}。$$

因 ε_1 是最小值，故可写成

$$\frac{1}{F_n}<\frac{L_n}{L_1}=\delta,$$

或要求

$$F_n>\frac{1}{\delta},$$

由表8-4根据 F_n 可查出 n。

斐波那契法在布置 n 个点后的区间长度缩短为 $\frac{1}{F_n}$（$b-a$），而黄金分割搜索法在布置 n 个点后的区间长度缩短为（0.618）^{n}（$b-a$），则

$$\lim_{n\to\infty}\frac{L_n(\text{黄金分割法})}{L_n(\text{斐波那契法})}=\frac{(0.618)^n}{1/F_n}\approx 1.1708205\cdots。$$

对此结果证明如下：

先证明

$$F_n=\frac{1}{\sqrt{5}}[\tau^{-(n+1)}-(-\tau)^{n+1}],$$

式中：$\tau=\frac{-1+\sqrt{5}}{2}\approx 0.618$，$\tau^{-1}=\frac{1+\sqrt{5}}{2}\approx 1.618$。

当 $n=0$ 时，

$$F_0=\frac{1}{\sqrt{5}}[\tau^{-1}-(-\tau)]=\frac{1}{\sqrt{5}}\left[\frac{1+\sqrt{5}}{2}-\frac{1-\sqrt{5}}{2}\right]=1。$$

当 $n=1$ 时，

$$F_1=\frac{1}{\sqrt{5}}[\tau^{-2}-(-\tau)^2]=\frac{1}{\sqrt{5}}\left[\left(\frac{1+\sqrt{5}}{2}\right)^2-\left(\frac{1-\sqrt{5}}{2}\right)^2\right]=\frac{1}{\sqrt{5}}\left[\frac{3+\sqrt{5}}{2}-\frac{3-\sqrt{5}}{2}\right]=1。$$

当 $n=k-2$ 和 $n=k-1$ 成立，即

$$\begin{aligned}F_k&=F_{k-2}+F_{k-1}=\frac{2}{\sqrt{5}}[\tau^{-(k-1)}-(-\tau)^{k-1}]+\frac{1}{\sqrt{5}}[\tau^{-k}-(-\tau)^k]\\&=\frac{1}{\sqrt{5}}[\tau^{-(k-1)}(1+\tau^{-1})-(-\tau)^{k-1}(1-\tau)]\\&=\frac{1}{\sqrt{5}}\left[\tau^{-(k-1)}\left(1+\frac{1+\sqrt{5}}{2}\right)-(-\tau)^{k-1}\left(1-\frac{-1+\sqrt{5}}{2}\right)\right]\\&=\frac{1}{\sqrt{5}}[\tau^{-(k-1)}\tau^{-2}-(-\tau)^{k-1}(-\tau)^2]\\&=\frac{1}{\sqrt{5}}[\tau^{-(k+1)}-(-\tau)^{k+1}],\end{aligned}$$

则 $n=k$ 时上式也成立。

进一步证明

$$\lim_{n\to\infty}\frac{L_n(\text{黄金分割法})}{L_n(\text{斐波那契法})}=\lim_{n\to\infty}\frac{\tau^{n-1}(b-a)}{\frac{1}{F_n}(b-a)}$$

$$=\lim_{n\to\infty}\tau^{n-1}F_n=\lim_{n\to\infty}\frac{\tau^{n-1}}{\sqrt{5}}[\tau^{-(n+1)}-(-\tau)^{(n+1)}]$$

$$=\lim_{n\to\infty}\frac{1}{\sqrt{5}\tau^2}+\lim_{n\to\infty}\frac{(-1)^n\tau^{2n}}{\sqrt{5}}=\frac{1}{\sqrt{5}}\frac{3+\sqrt{5}}{2}\approx 1.1708205\cdots$$

由此可见，黄金分割搜索法比斐波那契搜索法效果稍逊，但较简便。

接下来我们继续研究如已经确定了一初始点 x_0 和搜索步长 Δx，如何来确定寻优的区间 $[a, b]$。

先计算 $f(x_0)$ 和 $f(x_0+\Delta x)$。

由图 8-13 (a)，如 $f(x_0+\Delta x)<f(x_0)$，则计算 $f(x_0+2\Delta x)$。若 $f(x_0+2\Delta x)>f(x_0+\Delta x)$，则令 $x_0=a$，$x_0+2\Delta x=b$。否则继续加大步长，重复上述计算。

由图 8-13 (b)，如 $f(x_0-\Delta x)>f(x_0)$，则自 x_0 后退 Δx，计算 $f(x_0-\Delta x)$。若 $f(x_0-\Delta x)>f(x_0)$ 则令 $x_0-\Delta x=a$，$x_0+\Delta x=b$。否则继续加大步长，后退计算，具体计算程序见图 8-9。

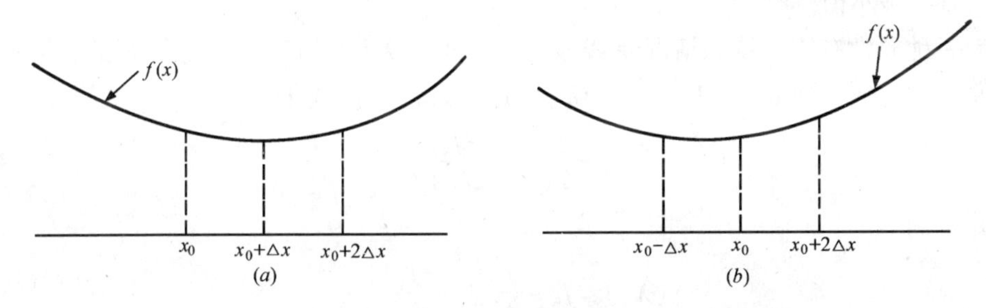

图 8-13　最优区间确定

第五节　抛物线拟合搜索法

计算方法和步骤：

设目标函数 $f(X)$ 在线段 $X_{k+1}=X_k+\lambda d$ 上对三个点 α，β，γ 分别取得函数值：

$$f_\alpha=f(X_k+\alpha d)$$

$$f_\beta=f(X_k+\beta d)$$

$$f_\gamma=f(X_k+\gamma d)$$

现以一个二次函数

$$y(\lambda)=y_0+y_1\lambda+y_2\lambda^2 \tag{8-11}$$

来拟合 f 的函数关系。

分别取 $\lambda=\alpha$，β，γ 三点的值 f_α，f_β，f_γ 代入上式，即

$$\left.\begin{aligned} y_0+y_1\alpha+y_2\alpha^2&=f_\alpha,\\ y_0+y_1\beta+y_2\beta^2&=f_\beta,\\ y_0+y_1\gamma+y_2\gamma^2&=f_\gamma。\end{aligned}\right\}\tag{8-12}$$

据此解得系数 y_0，y_1 和 y_2 的值为

$$\left.\begin{aligned} y_0&=[\beta\gamma(\gamma-\beta)f_\alpha+\gamma\alpha(\alpha-\gamma)f_\beta+\alpha\beta(\beta-\alpha)f_\gamma]/\Delta\\ y_1&=[(\beta^2-\gamma^2)f_\alpha+(\gamma^2-\alpha^2)f_\beta+(\alpha^2-\beta^2)f_\gamma]/\Delta\\ y_2&=[(\gamma-\beta)f_\alpha+(\alpha-\gamma)f_\beta+(\beta-\alpha)f_\gamma]/\Delta\end{aligned}\right\}\tag{8-13}$$

此处

$$\Delta=(\alpha-\beta)(\beta-\gamma)(\gamma-\alpha)$$

取 $y'(\lambda)=0$，得 $\lambda=-\dfrac{y_1}{2y_2}$，为一极值点，且如 $y''(\lambda)=2y_2>0$，则为一极小值。利用式（8-13）的关系，可知极点值点 λ_m 为

$$\lambda_m=\frac{1}{2}\left[\frac{(\beta^2-\gamma^2)f_\alpha+(\gamma^2-\alpha^2)f_\beta+(\alpha^2-\beta^2)f_\gamma}{(\beta-\gamma)f_\alpha+(\gamma-\alpha)f_\beta+(\alpha-\beta)f_\gamma}\right]\tag{8-14}$$

且如

$$\frac{(\beta-\gamma)f_\alpha+(\gamma-\alpha)f_\beta+(\alpha-\beta)f_\gamma}{(\alpha-\beta)(\beta-\gamma)(\gamma-\alpha)}<0\tag{8-15}$$

则 y 有一极小值。

作为一种非常有用的特殊情况是线段 $X_{k+1}=X_k+\lambda d$ 上的三个点是等距的，因此适当地改变原点和比例，取 $\alpha=-1$，$\beta=0$ 和 $\gamma=1$，求得 λ_m 的式子为

$$\lambda_m=\frac{f_\alpha-f_\gamma}{2(f_\alpha-2f_\beta+f_\gamma)}\tag{8-16}$$

由此得到

$$y(\lambda_m)=f_\beta-\frac{(f_\alpha-f_\gamma)^2}{8(f_\alpha-2f_\beta+f_\gamma)}\tag{8-17}$$

而极小值的条件成为

$$f_\alpha-2f_\beta+f_\gamma>0\tag{8-18}$$

对于 $f(X)$ 沿 $X_{k+1}=X_k+\lambda d$ 求极小的搜索步骤如下：

①选择一个步长 $h|d|$（矢量 d 不必是一单位矢量）；

②计算 $f(X_k)$ 和 $f(X+hd)$；

③如 $f(X_k)<f(X+hd)$，计算 $f(X_k-hd)$；

如 $f(X_k)>f(X+hd)$，则计算 $f(X_k+2hd)$。

由步骤②和③，则线段 $X_{k+1}=X_k+\lambda d$ 上已有三点的 $f(X)$ 值是已知的。

④计算二次函数 $y(\lambda)$ 通过这三个点的极值点 λ_m 和 $y(\lambda_m)$，并检查是否为极小值。然后进行如下步骤。

⑤如图 8-14 所示，若 $\lambda=\lambda_m$ 相当于一极小值点，而此极小值点离三点中最近的一点比 $H|d|$ 还远（H 是预定的值），则删去离极值点较远的一点，并在函数下降方向取步长 $H|d|$，求得一新的当前点和函数值；如图 8-15 所示，若极值点相当于一极大值，则删去离极值点较远的点而沿函数下降方向取步长 $H|d|$ 求得一当前点和函数值。

⑥如点 $\lambda=\lambda_m$ 相当于 $y(\lambda)$ 的极小值，且如它距三点中最近的一点（例如说 $\lambda=\alpha$）在预定的间隔 $\varepsilon|d|$ 之内，则取

$$\min\{f(X_k+\lambda_m d),f(X_k+\alpha d)\}$$

作为 $f(X)$ 的要求的极小值。

⑦如点 $\lambda=\lambda_m$ 相当于 $y(\lambda)$ 的极小值，它离三点中最近点的距离比 $H|d|$ 小，而比 $\varepsilon|d|$ 大，则步骤⑤和⑥都不适用，此时删去具有最高值的点而代之以 $\lambda=\lambda_m$，回到步骤④。

对于图 8-16 的情况则步骤⑦允许有例外，即在图中点 3 具有最高值，然而应删去点 2 因极小值处于点 1 和点 3 之间（因希望使用内插而不希望使用外插以求下面的转折点）。

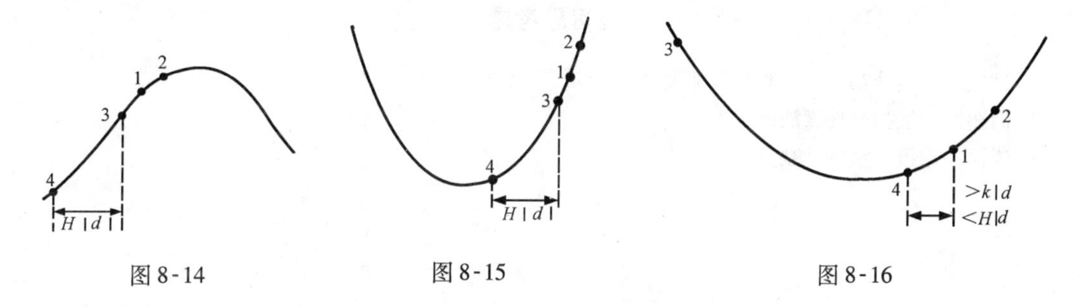

图 8-14　　图 8-15　　图 8-16

[**例 8-5**] 用抛物线拟合法沿线段

$X=\alpha+\lambda d$ 求函数

$f(X)=x_1^4-x_1^3x_2-x_1^3x_2x_3+x_1x_2x_3x_4$

的极小值，其中

$$a=[0,-1,-2,-3],\quad d=[1,2,3,4]$$

取当前点为 $X_k=\alpha$，且 $h=0.5$，$H=2.0$，$\varepsilon=0.001$。

[**解**] 首先，估算

$$f_\alpha=f(X_k)=f(0,-1,-2,-3)=0$$

$$f_\beta=f(X_k+hd)=f(0.5,-0,-0.5,1)=0.0625$$

$$f_\gamma=f(X_k-hd)=f(-0.5,-2,-3.5,-5)=15.4375$$

这是作为第一次迭代的函数值。随后的序列计算结果列在表 8-7 中，其中每一个 λ_m 的值相当于 $y(\lambda)$ 的极小值。

计算结果列表　　**表 8-7**

迭代次数	α	β	γ	f_α	f_β	f_γ	λ_m
1	0	0.5	-0.5	0	0.0625	15.4375	0.2480
2	0	0.5	0.2480	0	0.0625	-0.3427	0.2395
3	0	0.2395	0.2480	0	-0.3543	-0.3427	0.1841
4	0	0.2395	0.1841	0	-0.3543	-0.4071	0.1758
5	0	0.1758	0.1841	0	-0.4106	-0.4071	0.1659
6	0	0.1758	0.1659	0	-0.4106	-0.4129	0.1632
7	0	0.1632	0.1659	0	-0.4132	-0.4129	0.1613
8	0	0.1632	0.1613	0	-0.4132	-0.4133	0.1607

在迭代 8 次后计算终止，因在此阶段，$|\lambda_m-\gamma| = 0.0006 < \varepsilon$。（$\alpha$ 在全过程中等于零是一种偶然性）可以得出结论，需要的达到精度要求的极小值是

$$f(X^*) = \min\{f(X_k+\lambda_m d), f(X_k+\gamma d)\} = -0.4133$$

取 $\lambda^* = \frac{1}{2}(\lambda_m+\gamma)$，得

$$X^* = X_k + \lambda^* d = [0, -1, -2, -3] + 0.1610[1,2,3,4]$$
$$= [0.1610, -0.6780, -1.5170, -2.3560]$$

注意：在本例中有另一个最优点，相对第一个最优点对称于原点。

复习思考题

1. 试比较黄金分割搜索法和契波那契搜索法。
2. 简述抛物线拟合搜索法的步骤。
3. 谈谈一维搜索法的优缺点。

第九章　无约束的多维搜索方法[1]

第一节　应用直接搜索法的多维最优化方法

在前一章中探讨了应用直接搜索法的一维最优化方法。本章的这一节将讨论应用直接搜索法的多维最优化方法。所有的直接搜索法都属于爬山法范畴，它是测算在几个点的目标函数值来确定通往最优点的途径。这些方法的特点是简单、有效且对目标函数有广泛的适用性。因为这些方法不用到导数，可适用于不可微的目标函数。但是，函数的连续性还是需要的。

一、模矢搜索（pattern search）

由 Hooke 和 Jeeves 在 1961 年发展的模矢搜索法也称步长加速法，是一种特别有效的直接搜索法。该法以一种直观的推测为基础，其逻辑是沿试算后目标值得到改进的动向继续搜索下去。搜索由局部搜索和模矢进动两个过程组成。

1. 选择一切初始探索点 X_0 作为一个基点 b_1，注脚 1 表示第一个基点，此处

$$X = [x_1, x_2, \cdots, x_i, \cdots, x_n]^T$$

2. 对每一个独立变量 x_i 选择一个搜索步长 δ_i，令

$$\boldsymbol{\delta}_i = [0, 0, \cdots, 0, \delta_i, 0, \cdots, 0]^T$$

即 $\boldsymbol{\delta}_i$ 是第 i 个分量为 δ_i 而其余为零的向量，例如

$$\boldsymbol{\delta}_1 = [\delta_1, 0, 0, \cdots, 0]^T$$

$$\boldsymbol{\delta}_2 = [0, \delta_2, 0, \cdots, 0]^T$$

3. 计算在基点 b_1 处的目标函数值 y（b_1），并在 b_1 处作局部探索如下：

①先对 x_1 分量增加一个 δ_1（即朝 x_1 的正方向跨出一步 δ_1），记作 $b_1 + \delta_1$，计算这个新点的目标函数值 y（$b_1 + \delta_1$）。

②如 y（$b_1 + \delta_1$）$<y$（b_1）则这个新点 $b_1 + \delta_1$ 称为临时矢头（如为求极小），记作 t_{11}。双下标的意义是：第一个下标 1 表示所发展的第一个矢点，第二个下标 1 表示对第一个变量 x_1 进行摄动。

③如 y（$b_1 + \delta_1$）$>y$（b_1），则试验 $b_1 - \delta_1$，即自基点 b_1 朝 x_1 的负方向跨出一步，然后检验

$$y(b_1 - \delta_1) < y(b_1)?$$

如 y（$b_1 - \delta_1$）$<y$（b_1）则将（$b_1 - \delta_1$）点作为临时矢头。如对 $\pm\delta_1$ 的试验都不成功，则仍以 b_1 为临时矢头。

总结①、②、③点，则有

$$t_{11}=\begin{cases}b_1+\delta_1, 如\ y(b_1+\delta_1)<y(b_1)\\ b_1-\delta_1, 如\ y(b_1-\delta_1)<y(b_1)<y(b_1+\delta_1)\\ b_1, 如\ y(b_1)<\min[y(b_1+\delta_1),y(b_1-\delta_1)]\end{cases}$$

④然后在 t_{11} 点对第二个独立变量 x_2 作同样摄动和检验，一直进行至第 n 个独立变量 x_n。

总之，对由前面的一个（$t_{1,j}$）临时矢头求得第（$j+1$）个临时矢头（$t_{1,j+1}$）的检验方法如下：

$$t_{1,j+1}=\begin{cases}t_{1,j}+\delta_{j+1}, 如\ y(t_{1,j+1}+\delta_{j+1})<y(t_{1,j})\\ t_{1,j}-\delta_{j+1}, 如\ y(t_{1,j}-\delta_{j+1})<y(t_{1,j})<y(t_{1,j}+\delta_{j+1})\\ t_{1,j}, 如\ y(t_{1,j})<\min[y(t_{1,j}+\delta_{j+1}),y(t_{1,j}-\delta_{j+1})]\end{cases} \tag{9-1}$$

此式要对所有的 $j=1$，…，n 进行检验。

4. 在对 n 个变量进行摄动后，将最后一个临时矢头 t_{1n} 记作第二个基点 b_2，即

$$t_{1n}=b_2$$

由基点 b_1 及 b_2 建立一个矢（模矢进动），得到一个新的矢头 t_{20}（图 9-1）。

5. 检验 $f(t_{20})<f(b_2)$？

如 $f(t_{20})>f(b_2)$，即无改善，则进行步骤 8。

如 $f(t_{20})<f(b_2)$，则对 t_{20} 进行局部探索如③那样。

建立新的临时矢头 t_{21}，t_{22}，…，t_{2n} 的逻辑关系类似于 3 中④给出的公式（用注脚 2 代替 1）。

在对所有 n 个变量进行摄动后则局部探索完成，最后的临时矢头作为第三个基点 b_3。

6. 如前所述，建立新的临时矢头 t_{30} 如下：

$$t_{30}=b_2+2(b_3-b_2)=2b_3-b_2$$

一般的情况是，如进行到 i 个临时矢头，则

$$t_{i0}=b_{i-1}+2(b_i-b_{i-1})$$

每重复一次成功的试验将使模矢长度增长一倍。

7. 如对第 i 个探索点 t_{i0}（第 i 个矢头）进行所有摄动后不能改善结果，但 $y(t_{i0})<y(b_i)$，则将 δ_i 缩小一倍再进行局部探索。

8. 若第 i 个探索点 t_{i0} 目标函数值 $y(t_{i0})$ 比 $y(b_i)$ 无改善，则退至 b_i（即 $b_{i+1}=b_i=t_{i+1,0}$），以此作为探索点，进行新的局部探索。如探索得到一个好点则矢就可射出，否则缩短步长 $\delta_i\left(使\ \delta_i=\frac{\delta_i}{2}=\cdots\right)$。

9. 计算终止条件。如 δ_i 缩小到 $\delta_i\leqslant\varepsilon$ 时计算终止（ε 为预定的精度要求）。

因为目标函数是坐标的步长函数，因此用这种方法求得很可能是局部极值（如 δ_i 降值时好点存在于其它领域），而得不到总极值。一种防止的办法是至少任意选择两个不同的初始点进行探索，如有几个模矢搜索收敛于同一个临界点则就增加了可靠性和信心。

这种方法存在的另一问题是当目标函数与坐标轴成接近 45°的尖劈或深谷时搜索容易失败（图 9-2）

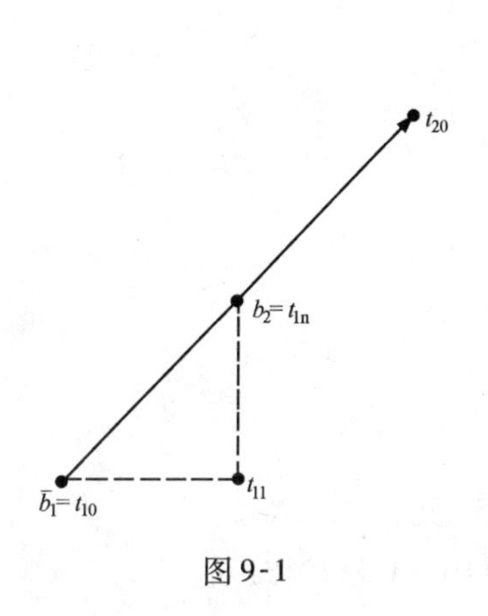

图 9-1

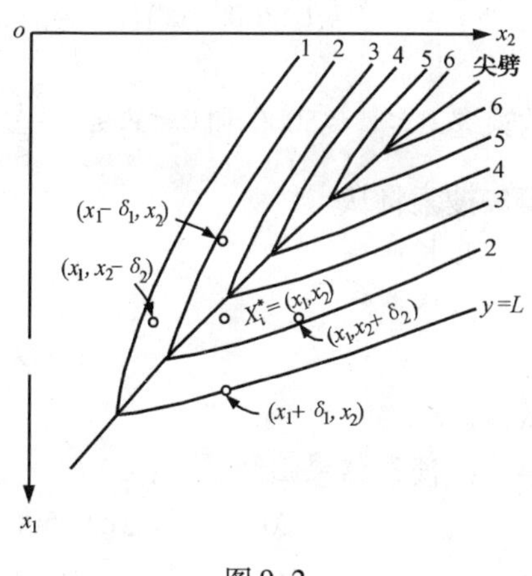

图 9-2

[**例 9-1**] 厂房位置的优化

一厂房位于图 9-3 中的位置。必须将燃料管系、下水道、水管和煤气管等从接入口连通到厂房中的工业设施，还须设置一条垂直于公路的通道。

对土层勘探后发现底层硬土土面从公路倾斜至小河，上面盖有一层软土，根据土质情况必须打管柱桩。管系和管柱桩的单位价格如下。

通道	15 元/m
动力线路	3 元/m
水和煤气管	5 元/m
下水道管路	4 元/m
燃料管系	12 元/m
管柱桩	1.5 元/m

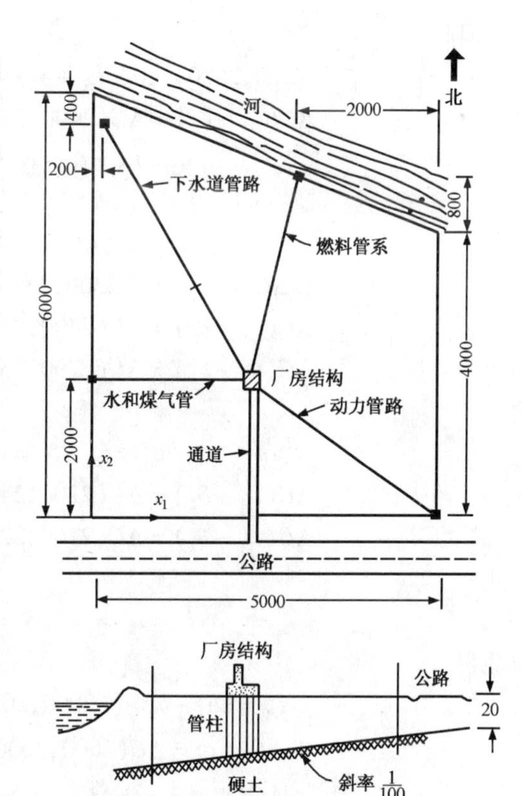

图 9-3

接入口的坐标和有关场所的其它信息在图 9-3 中给出。管柱桩要用 150 根，要求确定厂房的位置以使造价最低。

现用模矢搜索法求解如下：

由于我们感兴趣的仅是增加的造价，因此不必考虑设施本身的造价和在地面下 20m 管柱桩的成本。将场所的西南角取作坐标原点，由该点量取 x_1 和 x_2 作为向右和向上的坐标，则目标函数 ΔC 可写出为

$$\Delta C(x_1,x_2)=15x_2-3[(5000-x_1)^2+x_2^2]^{\frac{1}{2}}+5[x_1^2+(x_2-2000)^2]^{\frac{1}{2}}$$
$$+4[(x_1-200)^2+(5600-x_2)^2]^{\frac{1}{2}}+12[(3000-x_1)^2$$

$$+(4800-x_2)^2]^{\frac{1}{2}}+225\left(\frac{x_2}{100}\right)$$

几何约束是 $0 \leqslant x_1 \leqslant 5000$ 和 $0 \leqslant x_2 \leqslant -\frac{2x_1}{5}+6000$

模矢搜索将从点 $b_1=(2500,2500)$

开始，取步长

$$\delta_1=(100,0)$$
$$\delta_2=(0,100)$$

进行试探。

第一次搜索结果归纳如下：

$$\Delta C(b_1)=\Delta C(2500,2500)=110151 \text{ 元},$$
$$\Delta C(b_1+\delta_1)=\Delta C(2600,2500)=110443>110151 \text{ 元},$$
$$\Delta C(b_1-\delta_1)=\Delta C(2400,2500)=109904<110151 \text{ 元},$$

因此

$$t_{11}=b_1-\delta_1=(2400,2500),\Delta C(t_{11}+\delta_2)=\Delta C(2500,2600)=109955>109904 \text{ 元},$$
$$\Delta C(t_{11}-\delta_2)=\Delta C(2400,2400)=108907<110151 \text{ 元},$$
$$b_2=t_{12}=t_{11}-\delta_2=(2400,2400)。$$

现

$$t_{20}=2b_2-b_1=(2300,2300),$$
$$\Delta C(t_{20})=\Delta C(2300,2300)=108704<108907 \text{ 元},$$
$$\Delta C(t_{20}+\delta_1)=\Delta C(2400,2300)=108882>108704 \text{ 元},$$
$$\Delta C(t_{20}-\delta_1)=\Delta C(2200,2300)=108564<108704 \text{ 元},$$

故

$$t_{21}=t_{20}-\delta_1=(2200,2300),$$
$$\Delta C(t_{21}+\delta_2)=\Delta C(2200,2400)=109081>108564 \text{ 元},$$
$$\Delta C(t_{21}-\delta_2)=\Delta C(2200,2200)=108091<108564 \text{ 元}。$$

因此

$$b_3=t_{22}=t_{21}-\delta_2=(2200,2200)。$$

由此得

$$t_{30}=2b_3-b_2=(2000,2000),$$
$$\Delta C(t_{30})=\Delta C(2000,2000)=107087<108091 \text{ 元},$$
$$\Delta C(t_{30}+\delta_1)=\Delta C(2100,2000)=107138>107087 \text{ 元},$$
$$\Delta C(t_{30}-\delta_1)=\Delta C(1900,2000)=107087 \text{ 元}。$$

这最后一点失败了，故

$$t_{31}=t_{30}-\delta_2=(2000,2000),$$
$$\Delta C(t_{31}+\delta_2)=\Delta C(2000,2100)=107506>107087 \text{ 元},$$
$$\Delta C(t_{31}-\delta_2)=\Delta C(2000,1900)=106698<107087 \text{ 元}。$$

因此

$$b_4 = t_{32} = t_{31} - \delta_2 = (2000,1900),$$
$$t_{40} = 2b_4 - b_3 = (1800,1600),$$
$$\Delta C(t_{40}) = \Delta C(1800,1600) = 105782 < 106698 \text{ 元},$$
$$\Delta C(t_{40} + \delta_1) = \Delta C(1900,1600) = 105749 < 105782 \text{ 元},$$
$$t_{41} = t_{40} + \delta_1 = (1900,1600),$$
$$\Delta C(t_{41} + \delta_2) = \Delta C(1900,1700) = 106029 > 105749 \text{ 元},$$
$$\Delta C(t_{41} - \delta_2) = \Delta C(1900,1500) = 105512 < 105749 \text{ 元}。$$

从而

$$b_5 = t_{42} = t_{41} - \delta_2 = (1900,1500),$$
$$t_{50} = 2b_5 - b_4 = (1800,1100),$$
$$\Delta C(t_{50}) = \Delta C(1800,1100) = 104952 < 105512 \text{ 元},$$
$$\Delta C(t_{50} + \delta_1) = \Delta C(1900,1100) = 104912 < 104952 \text{ 元},$$
$$t_{51} = t_{50} + \delta_1 = (1900,1100),$$
$$\Delta C(t_{51} + \delta_2) = \Delta C(1900,1200) = 105009 > 104912 \text{ 元},$$
$$\Delta C(t_{51} - \delta_2) = \Delta C(1900,1000) = 105114 > 104912 \text{ 元}。$$

因此

$$b_6 = t_{52} = t_{51} = (1900,1100),$$
$$t_{60} = 2b_6 - b_5 = (1900,700),$$
$$\Delta C(t_{60}) = \Delta C(1900,700) = 104791 < 104912 \text{ 元},$$
$$\Delta C(t_{60} + \delta_1) = \Delta C(2000,700) = 104760 < 104791 \text{ 元},$$
$$t_{61} = t_{60} + \delta_1 = (2000,700),$$
$$\Delta C(t_{61} + \delta_2) = \Delta C(2000,800) = 104752 < 104760 \text{ 元},$$
$$b_7 = b_{62} = b_{61} + \delta_2 = (2000,800)。$$

而现在

$$t_{70} = 2b_7 - b_6 = (2100,500),$$
$$\Delta C(t_{70}) = \Delta C(2100,500) = 104835 > 104752 \text{ 元}。$$

新的矢头 t_{70} 失败了，故模矢被折断，且

$$t_{80} = b_8 = b_7 = (2000,800),$$
$$\Delta C(t_{80}) = \Delta C(2000,800) = 104752 \text{ 元},$$
$$\Delta C(t_{80} + \delta_1) = \Delta C(2100,800) = 104762 > 104752 \text{ 元},$$
$$\Delta C(t_{80} - \delta_1) = \Delta C(1900,800) = 104782 > 104752 \text{ 元},$$
$$t_{81} = t_{80} = (2000,800),$$
$$\Delta C(t_{81} + \delta_2) = \Delta C(2000,900) = 104771 > 104752 \text{ 元},$$
$$\Delta C(t_{81} - \delta_2) = \Delta C(2000,700) = 104760 > 104752 \text{ 元},$$

因对 t_{80} 的所有摄动都失败了，因此可以得出结论：对所选择的步长来说 t_{80} =（2000，800）是最优点。有关模矢的动态示于图 9-4 中。

计算得到的最小 ΔC 是 104752 元，而在 b_1 =（2500，2500）点是 110151 元，差别是节省了 5399 元，约 4.8%。

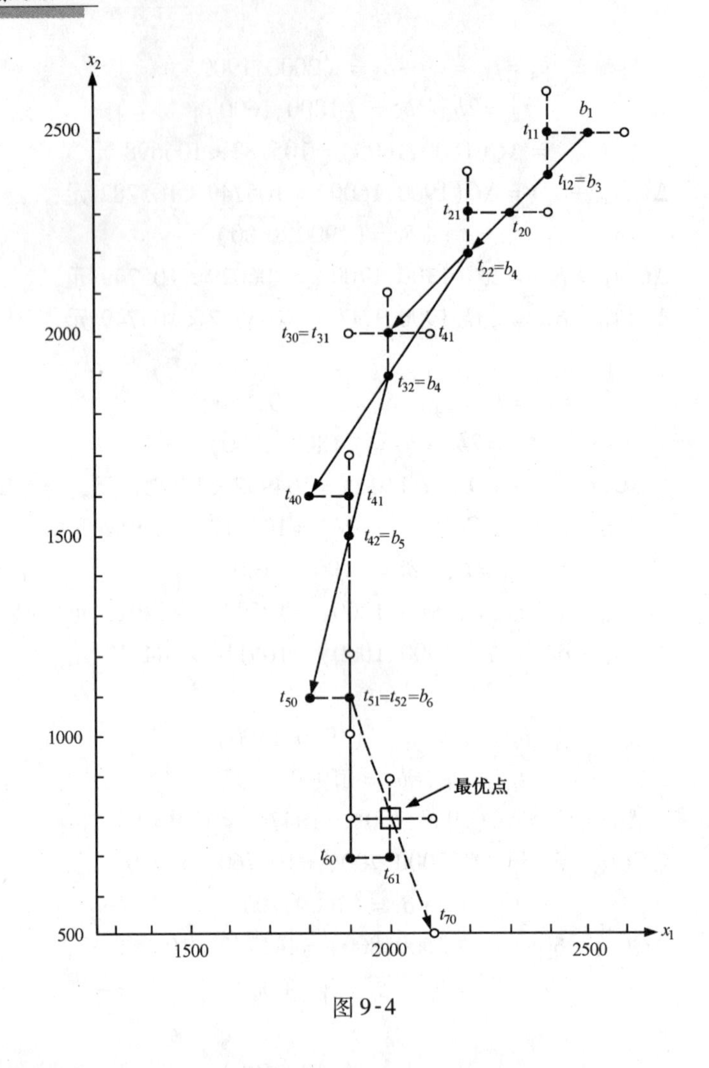

图 9-4

二、单纯形法（simplex method）

这种方法开始由 Spendley，Hext 和 Himsworth 在 1962 年根据一种称为正规单纯形的几何设计提出，以后在 1965 年又由 Nelder 和 Mead 发展，必须注意的是这一节所述的单纯形法和第十二章线性规划中所述的单纯形法是两种名称相同而实际内容全然不同的方法。

单纯形就是在 n 维空间（E^n）中由 $n+1$ 个顶点构成的多面体。它是在一定的空间中最简单的多面体图形。如单纯形的边长都是相等的，则称为正规单纯形。例如在二维平面（E^2）中，正规单纯形是一等边三角形，如图 9-5（a）所示；在三维空间（E^3）中，正规单纯形是一正四面体，如图 9-5（b）所示。

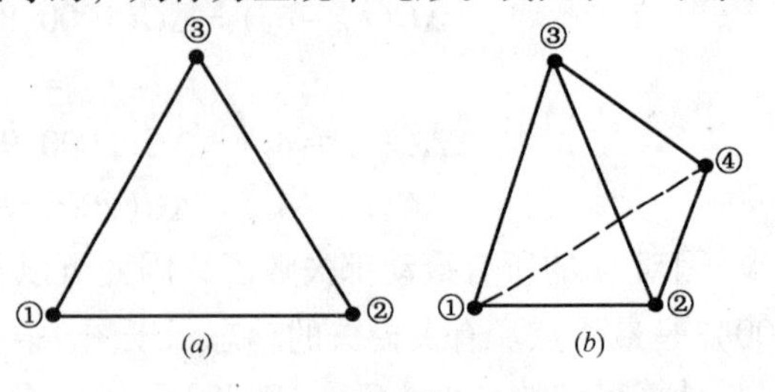

图 9-5

（a）二维平面正规单纯形；（b）三维空间正规单纯形

在说明单纯形法的具体算法以前，先要研究单纯形的顶点坐标如何生成，下面叙述两种不同的构成方法。

第一种构成方法如下所述：

对于 n 个独立变量 $X=[x_1, x_2, \cdots, x_n]^T$（$X \in E^n$），则生成的单纯形有 $n+1$ 个顶点，分别为

$$X_j=[X_1, X_2, \cdots, X_{n+1}]^T$$

每个顶点都是由 n 维向量组成的。现作下面 $n\times(n+1)$ 阶矩阵

$$\begin{bmatrix} x_{11} & x_{12} & \cdots & x_{1,j} & \cdots & x_{1,n+1} \\ x_{21} & x_{22} & \cdots & x_{2,j} & \cdots & x_{2,n+1} \\ \vdots & \vdots & & \vdots & & \vdots \\ x_{i1} & x_{i2} & \cdots & x_{n,j} & \cdots & x_{i,n+1} \\ \vdots & \vdots & & \vdots & & \vdots \\ x_{n,1} & x_{n,2} & \cdots & x_{n,j} & \cdots & x_{n,n+1} \end{bmatrix} \tag{9-2}$$

则第 j 列表示第 j 个顶点的坐标向量组成：

$$X_j=[x_{1,j}, x_{2,j}, \cdots, x_{i,j}, \cdots, x_{n,j}]^T$$

设取初始点的坐标为

$$X_1=[x_{1,1}, x_{2,1}, \cdots, x_{i,1}, \cdots, x_{n,1}]^T$$

且设步长取作

$$\delta=[\delta_1, \delta_2, \cdots, \delta_i, \cdots, \delta_n]^T$$

则其余点的坐标可按下列规则计算：

$$\left.\begin{aligned} & x_{i,j}=x_{i,1}, \quad \text{对} j\leqslant i \\ & x_{i,j}=x_{i,1}+\delta_i, \text{对} j=i+1 \\ & x_{i,j}=x_{i,1}+\frac{\delta_i}{2}, \text{对} j>i+1 \end{aligned}\right\} \tag{9-3}$$

例如对于 $n=2$ 的二维情况，其单纯形为一三个顶点的三角形，则按上面的计算规则其顶点坐标向量组成如图 9-6 所示。

根据这种计算规则构成的单纯形不是一个正规单纯形，其边长是不相等的。

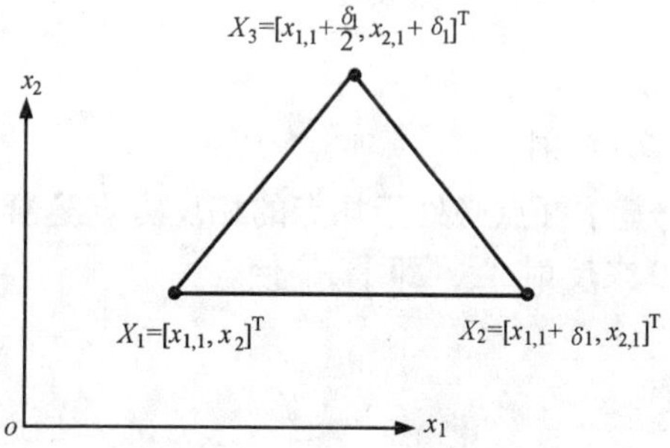

图 9-6

第二种构成方法如下所述：

将初始点取作原点，作下面的 $n\times(n+1)$ 阶矩阵

$$d=\begin{bmatrix} 0 & d_1 & d_2 & \cdots & d_2 \\ 0 & d_2 & d_1 & \cdots & d_2 \\ 0 & d_2 & d_2 & \cdots & d_2 \\ \vdots & \vdots & \vdots & & \vdots \\ 0 & d_2 & d_2 & \cdots & d_1 \end{bmatrix} \tag{9-4}$$

式中

$$d_1=\frac{s}{n\sqrt{2}}(\sqrt{n+1}+n-1)$$

$$d_2=\frac{s}{n\sqrt{2}}(\sqrt{n+1}-1)$$

$$s = 二个顶点之间的距离$$

矩阵中的第 j 列表示第 j 个顶点的坐标矢量组成。由此可以根据边长要求作出正规的单纯形。

例如对于 $n=2$ 和 $s=1$ 的情况，则对于一个等边三角形的三个顶点有下列坐标：

正规单纯形顶点坐标 **表 9-1**

顶 点	$X_{1,j}$	$X_{2,j}$	顶 点	$X_{1,j}$	$X_{2,j}$
X_1	0	0	X_3	0.259	0.965
X_2	0.965	0.259			

下面进一步说明对于求目标函数极小值情况，其单纯形法的计算步骤如下。

1. 确定顶点坐标并估算每个顶点的目标函数值。

选择如上所述的单纯形，设目标函数在顶点 X_j 的值为 $f(X_j)$，记做 $y_j=f(X_j)$。在当前的单纯形中，令（在比较各个顶点的目标函数值后）

X_h 表示具有最大目标函数值的顶点（最坏点）；

X_s 表示具有第二最大目标函数值的顶点（次坏点）；

X_l 表示具有最小目标函数值的顶点（最好点）；

X_c 表示除 X_h 以外的所有顶点的形心。

$$X_c = \frac{1}{n}\sum_{\substack{j=1 \\ j\neq h}}^{n+1} X_j$$

2. 反射

基于好点必处于坏点的相反方向这样一种策略思想，如图 9-7 所示，用一反射因子 $\alpha>0$ 来反射 X_h，即求 X_0 使

$$X_0 - X_c = \alpha(X_c - X_h)$$

或

$$X_0 = (1+\alpha)X_c - \alpha X_h \qquad (\alpha>0)$$

如 $y_l \leqslant y_0 \leqslant y_s$，则 X_0 代替 X_h 并回至步骤 1。

3. 扩张

如 $y_0 < y_l$，则用一扩张因子 $\gamma>1$ 来扩张单纯形，即求 X_{o0}（图 9-8），使

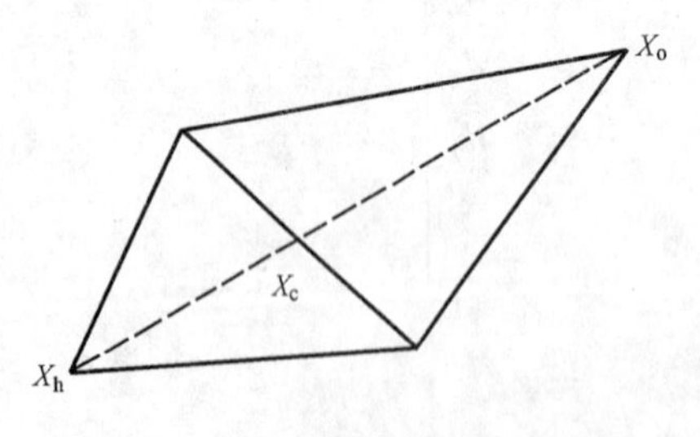

图 9-7 单纯形法的计算步骤 2

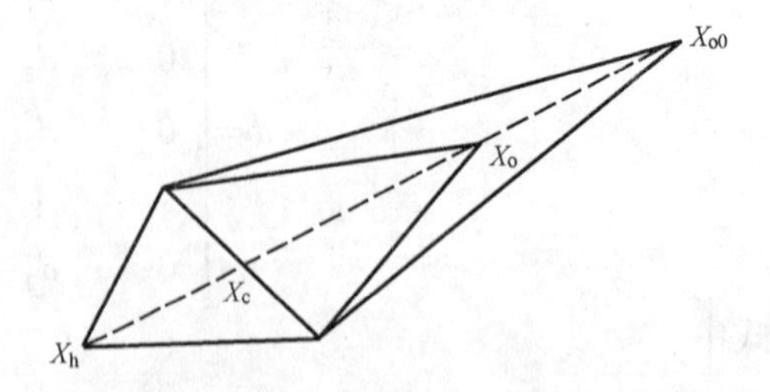

图 9-8 单纯形法的计算步骤 3

$$X_{o0} - X_c = \gamma(X_o - X_c)$$

或

$$X_{o0}=\gamma X_{o}+(1-\gamma)X_{c} \qquad (\gamma>1)$$

①如 $y_{o0}<y_{l}$，则以 X_{o0} 取代 X_{h} 并回至步骤 1；

②如 $y_{o0}>y_{l}$，则以 X_{0} 取代 X_{h} 并回至步骤 1。

4. 收缩

如 $y_{o}>y_{s}$，则用一收缩因子 β（$0<\beta<1$）来收缩单纯形，可分为两种情况加以考虑：

①如 $y_{o}<y_{h}$，则求 X_{o0}（图 9-9），使

$$X_{o0}-X_{e}=\beta(X_{o}-X_{c})$$

或

$$X_{o0}=\beta X_{o}+(1-\beta)X_{c} \qquad (0<\beta<1)$$

②如 $y_{o}>y_{h}$，则求 X_{o0}（图 9-10），使

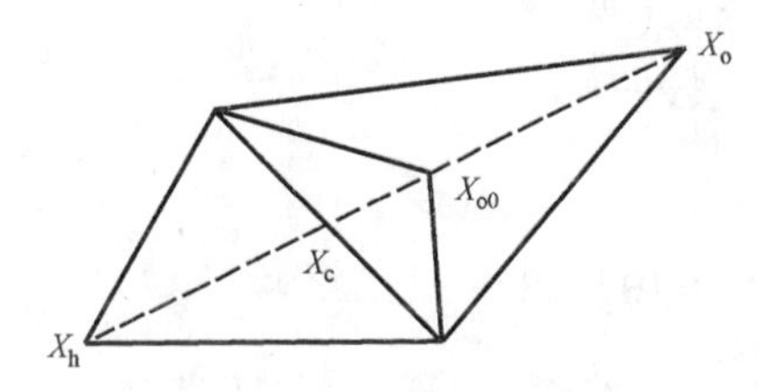

图 9-9　单纯形法的计算步骤 4-①

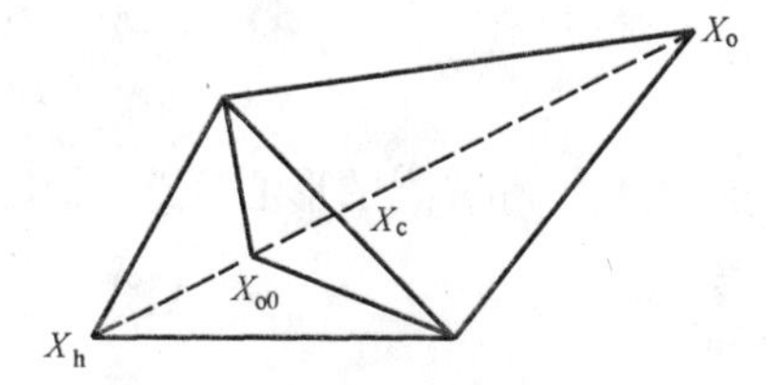

图 9-10　单纯形法的计算步骤 4-②

$$X_{o0}-X_{e}=\beta(X_{h}-X_{c})$$

或

$$X_{o0}=\beta X_{h}+(1-\beta)X_{c} \qquad (0<\beta<1)$$

不论是步骤 4 中的①或②，有两种情况须继续考虑：

③如 $y_{o0}<y_{h}$ 和 $y_{o0}<y_{o}$，以 X_{o0} 取代 X_{h} 并回至步骤 1；

④如 $y_{o0}>y_{h}$ 或 $y_{o0}>y_{0}$，从 X_{l} 取一半距离以缩小单纯形的尺寸（图 9-11），并回至步骤 1。

Nelder 和 Mead 建议对反射、收缩和扩张因子依次取为 $\alpha=1$，$\beta=\frac{1}{2}$，$\gamma=2$。

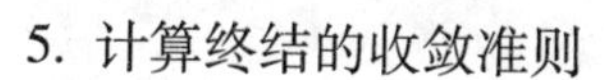

5. 计算终结的收敛准则

可取 y_{1}，…，y_{n+1} 的标准偏差小于某一预定的小数 ε（$\varepsilon>0$）作为计算收敛的标准，即

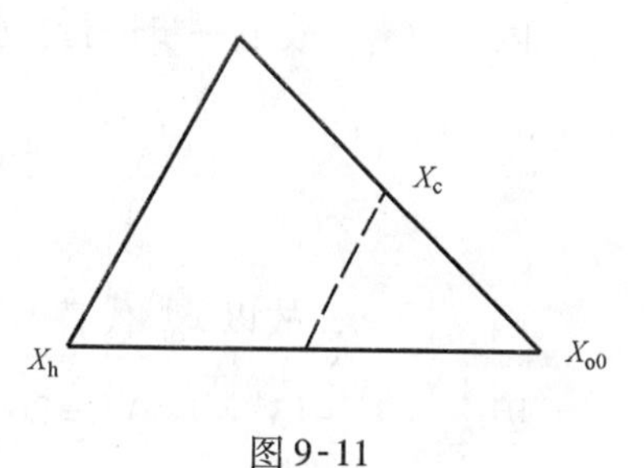

图 9-11

$$\left\{\sum_{k=1}^{n+1}(y_{k}-\bar{y})^{2}\right\}^{\frac{1}{2}}\bigg/(n+1)\leqslant\varepsilon$$

此处

$$\bar{y}=\left(\sum_{k=1}^{n+1}y_{k}\right)\bigg/(n+1)$$

或

$$\bar{y}=f(X_{b})$$

其中

$$X_b = \frac{1}{n} \sum_{\substack{i=1 \\ i \neq h}}^{n+1} X_i$$

或

$$X_b = \frac{1}{n+1} \sum_{i=1}^{n+1} X_i$$

［例 9-2］用单纯形法求函数 $f(X) = 4(x_1-5)^2 + (x_2-6)^2$ 的极小值。

$f(X)$ 中有两个变量，故用一顶点在 $X_1^{(0)} = [8, 9]^T$，$X_2^{(0)} = [10, 11]^T$，$X_3^{(0)} = [8, 11]^T$ 的三角形开始搜索。

估计初始三角形三个顶点的目标函数值，得到

$$y_1 = f[8,9] = 45 \rightarrow X_l^{(0)}$$

$$y_2 = f[10,11] = 125 \rightarrow X_h^{(0)}$$

$$y_3 = f[8,11] = 65 \rightarrow X_s^{(0)}$$

通过 $X_1^{(0)}$ 和 $X_{31}^{(0)}$ 的形心 $X_c^{(0)}$ 对 $X_h^{(0)}$ 进行反射：

$$X_{1,c}^{(0)} = \frac{1}{2}[(8+10+8)-10] = 8$$

$$X_{2,c}^{(0)} = \frac{1}{2}[(9+11+11)-11] = 10$$

求得反射点 X_0 为

$$X_{1,0}^{(0)} = 8+1(8-10) = 6$$

$$X_{2,0}^{(0)} = 10+1(10-11) = 9, \qquad (\alpha = 1)$$

和

$$y_0 = f(6,9) = 13$$

因 $y_0 < y_l$，故下一步进行扩张：

$$x_{1,\infty}^{(0)} = 8+2(6-8) = 4$$

$$x_{2,\infty}^{(0)} = 10+2(9-10) = 8$$

$$y_{\infty} = f[4,8] = 8$$

因 $y_{\infty} < y_l$，故以 $x_{\infty}^{(0)}$ 代替 $x_h^{(0)}$。

因 $\frac{1}{3}(7^2+13^3+44^2)^{\frac{1}{2}} = 26.8 > 10^{-6}$，故再进行第二个单纯形搜索（$k=1$）。

表 9-1 列出了进行五步搜索的结果，每一步的顶点坐标和搜索轨迹绘于图 9-12 中。如取 $\varepsilon = 10^{-6}$ 作为计算的收敛准则，则要进行 32 步搜索。

搜索结果　　　　表 9-2

搜索步骤		x_1	x_2	$f(X)$	备注 $X_l = X_1^{(0)}$
0	$X_1^{(0)}$	8	9	45	$X_h = X_2^{(0)}$
0	$X_2^{(0)}$	10	11	125	反　射
0	$X_3^{(0)}$	8	11	65	扩　张

续表

搜索步骤		x_1	x_2	$f(X)$	备注 $X_l = X_1^{(0)}$
0	$X_5^{(0)}$	6	9	13	
0	$X_2^{(1)} = X_6^{(0)}$	4	8	8	
1	$X_3^{(2)} = X_5^{(1)}$	4	6	4	
2	$X_1^{(3)} = X_7^{(2)}$	6	8	8	
3	$X_1^{(4)} = X_7^{(3)}$	5	7.5	2.25	
4	$X_2^{(5)} = X_5^{(4)}$	5	5.5	0.25	

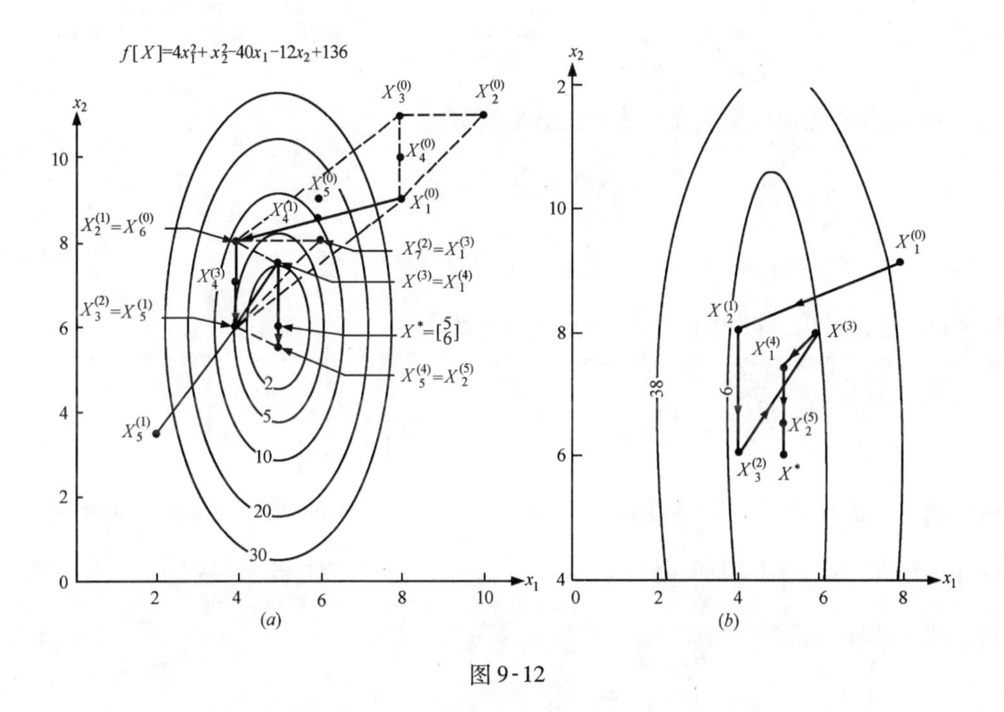

图 9-12

第二节　应用梯度搜索法的多维最优化方法

一、最速下降（或上升）法

设 $y(X)$ 为定义在 n 维欧氏空间（E^n）上的函数，则称

$$g_0 = \left[\frac{\partial y(X_0)}{\partial x_1}, \frac{\partial y(X_0)}{\partial x_2}, \cdots, \frac{\partial y(X_0)}{\partial x_n}\right]^{\mathrm{T}}$$

为 $y(X)$ 在点 X_0 的梯度，记为 $\nabla y(X_0)$。注意到，梯度方向是函数 $y(X)$ 下降或增长最快的方向，因此梯度法也称最速下降（或上升）法。

对于图 9-13 所示的二维情况，设 $\frac{\mathrm{d}y}{\mathrm{d}s} > 0$（即 y 沿 s 将增加），可以写出

$$\frac{\mathrm{d}y}{\mathrm{d}s} = \sum_{i=1}^{n} \frac{\partial y}{\partial x_i} \frac{\mathrm{d}x_i}{\mathrm{d}s} \tag{9-5}$$

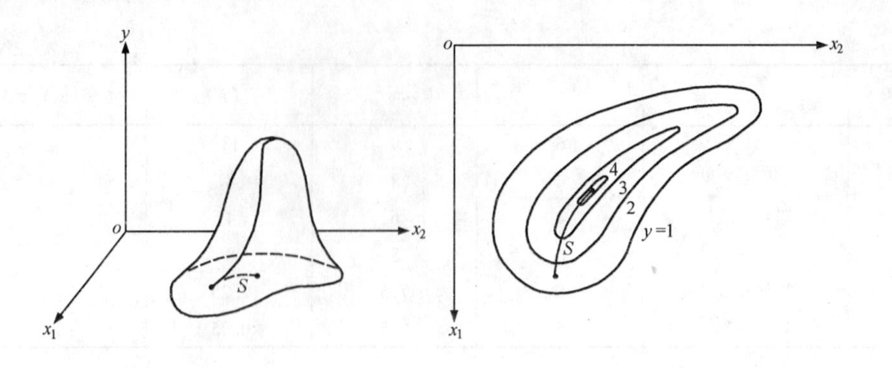

图 9-13

式中 ds 可由毕达哥拉斯定理用独立变量来表示：

$$(\mathrm{d}s)^2 = \sum_{i=1}^{n}(\mathrm{d}x_i)^2$$

$$\sum_{i=1}^{n}\left(\frac{\mathrm{d}x_i}{\mathrm{d}s}\right)^2 = 1 \tag{9-6}$$

或式（9-6）可以考虑是极大化式（9-5）的一个约束。

应用拉格朗日乘子概念，形成拉格朗日函数

$$z\left(\frac{\mathrm{d}x_1}{\mathrm{d}s},\frac{\mathrm{d}x_2}{\mathrm{d}s},\cdots,\frac{\mathrm{d}x_n}{\mathrm{d}s},\lambda\right) = \sum_{i=1}^{n}\frac{\partial y}{\partial x_i}\frac{\mathrm{d}x_i}{\mathrm{d}s} + \lambda\left\{\sum_{i=1}^{n}\left(\frac{\mathrm{d}x_i}{\mathrm{d}s}\right)^2 - 1\right\} \tag{9-7}$$

这里我们考虑导数$\frac{\mathrm{d}x_i}{\mathrm{d}s}$为独立变量。这些导数是 x_i 轴与 s 的切线之间的方向余弦，一旦这些导数已知的话，则需要的路径 s（x_1，x_2，…，x_n）可以由积分得到。

将 z 对$\frac{\mathrm{d}x_i}{\mathrm{d}s}$求偏导并使之等于零，得

$$\frac{\partial y}{\partial x_i} + 2\lambda\frac{\mathrm{d}x_i}{\mathrm{d}s} = 0, \qquad i = 1,2,\cdots,n$$

它给出

$$\frac{\mathrm{d}x_i}{\mathrm{d}s} = -\frac{1}{2\lambda}\frac{\partial y}{\partial x_i}, \qquad i = 1,2,\cdots,n \tag{9-8}$$

将式（9-8）代入式（9-6）得

$$\frac{1}{4\lambda^2}\sum_{i=1}^{n}\left(\frac{\partial y}{\partial x_i}\right)^2 = 1$$

对 λ 求解，得

$$\lambda = \pm\frac{1}{2}\left\{\sum_{i=1}^{n}\left(\frac{\partial y}{\partial x_i}\right)^2\right\}^{1/2}$$

将此结果与式（9-8）合成，得到

$$\frac{\mathrm{d}x_i}{\mathrm{d}s} = \mp\left\{\sum_{i=1}^{n}\left(\frac{\partial y}{\partial x_i}\right)^2\right\}^{-1/2}\frac{\partial y}{\partial x_i}, \qquad i = 1,2,\cdots,n \tag{9-9}$$

这就是我们所要的结果。

选取式（9-9）的正号并代入式（9-5），则确定最速上升率为

$$\frac{\mathrm{d}y}{\mathrm{d}s}=\left\{\sum_{i=1}^{n}\left(\frac{\partial y}{\partial x_i}\right)^2\right\}^{1/2} \tag{9-10}$$

如我们选取式（9-9）的负号则可确定最速下降率，由此我们可得到导致 y（x_1，x_2，$\cdots$，x_n）最小值的途径。

将式（9-9）写成有限差形成并应用于矢量观念，则有

$$X_{k+1}^{*}=X_k+\{(\nabla y)^{T}(\nabla y)\}^{1/2}\ \nabla y\Delta s \tag{9-11}$$

式中（∇y）^{T} 是 ∇y 的转置。

由于

$$(\nabla y)^{T}(\nabla y)=\left[\left(\frac{\partial y}{\partial x_1}\right)^2+\left(\frac{\partial y}{\partial x_2}\right)^2+\cdots+\left(\frac{\partial y}{\partial x_n}\right)^2\right]=\|\nabla y\|^2$$

故式（9-11）可以写成

$$X_{k+1}^{*}=X_k+\frac{\nabla y}{\|\nabla y\|}\Delta s \tag{9-12}$$

式（9-12）就是梯度法的迭代公式。

算法可首先在域内选定某初始点 X_0，然后计算在点 X_0 的 ∇y 值。如 y（X）不是很复杂的话，则 ∇y 可以解析地计算出来，但在许多实际情况中可易于用数值差商形式来计算，即

$$\frac{\partial y}{\partial x_i}\sim\frac{y[x_1,x_2,\cdots,x_i+(\Delta x_i/2),\cdots,x_n]-y[x_1,x_2,\cdots,x_i-(\Delta x_i/2),\cdots,x_n]}{\Delta x_i},$$

$$i=1,2,\cdots,n$$

然后用某个小的任意规定的 $\Delta\tau$ 值代替（9-12）式中的 Δs，计算出 X_1。此后对 X_1 计算出 ∇y，并去定另一点 X_2，…，依次类推，已知继续导在某点其 ∇y 等于零（此为驻点之条件）或足够地小为止。图 9-14 是最速下降法的计算框图，图中步长 t 即 $\Delta\tau$。图 9-15 是用最速下降（或上升）法对二维情况的搜索轨迹图示。

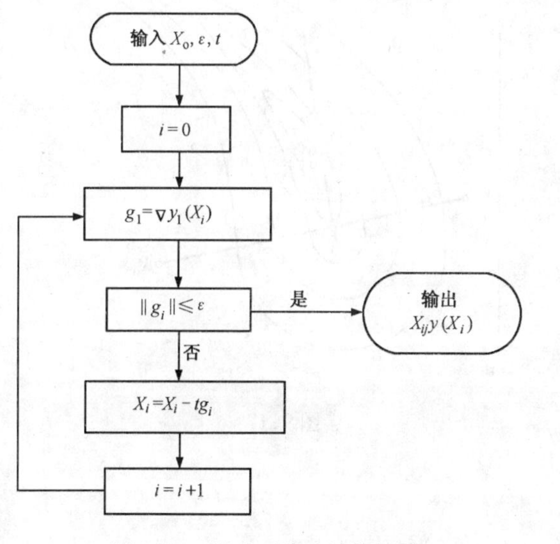

图 9-14　最速下降法计算框图

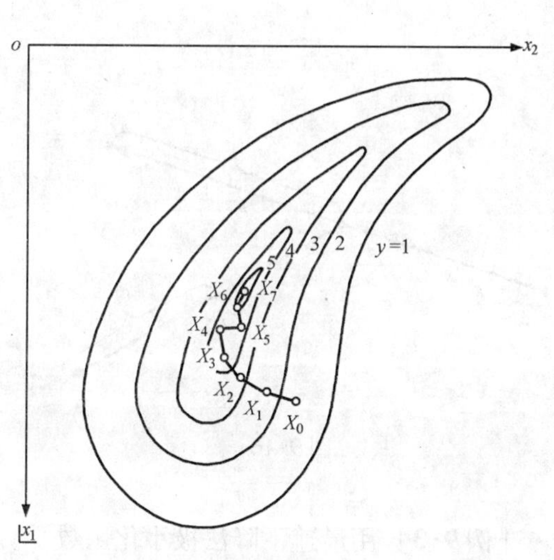

图 9-15　二维情况搜索轨迹图

$\Delta\tau$可通过下面两种办法之一来选取：

一是在每步取$\Delta\tau$为一常值，即等步长法；

二是在每一步取作比例于梯度矢量的值。这种方法趋向在陡的面取大的步长，而在相对较平的面取小的步长，这可能使搜索点围绕极值点振荡。

等步长法可能是两种取法中比较安全的一种，虽然它比变步长法需要计算更多的函数次数。

二、最佳最速下降（或上升）法

对于最速下降（或上升）法的一种改进措施是如下面所述的最佳最速下降法。这种算法原理也是某些计算效率较高的算法。

最佳最速下降法的计算方法和步骤如下所述：

1. 取初始点X_0，计算在此点的梯度∇y，选取一足够大的$\Delta\tau$值并用式（9-12）算出X_1^*，然后沿连接X_0和X_1^*的线作一维搜索（例如斐波那契法或黄金分割法），定出某个点X_1，其y（X_1）为极小值（图9-16），此处

$$X_1=\theta_1X_0+(1-\theta_1)X_1^*,0<\theta_1<1 \tag{9-13}$$

因此成为对仅含一个变量θ_1的式（9-13）进行一维寻优。此θ_1值即为第一次一维搜索得到的最佳步长。

2. 计算在X_1的∇y，选取一新的$\Delta\tau$值（它可以是，也可以不同于原来的$\Delta\tau$值）并用式（9-12）建立X_2^*，再次完成一个一维搜索以定出X_2，此处

$$X_2=\theta_2X_1+(1-\theta_2)X_2^*,\qquad 0<\theta_2<1$$

3. 依次类推，直至$\nabla y=0$或成为足够的小为止。

最佳最速下降（或上升）法的搜索过程轨迹如图9-17所示。

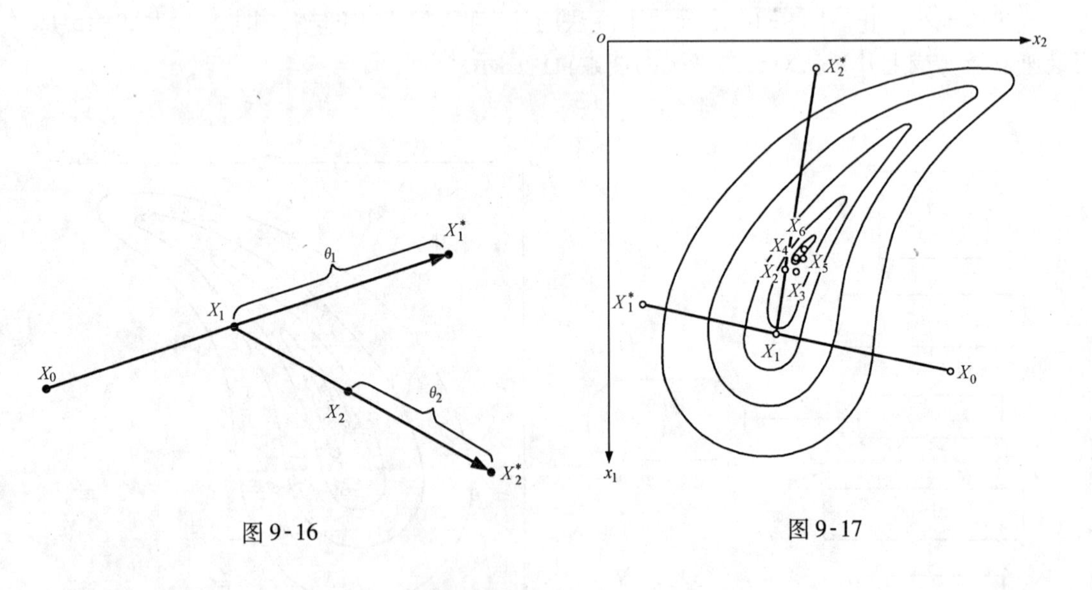

图9-16　　　　图9-17

［**例9-3**］用最速下降法极小化函数

$$y=(x_1-3)^2+9(x_2-5)^2$$

［解］取 $\Delta\tau=0.10$，选取 $X_0=\begin{bmatrix}1\\1\end{bmatrix}$ 作为初始点。

解析地计算导数：

$$\left.\frac{\partial y}{\partial x_1}\right|_{(1,1)}=2(x_1-3)\Big|_{(1,1)}=-4$$

$$\left.\frac{\partial y}{\partial x_2}\right|_{(1,1)}=18(x_2-5)\Big|_{(1,1)}=-72$$

$$X_1=X_1^*=X_0-\Delta\tau\,\nabla y=\begin{bmatrix}1\\1\end{bmatrix}-0.10\begin{bmatrix}-4\\-72\end{bmatrix}=\begin{bmatrix}1.4\\8.2\end{bmatrix}$$

再次计算导数：

$$\left.\frac{\partial y}{\partial x_1}\right|_{(1.4,8.2)}=2(x_1-3)\Big|_{(1.4,8.2)}=-3.2$$

$$\left.\frac{\partial y}{\partial x_2}\right|_{(1.4,8.2)}=18(x_2-5)\Big|_{(1.4,8.2)}=57.6$$

$$X_2=X_2^*=\begin{bmatrix}1.4\\8.2\end{bmatrix}-0.10\begin{bmatrix}-3.2\\57.6\end{bmatrix}=\begin{bmatrix}1.72\\2.44\end{bmatrix}$$

继续这种过程，最后达到点

$$X_n=\begin{bmatrix}3\\5\end{bmatrix}$$

此时

$$\left.\frac{\partial y}{\partial x_1}\right|_{(3,5)}=\left.\frac{\partial y}{\partial x_2}\right|_{(3,5)}=0,\text{且 } y=0$$

下面再用最佳最速下降法解上例，选取

$$X_0=\begin{bmatrix}1\\1\end{bmatrix},\Delta\tau=1.0$$

定义一个新的变量

$$u=3(x_2-5)$$

因此目标函数成为

$$y=(x_1-3)^2+u^2$$

且 $(x_1)_0=1$，$u_0=3$（$1-5$）$=-12$，因此

$$X_0=\begin{bmatrix}1\\-12\end{bmatrix}$$

计算导数：

$$\left.\frac{\partial y}{\partial x_1}\right|_{(1,-12)}=2(x_1-3)\Big|_{(1,-12)}=-4$$

$$\left.\frac{\partial y}{\partial u}\right|_{(1,-1.2)}=2u\Big|_{(1,-12)}=-24$$

由式（9-13）有

$$X_1 = \theta_1 \begin{bmatrix} 1 \\ -12 \end{bmatrix} + (1-\theta_1)\begin{bmatrix} 5 \\ 12 \end{bmatrix}, 0 < \theta_1 < 1$$

目标函数 $y(X_1)$ 可写成

$$y = (5 - 4\theta_1 - 3)^2 + (12 - 24\theta_1)^2$$

对 θ_1 进行一维搜索，可在 $\theta_1 = \frac{1}{2}$ 出对 $y(X_1)$ 得到极值为0。

注意到本例题中在改变比例时已将目标函数从一椭圆族变成为一圆族了，但一般情况时改变比例不是使目标函数变成一圆族，这样即使用最佳最速下降法来极值化一个函数，有时也需要经过无数此的迭代。下面的例题将说明这种情况。

[**例 9-4**] 由极小化平方误差和来解下面的系统

$$x_1 = 0.1136(x_1 + 3x_2)(1 - x_1), \quad 0 \leqslant x_1 \leqslant 1$$

$$x_2 = -7.50(2x_1 - x_2)(1 - x_2), \quad 0 \leqslant x_2 \leqslant 1$$

[**解**] 相当的目标函数可写成

$$y = [x_1 - 0.1136(x_1 + 3x_2)(1 - x_1)]^2 + [x_2 + 7.50(2x_1 - x_2)(1 - x_2)]^2$$

取 $(x_1)_0 = (x_2)_0 = 0.5000$；对最速下降法取 $\Delta\tau = 0.001$，对最佳最速下降法取 $\Delta\tau = 0.1$。用差商法求导终止条件都取为 $\nabla y = 10^{-3}$，则用计算机程序对两种方法的计算结果列于表 9-3 和表 9-4 中。

用最速下降法的计算结果 **表 9-3**

n	x_{1n}	x_{2n}	$\partial y/\partial x_1$	$\partial y/\partial x_2$	$y_{(n+1)}$
0	0.5000	0.5000	36.53	-31.01	5.790
1	0.4635	0.5310	27.86	-21.23	3.815
2	0.4356	0.5522	22.51	-15.54	2.726
3	0.4131	0.5678	18.86	-11.86	2.049
5	0.3780	0.5889	14.15	-7.464	1.2706
10	0.3209	0.6152	8.350	-2.959	0.5027
50	0.2098	0.6368	5.393×10^{-1}	-1.918×10^{-2}	0.2440×10^{-2}
100	0.2015	0.6372	2.200×10^{-2}	-5.348×10^{-3}	0.958×10^{-4}
500	0.2011	0.6393	1.682×10^{-3}	-5.088×10^{-2}	0.822×10^{-4}

用最佳最速下降法和黄金分割搜索的计算结果 **表 9-4**

n	x_{1n}	x_{2n}	$x^*_{1(n+1)}$	$x^*_{2(n+1)}$	$x_{1(n+1)}$	$x_{2(n+1)}$	$y_{(n+1)}$
0	0.5000	0.5000	-3.1529	3.6007	0.1704	0.7798	7.367×10^{-3}
1	0.1704	0.7798	0.1500	0.7472	0.1640	0.7696	5.059×10^{-3}
2	0.1640	0.7696	0.1762	0.7621	0.1762	0.7621	3.916×10^{-3}
3	0.1762	0.7621	0.1668	0.7448	0.1728	0.7559	3.217×10^{-3}
5	0.1803	0.7518	0.1736	0.7394	0.1778	0.7471	2.339×10^{-3}

续表

n	x_{1n}	x_{2n}	$x^*_{1(n+1)}$	$x^*_{2(n+1)}$	$x_{1(n+1)}$	$x_{2(n+1)}$	$y_{(n+1)}$
10	0.1837	0.7345	0.1898	0.7311	0.1872	0.7326	1.290×10^{-3}
50	0.1964	0.6922	0.1980	0.6914	0.1969	0.6919	1.188×10^{-4}
100	0.1987	0.6784	0.1992	0.6780	0.1989	0.6782	2.119×10^{-5}
500	0.2000	0.6669	0.2000	0.6669	0.2000	0.6669	1.641×10^{-9}

从表中计算结果可以看出，当趋近极值点附近时收敛速度大大下降，这是大多数最速下降法的通病。要达到预定的精度要求则迭代次数要超过500次。最佳最速下降法比最速下降法收敛至更正确的答案，即 $x_1=\frac{1}{5}$和 $x_2=\frac{2}{3}$。由于最佳最速下降法的计算逻辑比最速下降法复杂得多，每次迭代需要较多的计算和时间，因此在同样精度条件下解此问题需要的时间是差不多的。

三、变尺度法

变尺度法最初由 Davidon 于1959年提出，以不超过 n 步来极小化一个二次函数，以后在1964年由 Fletcher 和 Powell 加以改进，故简称 D. F. P. 法。

变尺度法是一种经过改变的梯度法。如前面所述，最速下降法的概念是：在目标函数偏导数所确定的方向作序列的一维搜索。D. F. P. 法的概念与此类似，但不同的是搜索矢量不等于负梯度矢量，而是每个搜索矢量既是当前梯度矢量又是前面搜索矢量的函数。

在叙述变尺度法的基本原理和算法之前，下面我们先介绍二个预备定理，然后再介绍具体计算步骤。

1. n 维直交定理

若 n 维空间（E^n）中某矢量 q 和 n 个线性独立的矢量 P_1，P_2，…，P_n 都直交，则矢量 q 必为零，即 $q=0$。

证：因 P_1，P_2，…，P_n 线性独立，因此它们构成了（E^n）中的一个基底，从而 q 可以表示为它们的线性组合，即

$$q=\alpha_1P_1+\alpha_2P_2+\cdots+\alpha_nP_n$$

由假设，q 和 P_i（$i=1$，2，…，n）都直交，即

$$P_i^Tq=q^TP_i=0,\quad i=1,2,\cdots,n$$

$$\|q\|^2=q^Tq=q^T(\alpha P_1+\alpha_2P_2+\cdots+\alpha_nP_n)=\sum_{i=1}^{n}\alpha_iq^TP_i=0$$

所以

$$q=0$$

2. A 共轭

A 共轭的定义：设 A 是一个 $n\times n$ 阶对称正定阵，P 和 q 是两个 n 维矢量，若 $P^TAq=0$，则称 P 和 q 为 A 共轭（或 A 正交）；设 A 是一个 $n\times n$ 阶对称正定阵，P_1，P_2，…，P_n 为 A 共轭的 n 维非零矢量（即 $P_i^TAP_j=0$），则矢量系 P_1，P_2，…，P_n 必线性独立。

证：若存在不全为零的系数 α_1，α_2，…，α_n 使下式成立（即线性相关）：

$$\alpha_1 P_1 + \alpha_2 P_2 + \cdots + \alpha_n P_n = 0$$

以 $P_i^{\mathrm{T}}A$ 乘左式，得

$$\alpha_1 P_i^{\mathrm{T}} A P_1 + \alpha_2 P_i^{\mathrm{T}} A P_2 + \cdots + \alpha_{i-1} P_i^{\mathrm{T}} A P_i + \cdots + \alpha_n P_i^{\mathrm{T}} A P_n = 0$$

由 A 共轭定义，式中只剩下一项 $\alpha_i P_i^{\mathrm{T}} A P_i = 0$。

因由假设 $P_i \neq 0$，且 A 为正定，故 $P_i^{\mathrm{T}} A P_i > 0$

所以　$\alpha_i = 0$，　$i = 1, 2, \cdots, n$

此与假设有矛盾，故此矢量系 P_1，P_2，…，P_n 必线性独立，

3. 有限步（不多于 n 步）收敛的搜索方向

一个 n 维的二次函数可以写成

$$y = f(X) = a + b^{\mathrm{T}} X + \frac{1}{2} X^{\mathrm{T}} A X \tag{9-14}$$

式中　$X = [x_1, x_2, \cdots, x_n]^{\mathrm{T}}$；

A——$n \times n$ 阶对称正定阵；

a 和 b——常系数

目的是要通过 n 个搜索方向（n 个序列的搜索矢量）P_0，P_1，…，P_{n-1} 的搜索：

$$X_{i+1} = X_i + \alpha_i P_i$$

得到 $y = f(X)$ 的极小值。实际上就是要找出 n 个线性独立的搜索矢量 P_0，P_1，…，P_n 使 ∇y_n（$= g_n$）与它们都正交，则根据 n 维直交定理有 $\nabla y_n = 0$，因此 X_n 是极值点。

下面先证明如此 n 个搜索矢量 P_0，P_1，…，P_{n-1} 是 A 共轭的话就能满足这个要求。

$$\nabla y = \nabla f(X) = b + AX$$

$$g_i = \nabla y_i = \nabla f(X_i) = b + AX_i$$

$$g_{i+1} = \nabla y_{i+1} = \nabla f(X_{i+1}) = b + AX_{i+1}$$

$$g_{i+1} - g_i = A(X_{i+1} - X_i) = \alpha_i A P_i$$

$$g_n - g_{n-1} = \alpha_{n-1} A P_{n-1}$$

所以

$$\begin{aligned} g_n &= g_{n-1} + \alpha_{n-1} A P_{n-1} = g_{n-2} + \alpha_{n-2} A P_{n-2} + \alpha_{n-1} A P_{n-1} \\ &\cdots\cdots \\ &= g_{j+1} + \alpha_{j+1} A P_{j+1} + \cdots + \alpha_{n-1} A P_{n-1} \\ g_n^{\mathrm{T}} P_j &= (g_{j+1} + \alpha_{j+1} A P_{j+1} + \cdots + \alpha_{n-1} A P_{n-1})^{\mathrm{T}} P_j \\ &= g_{j+1}^{\mathrm{T}} P_j + \alpha_{j+1} P_{j+1}^{\mathrm{T}} A P_j + \cdots + \alpha_{n-1} P_{n-1}^{\mathrm{T}} A P_j \end{aligned}$$

注意到

$$g_{j+1}^{\mathrm{T}} P_j = P_j^{\mathrm{T}} P_{j+1} = 0$$

因此　$g_n^{\mathrm{T}} P_j = 0$，　$j = 1, 2, \cdots, n-2$

再由 $g_n^{\mathrm{T}} P_{n-1} = 0$，故 g_n 与 P_0，P_1，…，P_{n-1} 都直交。因此由 n 维直交定理 $g_n = 0$，即 X_n 是极小点。

因此证明了若 P_0，P_1，…，P_{n-1} 为 A 共轭的话，则经过不多于 n 步搜索后就可收敛于极值点。

4. D. F. P. 法及其计算步骤

设目标函数 $f(X)$ 是一个一阶和二阶可导函数，则在 X_0 点可将 $f(X)$ 展开成

$$f(X) \approx f(X_0) + [\nabla f(X_0)]^{\mathrm{T}} \Delta X + \frac{1}{2} \Delta X^{\mathrm{T}} A_0 \Delta X$$

式中　$\Delta X = X - X_0$；

A 是一个二阶导数矩阵

$$A = \begin{bmatrix} \frac{\partial^2 f}{\partial x_1^2} & \frac{\partial^2 f}{\partial x_1 \partial x_2} & \cdots & \frac{\partial^2 f}{\partial x_1 \partial x_n} \\ \cdots & \cdots & & \cdots \\ \frac{\partial^2 f}{\partial x_n \partial x_1} & \frac{\partial^2 f}{\partial x_n \partial x_2} & \cdots & \frac{\partial^2 f}{\partial x_n^2} \end{bmatrix}$$

$$\nabla f(X) \approx g_0 + A_0 \Delta X$$

若 $\nabla f(X) = 0$（X 为一驻点），则

$$g_0 + A_0 \Delta X = 0$$

即

$$X - X_0 = -A_0^{-1} g_0$$

$-A_0^{-1} g_0$ 称为牛顿方向。

若目标函数是一个二次函数，则 A 是一个常数矩阵，这时三阶以上的导数为零，因此

$$f(X) = f(X_0) + g_0^{\mathrm{T}} \Delta X + \frac{1}{2} \Delta X^{\mathrm{T}} A_0 \Delta X$$

所以从 X_0 出发，只要一步就可以求出 $f(X)$ 的极小值，这种方法称为牛顿法。

问题的关键在于对 A^{-1} 的计算。在实际问题中目标函数常常比较复杂，不便于用解析式表示，而且不是二次函数，计算二阶导数的近似值要花相当大的工作量。另一方面，当 X 的维数较高时，对矩阵 A 求逆（A^{-1}），工作量很大。因此设法构造一个对称正定的一阶导数矩阵 H_{i+1}（$i=0, 1, \cdots, n-1$），用它来逼近 A^{-1}，所以称为拟牛顿法。

由前，

$$X_{i+1} = X_i + \alpha_i P_i$$

在变尺度法中，搜索矢量被取为

$$P_i = -H_i g_i, \qquad i = 0, 1, \cdots, n-1 \tag{9-15}$$

此处 H_i 是一对称正定的 $n \times n$ 阶矩阵，对于 $i=0$ 可取作

$$\left.\begin{aligned} &H_0 = I, \text{（对于极小化问题）} \\ \text{或}\quad &H_0 = -I, \text{（对于极大化问题）} \end{aligned}\right\} \tag{9-16}$$

一旦 H_0 被规定后，对于序列的 H_i 可确定如下：

$$H_{i+1} = H_i + B_i + C_i \tag{9-17}$$

此处 B_i 和 C_i 也是对称的 $n \times n$ 阶矩阵，这些矩阵被定义成

$$H_n = A^{-1} \tag{9-18}$$

递推式（9-17），可得

$$H_{i+1} = H_0 + \sum_{j=0}^{i} B_j + \sum_{j=0}^{i} C_j$$

特殊地，令 $i+1=n$，因此有

$$H_n = H_0 + \sum_{j=0}^{n-1} B_j + \sum_{j=0}^{n-1} C_j$$

如选取

$$\sum_{j=0}^{n-1} B_j = A^{-1} \tag{9-19}$$

$$\sum_{i=0}^{n-1} C_j = -H_0 \tag{9-20}$$

则上式就还原至式 (9-18)

①求 B_i

令 $R = [P_0, P_1, \cdots, P_i, \cdots, P_{n-1}]$ 是一 $n \times n$ 阶矩阵，其中 P_i，$i=0, 1, \cdots, n-1$ 为一列矢量。则矩阵 $D = R^T AR$ 也是一 $n \times n$ 阶矩阵，其中非对角线项根据 A 共轭条件为

$$d_{ij} = P_i^T AP_j = P_j^T AP_i = 0$$

由 $D = R^T AR$ 则

$$R^T A = DR^{-1}$$

根据矩阵乘积的逆的性质，则

$$A = (RD^{-1}R^T)^{-1}$$

$$A^{-1} = RD^{-1}R^T$$

由前，

$$\sum_{j=0}^{n-1} B_j = A^{-1} = RD^{-1}R^T$$

D 的对角线项为 d_{ii}，则 D^{-1} 也是一对角阵，其非零项为$\frac{1}{d_{ii}}$。由此

$$\sum_{j=0}^{n-1} B_j = \sum_{j=0}^{n-1} \frac{1}{d_{jj}} P_j P_j^T$$

此处 $P_j P_j^T$ 代表一矩阵 M，其元素为 m_{ik}

$$m_{ik} = p_{i,j} p_{k,j}$$

由前，

$$d_{jj} = P_j^T AP_j$$

因此

$$\sum_{j=0}^{n-1} B_j = \sum_{j=0}^{n-1} \frac{P_j P_j^T}{P_j^T AP_j}$$

再由

$$\nabla y_{j+1} - \nabla y_j = \alpha_j AP_j$$

则

$$AP_j = \frac{\nabla y_{j+1} - \nabla y_j}{\alpha_j}$$

所以

$$\sum_{j=1}^{n-1} B_j = \sum_{j=0}^{n-1} \frac{\alpha_j P_j P_j^T}{P_j^T (\nabla y_{j+1} - \nabla y_j)}$$

其中对于 j 的和中每一项有

$$B_i=\frac{\alpha_i P_i P_i^{\mathrm{T}}}{P_i^{\mathrm{T}}(\nabla y_{i+1}-\nabla y_i)},\quad i=0,1,\cdots,n-1 \tag{9-21}$$

于是，得到 B_i 的最后结果。

②求 C_i

由前

$$H_{i+1}=H_i+B_i+C_i$$

则

$$H_{i+1}AP_i=H_iAP_i+B_iAP_i+C_iAP_i$$

再由

$$B_i=\frac{P_iP_i^{\mathrm{T}}}{P_i^{\mathrm{T}}AP_i}$$

则

$$H_{i+1}AP_i=H_iAP_i+\frac{P_iP_i^{\mathrm{T}}AP_i}{P_i^{\mathrm{T}}AP_i}+C_iAP_i=H_iAP_i+P_i+C_iAP_i$$

根据前面假设

$$H_{\mathrm{n}}=H_{i+1}=A^{-1}$$

即

$$H_{\mathrm{n}}A=1$$

$$H_{i+1}AP_i=P_i=H_iAP_i+P_i+C_iAP_i$$

因此

$$C_iAP_i=-H_iAP_i$$

可写成

$$C_iAP_i=-H_iAP_i\frac{P_i^{\mathrm{T}}A^{\mathrm{T}}H_iAP_i}{P_i^{\mathrm{T}}A^{\mathrm{T}}H_iAP_i}$$

上式可以满足的一种途径为

$$C_i=-\frac{H_iAP_iP_i^{\mathrm{T}}A^{\mathrm{T}}H_i}{P_i^{\mathrm{T}}A^{\mathrm{T}}H_iAP_i}$$

考虑到

$$AP_i=\frac{\nabla y_{i+1}-\nabla y_i}{\alpha_i}$$

$$C_i=-\frac{H_i(\nabla y_{i+1}-\nabla y_i)(\nabla y_{i+1}-\nabla y_i)^{\mathrm{T}}H_i}{(\nabla y_{i+1}-\nabla y_i)^{\mathrm{T}}H_i(\nabla y_{i+1}-\nabla y_i)} \tag{9-22}$$

所以

$$H_{i+1}=H_i+B_i+C_i=H_i+\frac{\alpha P_iP_i^{\mathrm{T}}}{P_i^{\mathrm{T}}(\nabla y_{i+1}-\nabla y_i)}-\frac{H_i(\nabla y_{i+1}-\nabla y_i)(\nabla y_{i+1}-\nabla y_i)^{\mathrm{T}}H_i}{(\nabla y_{i+1}-\nabla y_i)^{\mathrm{T}}H_i(\nabla y_{i+1}-\nabla y_i)} \tag{9-23}$$

由此可见在求 H_{i+1} 时用到了一阶导数，且避免了矩阵求逆。

如果令 $\sigma_i=X_{i+1}-X_i=\alpha_iP_i$，$Y_i=\nabla y_{i+1}-\nabla y_i$，则有

$$H_{i+1}=H_i+\frac{\sigma_i\sigma_i^{\mathrm{T}}}{\sigma_i^{\mathrm{T}}Y_i}-\frac{H_iY_iY_i^{\mathrm{T}}H_i}{Y_i^{\mathrm{T}}H_iY_i} \tag{9-24}$$

总结前面的叙述，将 D. F. P. 法的计算步骤归纳如下：

任意地选取初始点 X_0 并计算该点的 ∇y_0；

选择某个 H_0，例如 $H_0=I$（对极小化）或 $H_0=-I$（对极大化），由式

$$P_i=-H_i\ \nabla y_i$$

计算出 P_0；

用式

$$X_{i+1}=X_i+\alpha_iP_i$$

建立下一个搜索点；

由式（9-21）、式（9-22）得到下一个 H_i 和 P_i；

上述步骤一直递推下去，直到满足某个收敛准则为止。常用的收敛准则有：

（a）梯度判别

$$\| g_i \| < \varepsilon;$$

（b）位移判别

$$\| \sigma_i \| < \varepsilon_1，（绝对误差）$$

$$\frac{\| \sigma_i \|}{\| X_i \|} < \varepsilon_2，（相对误差）$$

（c）函数值判别

$$\left| f(X_{i+1}) - f(X_i) \right| < \varepsilon_1，（绝对误差）$$

$$\frac{\left| f(X_{i+1}) - f(X_i) \right|}{\left| f(X_i) \right|} < \varepsilon_2，（相对误差）$$

根据前述牛顿法，有 $X-X_0=-A_0^{-1}g_0$，式子的右边是搜索矢量，称为牛顿矢量，它等于给定点 X_0 和要求解 X 之间的距离差值。这个差值可以考虑是一个矢量误差，称为一个尺度。D. F. P. 法用每一步的 $-H_i\ \nabla y_i$ 来代替 $-A^{-1}\ \nabla y_i$ 近似尺度，故称为变尺度法。

[例 9-5] 用变尺度法极小化函数

$$y=(x_1-3)^2+9(x_2-5)^2$$

取 $X_0=\begin{bmatrix}1\\1\end{bmatrix}$为初始点。

[解]

$$\nabla y_0=-\begin{bmatrix}4\\72\end{bmatrix}$$

选择 $H_0=I$，有

$$P_0=-I\ \nabla y_0=-\ \nabla y_0=\begin{bmatrix}4\\72\end{bmatrix}$$

由 $X_1=X_0+\alpha_0P_0$，有

$$X_1=\begin{bmatrix}1\\1\end{bmatrix}+\alpha_0\begin{bmatrix}4\\72\end{bmatrix},\alpha_0>0$$

因此 y 可以表示为 α_0 的函数关系如下：

$$y(\alpha_0)=(4\alpha_0-2)^2+9(72\alpha_0-4)^2$$

求 y（α_0）的极值，得

$$y=3.1594,\text{在 }\alpha_0=0.0557\text{ 处。}$$

$$X_1=\begin{bmatrix}1.223\\5.011\end{bmatrix},\ \nabla y_1=\begin{bmatrix}-3.554\\0.197\end{bmatrix}$$

求 B_0 和 C_0：

$$B_0=\frac{0.0557}{4(0.446)+72(72.197)}\begin{bmatrix}4^2 & 4(72)\\72(4) & 72^2\end{bmatrix}=\begin{bmatrix}0.00017 & 0.00308\\0.00308 & 0.05553\end{bmatrix}$$

$$C_0=\frac{1}{(0.446)^2+(72.197)^2}\begin{bmatrix}(0.446)^2 & (72.197)(0.446)\\(72.197)(0.446) & (72.197)^2\end{bmatrix}$$

$$=-\begin{bmatrix}0.00004 & 0.00618\\0.00618 & 0.99996\end{bmatrix}$$

$$H_1=\begin{bmatrix}1 & 0\\0 & 1\end{bmatrix}+\begin{bmatrix}0.00017 & 0.00308\\0.00308 & 0.05553\end{bmatrix}-\begin{bmatrix}0.00004 & 0.00618\\0.00618 & 0.99996\end{bmatrix}$$

$$=\begin{bmatrix}1.00013 & -0.00310\\-0.00310 & 0.05557\end{bmatrix}$$

$$P_1=-H_1\nabla y_1=\begin{bmatrix}-1.00013 & 0.00310\\0.00310 & -0.05557\end{bmatrix}\begin{bmatrix}-3.555\\0.197\end{bmatrix}=\begin{bmatrix}3.555\\-0.022\end{bmatrix}$$

$$X_2=\begin{bmatrix}1.223\\5.011\end{bmatrix}+\alpha_1\begin{bmatrix}3.555\\-0.022\end{bmatrix}$$

将此 X_2 值代入 y（X）并对 α_1 求极小，得

$$y=2.020\times10^{-5},\text{ 在 }\alpha_1=0.4999\text{ 处。}$$

相当于

$$X_2=\begin{bmatrix}3.0044\\5.0000\end{bmatrix}$$

计算在这一点完成，除计算误差外已得到正确的解。

现校验 H_2 是否等于 A^{-1}：

$$B_1=\frac{0.4999}{(3.555)(3.554)+(0.022)(-0.197)}\begin{bmatrix}(3.555)^2 & (3.555)(-0.022)\\(-0.022)(3.555) & (-0.022)^2\end{bmatrix}$$

$$=\begin{bmatrix}0.4985 & -0.00309\\-0.00309 & 0.00002\end{bmatrix}$$

$$C_1=-\frac{1}{12.64}\begin{bmatrix}(-3.555)^2 & (-3.555)(0.022)\\(0.022)(-3.555) & (0.022)^2\end{bmatrix}$$

$$=\begin{bmatrix}-0.99994 & 0.00619\\0.00619 & -0.00004\end{bmatrix}$$

$$H_2=\begin{bmatrix}(1.0013+0.4985-0.9999) & (-0.0031-0.0031+0.0062)\\(-0.0031-0.0031+0.0062) & (0.05557+0.00002-0.00004)\end{bmatrix}$$

$$= \begin{bmatrix} 0.4999 & 0 \\ 0 & 0.05555 \end{bmatrix}$$

$$A = \begin{bmatrix} 2 & 0 \\ 0 & 18 \end{bmatrix}$$

所以

$$AH_2 = I = AA^{-1}$$

注意到根据式（9-19）和式（9-20）还应有

$$B_0 + B_1 = H_2 = A^{-1}$$

$$C_0 + C_1 = -H_0$$

四、用梯度法搜索的两个问题的探讨

1. 数值求导近似计算

在上面的叙述中已经发现，不论是最速下降法或是变尺度法，在每一步搜索过程中都必须求出目标函数的梯度，因此为了提高计算效率起见，这个问题值得引起应有的重视。如果目标函数 $f(X)$ 不很复杂，则其导数 $\nabla f(X)$ 可以用解析的方式来计算，但是大多数实际问题中目标函数的函数式往往比较复杂或者不能以一个式子来表示，这时用解析方式来计算其偏导数就比较困难了，因此我们可以用下面的几种数值方法之一来计算。

①前进差商求导

对于一维的情况是：

$$\frac{\partial f(x)}{\partial x} = \frac{f(x + \Delta x) - f(x)}{\Delta x} + O_1(x) \tag{9-25}$$

式中 $O_1(x)$ 是截尾误差。

对于 n 维的情况是：

$$\frac{\partial f(X)}{\partial X} = g(X) = \begin{bmatrix} \frac{\partial f}{\partial x_1} \\ \frac{\partial f}{\partial x_2} \\ \vdots \\ \frac{\partial f}{\partial x_n} \end{bmatrix} = \begin{bmatrix} [f(X + \delta_1 e_1) - f(X)]/\delta_1 \\ [f(X + \delta_2 e_2) - f(X)]/\delta_2 \\ \vdots \\ [f(X + \delta_n e_n) - f(X)]/\delta_n \end{bmatrix} \tag{9-26}$$

式中　$e_i = [0, 0, \cdots, 0, 1, 0, \cdots, 0]^T$

δ_i 是一个小的定常步长，一般可取为 $\frac{x_i}{1000}$

②中心差商求导

对于一维的情况是：

$$\frac{\partial f(x)}{\partial x} = \frac{f(x + \Delta x) - f(x - \Delta x)}{2\Delta x} + O_2(x) \tag{9-27}$$

这种求导方式比前进差商求导的精确程度高，但正如式（9-27）所表示的，其计算工作量也比较多。例如在船舶主尺度优选问题中，计算 $f(X)$ 可能需要几百行的计算机编码；有时，优化问题中计算机执行时间的 80% ~90% 是花在函数计算上。

此外，用中心差商求导，则对于海色矩阵中的元素$\frac{\partial^2 f(X)}{\partial x_i \partial x_j}$数值求导是：

$$\frac{\partial^2 f(X)}{\partial x_i \partial x_j}=\frac{f(X+\delta_i e_i+\delta_j e_j)-f(X-\delta_i e_i+\delta_j e_j)-f(X+\delta_i e_i-\delta_j e_j)-f(X-\delta_i e_i+\delta_j e_j)}{4\delta^2} \tag{9-28}$$

从计算来看，这是很费工作量的。因为这个元素需要作四个函数计算，这意味对整个海色矩阵要进行$4[n(n+1)/2]\approx 2n^2$个函数计算。

实际考核情况表明，对$\nabla f(X)$进行数值近似计算可以精确到四至五位数，这对一般的实际设计问题已足够了，只有当解题需要相当高的精度（接近机器精度的极限）时才不宜用数值求导法。

2. 尺度比例问题

在前几章中指出过的一个重要问题是变量之间的尺度比例。这个问题对例如最速下降法特别敏感，下面我们用一个简单的例子来说明之。

[例 9-6] 求 $\min f(X)=x_1^2+x_2^2$

[解] 取初始点 $X_0=\begin{bmatrix}1\\1\end{bmatrix}$。

这是一个比例很适宜的问题，目标函数的等值线是一共心圆族（图 9-18）。应用最速下降法，目标函数的下降方向为

$$P=-\nabla f(X)$$

$$P_0=-\begin{bmatrix}\frac{\partial f}{\partial x_1}\\ \frac{\partial f}{\partial x_2}\end{bmatrix}=-\begin{bmatrix}2x_1\\2x_2\end{bmatrix}=-\begin{bmatrix}2\\2\end{bmatrix}$$

所以只要一步就可通过极小点$\begin{bmatrix}0\\0\end{bmatrix}$。

现考虑改变尺度比例，例如取 $x_2'=0.1x_2$，则

$$f(X)=x_1^2+100x_2'^2$$

目标函数的等值线为一簇共心的狭长椭圆，沿 x_1 轴形成狭窄的深谷（图 9-19）。

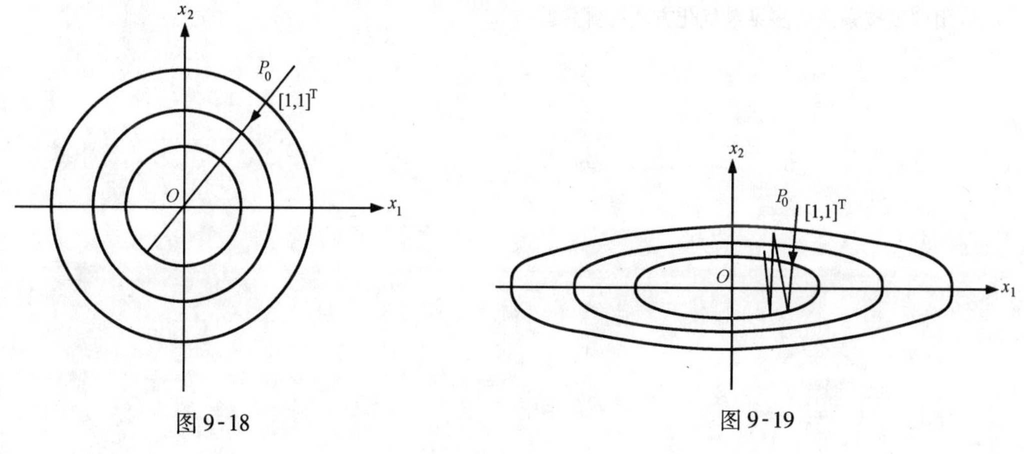

图 9-18　　图 9-19

在 $X_0=\begin{bmatrix}1\\1\end{bmatrix}$ 点的最速下降矢量是

$$P_0=-\begin{bmatrix}2x_1\\200x_2\end{bmatrix}-\begin{bmatrix}2\\-200\end{bmatrix}$$

这个方向几乎与 x_2 轴平行，因此要达到极小值点 $\begin{bmatrix}0\\0\end{bmatrix}$ 就要进行许多次的迭代。

对于牛顿法和 D. F. P. 法则不会受到尺度比例的影响。现仍以上面改变尺度比例后的例题为例，对于牛顿法其牛顿方向为

$$P_0=-A_0^{-1}g_0$$

其中

$$A_0=\begin{bmatrix}\dfrac{\partial^2 f}{\partial x_1^2} & \dfrac{\partial^2 f}{\partial x_1\partial x_2}\\ \dfrac{\partial^2 f}{\partial x_2\partial x_1} & \dfrac{\partial^2 f}{\partial x_2^2}\end{bmatrix}=\begin{bmatrix}2 & 0\\2 & 200\end{bmatrix}$$

$$A_0^{-1}=\begin{bmatrix}\dfrac{1}{2} & 0\\ 0 & \dfrac{1}{200}\end{bmatrix}$$

所以

$$P_0=-\begin{bmatrix}\dfrac{1}{2} & 0\\ 0 & \dfrac{1}{200}\end{bmatrix}\begin{bmatrix}2\\200\end{bmatrix}=-\begin{bmatrix}1\\1\end{bmatrix}$$

因此只要一步就可通过目标函数的极值点 $\begin{bmatrix}0\\0\end{bmatrix}$。对于 D. F. P. 法也如此，这里不再赘述。

复习思考题

1. 模矢搜索（Pattern Search）存在的问题是什么？
2. 单纯形法（Simplex Method）的来历是什么？
3. 应用梯度搜索法的多维最优化方法有哪些？

第十章　非线性规划算法及其应用[1]

在工程设计和科学管理等领域中，有些问题的目标函数或约束条件是很难用线性函数来表达的，例如船舶设计中的主尺度分析和结构元素分析等。如果目标函数或约束条件中，有一个或多个自变量的非线性函数，就称这种规划问题为非线性规划问题。如果非线性规划问题中的全部的约束条件是等式约束，那么我们可以如前几章中所讨论的那样，形成拉格朗日函数来生成一个驻点。如果在模型中包含非等式约束，当然也可以由引入松弛变量将不等式约束转变成为等式约束，然后用拉格朗日乘子法求解。但是用这种古典的算法不仅因引入拉格朗日乘子后增加了变量的数目而且最后得到是驻点而不是极值点，因此效果并不理想。在这一章中我们将介绍几种非线性规划算法，这些算法对处理具有等式和不等式约束的非线性函数都是很有效的。

第一节　罚函数法

罚函数法（penalty method）的基本思路是将一个带约束的最优化问题转化为一个无约束的最优化问题来处理，这种研究思路首先由 Courant 和 Frisch 提出。在下面我们先通过一个简单的例子来阐述这种思路和问题，然后引向一般情况。

一、罚函数外点法

我们先研究下面的例题。

[**例 10-1**] 求解

$$\min f(x) = x^2 - x,$$
$$\text{s.t}\ g(x) = x - 2 \geqslant 0$$

显然，如图 10-1 所示，最优点位于目标函数和约束函数的交点，即 $x=2$ 处。

我们定义一个新的目标函数 $\Phi(x)$ 如下：

$$\Phi(x) = f(x) + \eta p(x) \tag{10-1}$$

其中 $p(x) = |g(x)|$ 或 $[g(x)]^2$。

$$\eta = \begin{cases} 1 & 如\ g(x) < 0, \\ 0 & 如\ g(x) \geqslant 0. \end{cases}$$

$\Phi(x)$ 称为增广的目标函数或罚函数，$\eta p(x)$ 称为惩罚项或损失函数。

由此可见，如果约束得到满足的话（即 $g(x) \geqslant 0$），惩罚项为零，$\Phi(x) = f(x)$，增广的目标函数就是原目标函数，相当于图示曲线阴影线的右面部分。如果约束不能满足（即 $g(x) < 0$），此时在式（10-1）中就增加了一个惩罚项而组成阴影线左面的诸曲线。

对于上面的例子，如果将惩罚项取为二次函数，即

$$\Phi(x) = f(x) + \eta[g(x)]^2,$$

或
$$\Phi(x) = x^2 - x + \eta[(x-2)]^2$$
则绘成曲线将如图 10-1 中的Ⅱ线。此曲线的极小值比原来的无约束目标函数（即Ⅰ线）的极小值更接近于真正的最优值了。

如在惩罚项中再乘上一个正的常数 γ_k，得到
$$\Phi(x) = f(x) + \eta\gamma_k[g(x)]^2,$$
或
$$\Phi(x) = x^2 - x + \eta\gamma_k[(x-2)]^2$$
式中 γ_k 称为罚因子。对于：

$\gamma_k = 0$，最小值在 $x = \frac{1}{2}$ 处（曲线Ⅰ）；

$\gamma_k = 1$，最小值在 $x = \frac{5}{4}$ 处（曲线Ⅱ）；

$\gamma_k = 10$，最小值在 $x = \frac{41}{22}$ 处（曲线Ⅲ）；

$\gamma_k = 100$，最小值 $x \to 2$（曲线Ⅳ）。

取
$$\frac{\partial \Phi}{\partial x} = 0,$$
得
$$x_{\min} = \frac{4\gamma_k + 1}{2\gamma_k + 2}。$$
因此当 $\gamma_k \to \infty$ 时，$x_{\min} \to 2$。

从图形中我们可以看到，算法是从可行域的外部序列地逼近约束边界上的最优点的，因此通常称这种算法为罚函数外点算法。

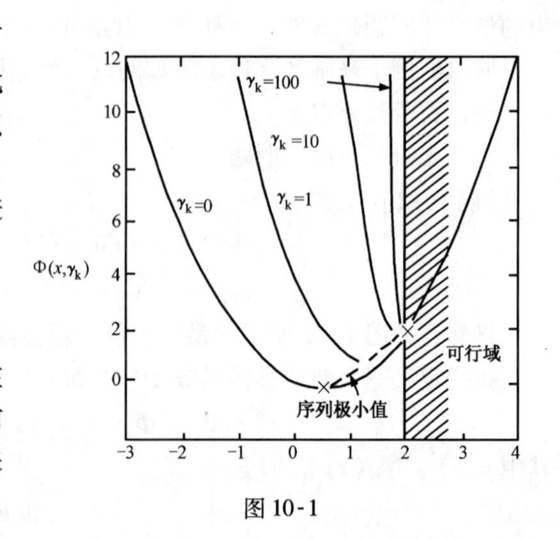

图 10-1

对于上面阐述的问题，有两点可以进一步讨论。

1. 在惩罚项中约束函数的取式问题

如果 $p(x)$ 取为一次函数，即取 $p(x) = |g(x)|$，则由此形成的增广的目标函数在约束边界上是不可导的，因此当例如用前几章中所述的解无约最优化问题的算法来解这个问题时，我们只能采用直接搜索法，例如模矢法或单纯形法。这种算法的优点已在前面指出，即不必要函数解析且计算工作量相对少些。但从下面一个简单例子的数值计算结果可以看出，用一次函数形式的惩罚项与模矢搜索相结合时搜索失败，而当惩罚项改成二次函数时由于罚函数性质的改善而导致搜索成功，这样的情况在其他算例中也不鲜见。

［**例 10-2**］求解
$$\min f(X) = (x_1 - 2)^2 + (x_2 - 1)^2,$$
s. t

$$h_1(X) = x_1 - 2x_2 + 1 = 0,$$

$$g_1(X) = \frac{x_1^2}{4} - x_2^2 + 1 \geqslant 0$$

其图形如图 10-2 所示，显然，目标函数的优值为 1.393，位于 $x_1 = 0.823$ 和 $x_2 = 0.911$。

对于两种不同的损失函数形式，则可构成罚函数如下：

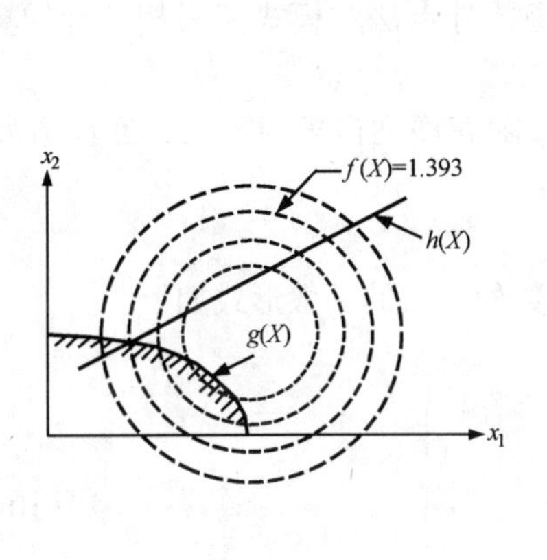

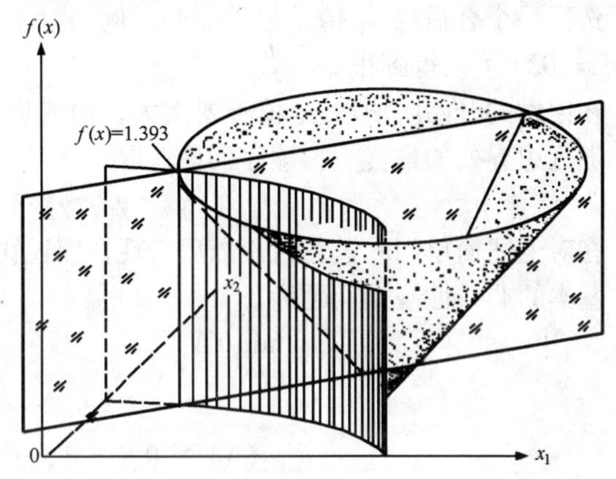

图 10-2

$$\Phi_1(X,\gamma_k) = f(X) + \gamma_k\left\{\left|\min\left[\left(-\frac{x_1^2}{4} - x_2^2 + 1\right),0\right]\right| + |(x_1 - 2x_2 + 1)|\right\},$$

$$\Phi_2(X,\gamma_k) = f(X) + \gamma_k\left\{\left|\min\left[\left(-\frac{x_1^2}{4} - x_2^2 + 1\right),0\right]\right|^2 + |(x_1 - 2x_2 + 1)|^2\right\},$$

式中取 $\gamma_k = 1024$，为一定值。

图 10-3(a) 和图 10-3(b) 分别表示对两种罚函数搜索至 $\Phi_1(X,\gamma_k) = 2$ 和 $\Phi_2(X,\gamma_k) = 2$ 时在等值面上的响应曲线（为明显起见，已将纵坐标比例放大了）。两者都表现为响应曲线沿等式约束线 $h_1(X)$ 以与横坐标成约 30° 的陡峭的夹角形式出现。在 $X = [0.6, 0.8]^T$ 处 $\Phi_1(X,\gamma_k) = 2$ 形成尖点，连续而不可微，不论步长 δ_i 如何减缩，目标函数值都不会有改善，最后当 δ_i 减缩至精度要求时搜索终止，就将 $X = [0.6, 0.8]^T$ 作为其最优点了。而对于 $\Phi_2 = (X,\gamma_k)$ 则不然，它在 $X = [0.6, 0.8]^T$ 和 $\Phi_2(X,\gamma_k) = 2$ 处连续而可微，虽然该处曲线的曲率很大，但当步长减缩至足够小时，搜索点进入响应曲线里面，目标函数值有所改善，搜索继续前进，直至真正的优值点 $X = [0.823, 0.911]^T$。

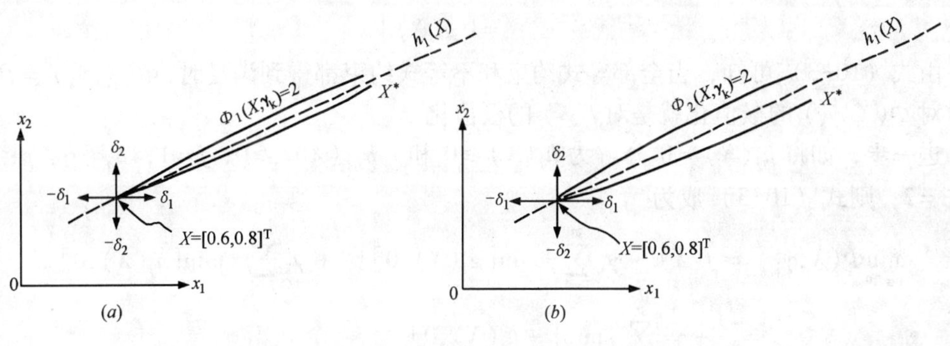

图 10-3

2. 罚因子 γ_k 的取值大小问题

从上述例子的讨论中可以看到，罚因子 γ_k 取值越大则最后得到的优点越接近于真正的最优点。这对于上面简单的例子是这样，但是在实际情况中正如我们从图中可以看到的，大的 γ_k 值会使约束边界处出现尖锐的深谷（在极大化问题中出现尖劈），这种情况对于采用模矢法或者梯度法进行搜索都是不利的。因此可以认为：

选择一个合适的 γ_k 值是很重要的，例如对于罚函数外点法和模式搜索相结合的算法取 $\gamma_k = 1024$ 可以得到很好的效果；

在搜索的开始阶段取 γ_k 值不要太大，使成坦谷，随着序列搜索的深入，逐步增大 γ_k 值，逼近边界处的最优点，即序列地选取

$$\gamma_0 < \gamma_1 < \gamma_2 \cdots < \gamma_k。$$

在对上述简单问题进行讨论以后，现在叙述罚函数外点法的一般形式如下。

基本的非线性规划问题为，

$$\left.\begin{aligned}&\min_{X \in R^n} f(X)\\&\text{s. t}\\&g_i(X) \geqslant 0, i = 1, \cdots, m\\&h_j(X) = 0, j = 1, \cdots, p(p < n)\end{aligned}\right\} \tag{10-2}$$

其中，$X = [x_1, x_2, \cdots, x_n]^T$；$g_i(X)$ 为不等式约束；$h_j(X)$ 为等式约束；$f(X)$ 为目标函数。

对于序列的增广的目标函数可写为：

$$\min_{X \in R^n} \Phi(X, \gamma_k) = f(X) + \gamma_k \left\{ \sum_{i=1}^{m} \mid \min[0, g_i(X)] \mid^{\alpha} + \sum_{j=1}^{p} \mid h_j(X) \mid^{\beta} \right\}, k = 0, 1, 2, \cdots \tag{10-3}$$

式中如取 $\alpha = 1$，$\beta = 1$ 则成为一次函数形式；如取 $\alpha = 2$，$\beta = 2$ 则成为二次函数形式。

注意到等式约束 $h_j(X)$ 可以拆成为二个不等式约束，即 $h_j(X) = 0$ 等价于

$$\begin{cases} h_j(X) \geqslant 0 \\ -h_j(X) \geqslant 0 \end{cases}, j = 1, 2, , \cdots, p,$$

因为

$$\mid \min[g(X), 0] \mid = \frac{\mid g(X) \mid - g(X)}{2},$$

$$\begin{aligned}\mid \min[g(X), 0] \mid + \mid \min[-g(X), 0] \mid &= \frac{\mid g(X) \mid - g(X)}{2} + \frac{\mid -g(X) \mid - [-g(X)]}{2}\\&= \mid g(X) \mid .\end{aligned}$$

由式（10-3）可知，当全部等式约束和不等式约束都得到满足时，$\Phi(X, \gamma_k) = f(X)$，此时对 $\Phi(X, \gamma_k)$ 的极值化就是对 $f(X)$ 的极值化。

进一步，如将 $h_j(X) = 0$ 分解为 $h_j(X) \geqslant 0$ 和 $-h_j(X) \geqslant 0$，$j = 1, 2, \cdots, p$；并取 $\alpha = \beta = 2$，则式（10-3）成为

$$\begin{aligned}\min_{X \in R^n} \Phi(X, \gamma_k) = f(X) &+ \gamma_k \sum_{i=1}^{m} \{\min[g_i(X), 0]\}^2 + \gamma_k \sum_{j=1}^{p} \{\min[h_j(X), 0]\}^2\\&+ \gamma_k \sum_{j=1}^{p} \{\min[-h_j(X), 0]\}^2。\end{aligned}$$

二、罚函数内点法

现在讨论下述问题。

$$\min f(x) = x^2 - x,$$
$$\text{s.t} x - 2 \geqslant 0。$$

现拟形成一个增广的目标函数，它将保证解始终是可行的，写出

$$\Phi(x) = f(x) + \rho_k q(x),$$

式中$\rho_k q(x)$称为障碍项；$\Phi(x)$称为障碍函数。

$q(x)$可取作下面的任一种形式：

$$-\ln g(x);$$
$$\frac{1}{g(x)};$$
$$\frac{1}{[g(x)]^2}。$$

这就是好像从可行域内一点出发求极小值，当要逾越约束边界而约束得不到满足时，障碍项就形成一道障碍，迫使接受一个离开边界的可行点（见图10-4）。

现如取障碍项形式为$[-\ln g(x)]$，则上面的问题成为：

$$\Phi(x) = (x^2 - x) - \rho_k[\ln(x-2)]。$$

对于$\rho_k=5$，最小值在$x=3$处；

对于$\rho_k=1$，最小值在$x=2.28$处；

对于$\rho_k=0.25$，最小值在$x=2.08$处。

取$\frac{\partial\Phi}{\partial x}=0$，则

$$x_{\min} = \frac{5 \pm \sqrt{9+8\rho_k}}{4}。$$

因x必须是正的，故仅需要考虑正根，

$$x_{\min} = \frac{5}{4} + \frac{\sqrt{9+8\rho_k}}{4}。$$

显然，当$\rho_k \to 0$时，$x_{\min} \to 2$。

和外点法一样，对于上述比较简单的问题，只要选取一个较小的ρ_k值就可以得到一个精确的极值点。但是对于实际问题来说就可能得不到满意的解。从图10-4可以看出，选取较小的ρ_k值会在约束边界上形成深谷或尖劈，因此必须采取序列搜索的步骤，逐步减小ρ_k值，即序列地选取

$$\rho_0 > \rho_1 > \rho_2 \cdots\cdots \rho_k。$$

在此基础上，我们进一步叙述罚函数内点法的一般形式。

对于基本的非线性规划问题：

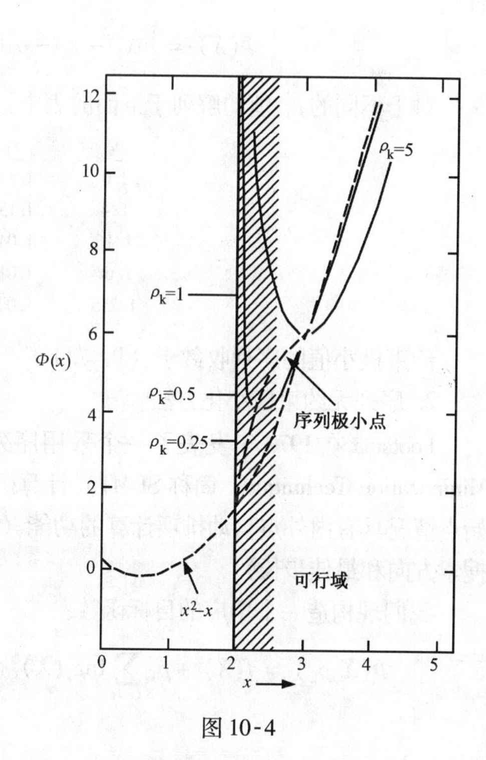

图10-4

$$\min_{X \in R^n} f(X)$$

$$\text{s. t} g_i(X) \geqslant 0, i = 1,2,\cdots,m$$

则序列地解增广的目标函数问题可写成：

$$\min_{X \in R^n} \Phi(X,\rho_k) = f(X) - \rho_k \sum_{i=1}^{m} \ln g(X), k = 0,1,2,\cdots \tag{10-4}$$

罚函数外点法的搜索点轨迹可以位于可行域内，也可以位于可行域外。而罚函数内点法则必须从可行域内一点开始搜索，逐渐改善目标函数而始终保持其可行性。困难在于如何确定一可行的起始点（特别是当约束增多时），在许多问题中有时要求分别进行起始点的计算。此外值得注意的是，内点法不能处理等式约束问题。

三、“混合”使用罚函数外点法和内点法的方法

我们在这里列举两种混合使用的方式。

1. 用内点法处理不等式约束，用外点法处理等式约束。

对于序列的单调下降的ρ_k，解增广的目标函数为：

$$\Phi(X,\rho_k) = f(X) - \rho_k \sum_{i=1}^{m} \ln g_i(X) + \frac{1}{\rho_k} \sum_{j=1}^{p} [h_i(X)]^2, k = 0,1,2,\cdots \tag{10-5}$$

对于下面一个由 Fiacco 和 McCormick 计算的算例

$$\left.\begin{aligned} &\min f(X) = (\ln x) - x \\ &\text{s. t} \\ &g(x) = x_1 - 1 > 0 \\ &h(x) = x_1^2 + x_2^2 - 4 = 0 \end{aligned}\right\}$$

有

$$\Phi(X) = \ln x_1 - x_2 - \rho_k \ln(x_1 - 1) + \frac{1}{\rho_k}(x_1^2 + x_2^2 - 4)^2 。$$

对于不同的ρ_k 值的解列于下面的表中：

ρ_k	x_1	x_2	$\Phi(X)$
1.0	1.553	1.334	−0.2648
1/4	1.159	1.641	−1.0285
1/16	1.040	1.711	−1.4693
1/64	1.010	1.727	−1.6447
1/256	1.002	1.731	−1.7048

约束极小值的序列收敛于（1，$\sqrt{3}$）。

2. 序列无约束极小化方法

Lootsma 在 1970 年发表了一个采用序列无约束极小化方法的（Sequential Uncon - strained Minimization Technique，简称 SUMT）计算机程序，它兼有内点法和外点法的优点，程序根据起始点情况具有内外点自动排项计算的功能（程序中用 D. E. P. 法和抛物线拟合法相结合以求取搜索方向和最佳步长）。

我们现构造一个增广的目标函数：

$$\Phi(X,\rho_k) = f(X) + \rho_k \sum_{i \in I_1} \ln g_i(X) + \frac{1}{\rho_k}\left[\sum_{i \in I_2} \{\min[0,g_i(X)]\}^2 + \sum_{j=1}^{p} h_j^2(X) \right]。 \tag{10-6}$$

式中集 I_1 和 I_2 定义为：

$$I_1 = \{i \mid g_i(X^0) \geqslant 0, 1 \leqslant i \leqslant m\},$$
$$I_1 = \{i \mid g_i(X^0) \geqslant 0, 1 \leqslant i \leqslant m\},$$
$$X^0 = [x_1^0, x_2^0, \cdots x_n^0]^T$$

即对于在起始点满足不等式约束条件的 $g_i(X)$ 列入内点法计算，对于起始点不满足不等式约束的 $g_i(X)$ 和 $h_i(X)$ 则列入外点法计算。这样做法由 Lootsma 证明在数学上是收敛的。

在 SUMT 算法程序中建议对 ρ_n 的初始值 ρ_0 取为：

$$\rho_0 = \max\left(10^{-2}, \frac{|v^*|}{100}\right),$$

式中 v^* 为对目标函数极小值的估计值。

序列的值 ρ_k 由下式生成：

$$\rho_k = \frac{\rho_{k-1}}{10^{\frac{1}{3}}}。$$

第二节　序列综合约束双下降法（SCDD 法）

和前面一样，对于非线性规划的基本问题为：

$$\left.\begin{aligned} & \min_{X \in R^n} f(X), \\ & \text{s. t} \\ & g_i(X) \geqslant 0, i = 1, \cdots, m \\ & h_i(X) = 0, j = 1, \cdots, p(p < n) \end{aligned}\right\}$$

现定义一个综合约束函数：

$$S(X) = \left\{\left[\sum_{i=1}^{m} \frac{g_i(X) - |g_i(X)|}{2}\right] + \sum_{j=1}^{p} h_j^2(X)\right\}^{\frac{1}{2}}。\tag{10-7}$$

令集 $\hat{X}$ 代表 X 的可行域，即

$$\hat{X} = \left\{X \mid X \in R^n \quad \begin{matrix} g_i(X) \geqslant 0, i = 1, \cdots, m \\ h_j(X) = 0, j = 1, \cdots, p \end{matrix}\right\}\tag{10-8}$$

当全部约束满足时有 $S(X)=0$，故式（10-8）等价于

$$\hat{X} = \{X \mid S(X) = 0\}。$$

在目标函数的每一步迭代下降中我们并不要求其约束都能绝对满足，而是逐渐收敛至达到满足，因此我们设 $\{s_k\}$（$k=0, 1, 2\cdots$）为一个预先制定的单调下降的正数序列，其极限趋近于零，即

$$s_0 > s_1 > s_2 \cdots > s_k \to 0$$

在某个迭代阶段 k，如有 $S(X) \leqslant s_k$，则认为约束得到满足，特别是在最后阶段（$k \to \infty$）时有 $s_k \to \varepsilon$（ε 为一个趋近零的小值），则 $S(X) \to 0$。

最优化算法的策略是对目标函数 $f(X)$ 和综合约束函数 $S(X)$ 进行反复迭代，我们采用的迭代方法是最速下降法：

①
$$X_f^{(k+1)} = X_f^{(k)} - t^{(k)} P^{(k)},$$

式中 $t^{(k)}$ 为步长，

$$P^{(k)} = \frac{\nabla f^{(k)}(X)}{\| \nabla f^{(k)}(X) \|}。$$

如果 $X_f^{(k+1)} \in \hat{X}$ 则继续对 $f(X)$ 进行迭代，否则使

$X_s^{(k+1)} = X_f^{(k+1)}$，对 $S(X)$ 进行迭代。

②
$$X_s^{(k+1)} = X_s^{(k)} - \tau^{(k)} q^{(k)},$$

式中　$\tau^{(k)}$ 为步长，

$$q^{(k)} = \frac{\nabla S^{(k)}(X)}{\| \nabla S^{(k)}(X) \|}。$$

如果 $X_s^{(k+1)} \in \hat{X}$，则 $X_f^{(k+1)} = X_s^{(k+1)}$，对 $f(X)$ 进行迭代，否则继续对 $S(X)$ 进行迭代。

在迭代过程中步长 $t^{(k)}$ 和 $\tau^{(k)}$ 按下列关系不断下降：

$$t^{(k)} = \begin{cases} \left.\begin{array}{l} \delta t^{(k)} \\ \dfrac{\lambda t^{(k)} + \mu \| X^{(k+1)} - X^{(k)} \|}{\lambda + \mu} \end{array}\right\} \text{如} f(X^{k+1}) \leqslant f(X^{k}),\text{且如} \begin{cases} \| X^{(k+1)} - X^{(k+1)} \| \geqslant t^{(k)} \\ \| X^{(k+1)} - X^{(k)} \| < t^{(k)} \end{cases} \\ \gamma t^{(k)},\text{如} f(X^{(k+1)}) > f(X^{(k)}) \end{cases}$$

式中 δ，λ，μ，γ 为系数。

s_k 则按下面的关系不断减少：$s_{k+1} = \alpha t^{(k+1)}$

迭代的终止条件为：

$(a)\left| \dfrac{f(X^{(k+1)}) - f(X^{(k)})}{f(X^{(k)})} \right| \leqslant \varepsilon_1$；

$(b) s_k < \varepsilon_2$。

一些系数的取值建议如下：

$t^{(0)}$：1 ~ 3（一般取为 1）；s_0：1 ~ 3；α：1；β：0.2 ~ 0.7（一般取为 0.5）；

γ：0.5；δ：0.98；μ：1；λ：1。

SCDD 算法经常发生的一种情况是，当搜索点尚未达到真正的优值点时，综合约束函数已收敛至 $S(X) \leqslant s_k$，这是搜索终止，但未达到优值结果。因此一种改进的办法是将此点作为一个新的起始点，加大步长继续迭代，这种方法称为最优点迭代法，其程序框图见图 10-5 所示，其中参数 θ 可取为 0.5。

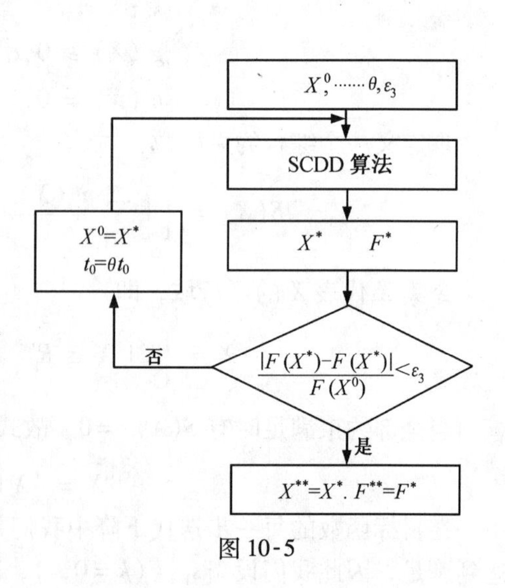

图 10-5

第三节　推广的缩维梯度法（简称 GRG 法）

GRG 法是对 Wolfe 的缩维梯度法的拓展，Wolfe 首先在 1963 年用缩维梯度法解了带线性约束的非线性规划问题，以后在 1969 年由 Abadie 和 Carpentier 将其理论推广到处理非线

性约束问题，因此称为推广的缩维梯度法。其迭代原理和步骤如下。

对于具有非线性等式约束的非线性规划问题定义为

$$\left.\begin{aligned}&\min f(X), X \in E^{n}\\&\text{s.t}\\&h_{i}(X)=0, i=1,2,\cdots,m\\&L \leqslant X \leqslant M\end{aligned}\right\} \tag{10-9}$$

式中 X、L 和 M 是 n 维列矢量，$h_i(X)$ 是非线性约束函数的 m 维列矢量。对于不等式约束则可引入松弛变量使之成为等式约束。将变量 X 区分成为（$n-m$）维的非基（独立）变量 V 和 m 维的基（从属）变量 U，即

$$X=\begin{bmatrix}U\\V\end{bmatrix}, U=\begin{bmatrix}U_{1}\\U_{2}\\\vdots\\U_{m}\end{bmatrix}, V=\begin{bmatrix}V_{m+1}\\V_{m+2}\\\vdots\\V_{n}\end{bmatrix}。$$

根据约束条件的隐函数关系，U 可以用独立变量 V 来表示，即

$$U=\Phi(V)。$$

因此将矢量 U 代入目标函数后，使目标函数成为只具有（$n-m$）维独立变量 V 的函数，此时的非线性规划问题简化成为

$$\left.\begin{aligned}&\min f(X)=f(U,V)=f(V,\Phi(V))=F(V),\\&\text{s.t}\\&L \leqslant V \leqslant M.\end{aligned}\right\} \tag{10-10}$$

步骤 1

计算目标函数在初始点 $X^0=\begin{bmatrix}U^0\\V^0\end{bmatrix}$的缩维梯度$\frac{\mathrm{d}F}{\mathrm{d}V^0}$

$$g^{0T}=\frac{\mathrm{d}F(V)}{\mathrm{d}V^{0}}=\frac{\partial f}{\partial V^{0}}+\frac{\partial f}{\partial U^{0}}-\frac{\mathrm{d}U}{\mathrm{d}V^{0}}, \tag{10-11}$$

式中

$$\frac{\partial f}{\partial V^{0}}=\nabla_{V^0}^{T}f=\left[\frac{\partial f(X)}{\partial V_{m+1}^{0}},\cdots,\frac{\partial f(X)}{\partial V_{n}^{0}}\right],$$

$$\frac{\partial f}{\partial V^{0}}=\nabla_{U^0}^{T}f=\left[\frac{\partial f(X)}{\partial U_{1}^{0}},\cdots,\frac{\partial f(X)}{\partial U_{m}^{0}}\right],$$

$$\frac{\mathrm{d}U}{\mathrm{d}V_{0}}=\begin{bmatrix}\frac{\mathrm{d}U_{1}}{\mathrm{d}V_{m+1}^{0}} & \cdots & \frac{\mathrm{d}U_{1}}{\mathrm{d}V_{n}^{0}}\\\vdots & & \vdots\\\frac{\mathrm{d}U_{m}}{\mathrm{d}V_{m+1}^{0}} & \cdots & \frac{\mathrm{d}U_{m}}{\mathrm{d}V_{n}^{0}}\end{bmatrix}。$$

由式 $h_i(X)=0$，$i=1$，2，…，m，可得

$$\frac{\mathrm{d}h}{\mathrm{d}V^{0}}=\frac{\partial h}{\partial V^{0}}+\left(\frac{\partial h}{\partial U^{0}}\right)\left(\frac{\mathrm{d}U}{\mathrm{d}V^{0}}\right)=0,$$

所以

$$\frac{\mathrm{d}U}{\mathrm{d}V^0}=-\left(\frac{\partial h}{\partial U^0}\right)^{-1}\left(\frac{\partial h}{\partial V^0}\right)。\tag{10-12}$$

式中

$$\frac{\partial h}{\partial U_0}=\nabla_{U^0}^{T}h=J=\begin{bmatrix}\frac{\partial h_1(X)}{\partial U_1^0} & \cdots & \frac{\partial h_1(X)}{\partial U_m^0}\\ \vdots & & \vdots\\ \frac{\partial h_m(X)}{\partial U_1^0} & \cdots & \frac{\partial h_m(X)}{\partial U_m^0}\end{bmatrix}$$

$$\frac{\partial h}{\partial V_0}=\nabla_{V^0}^{T}h=C=\begin{bmatrix}\frac{\partial h_1(X)}{\partial V_{m+1}^0} & \cdots & \frac{\partial h_1(X)}{\partial V_n^0}\\ \vdots & & \vdots\\ \frac{\partial h_m(X)}{\partial V_{m+1}^0} & \cdots & \frac{\partial h_m(X)}{\partial V_n^0}\end{bmatrix}$$

其中 J 为雅可比矩阵；C 为控制矩阵。

将（10-12）式代入式（10-11），得缩维梯度

$$g^{0T}=\frac{\mathrm{d}F}{\mathrm{d}V^0}=\frac{\partial f}{\partial V^0}-\frac{\partial f}{\partial U^0}\left[\frac{\partial h}{\partial U^0}\right]^{-1}\frac{\partial h}{\partial V^0}\tag{10-13}$$

对于独立变量 V 的搜索方向等于 P^0，即

$$V^1=V^0+\alpha P^0。$$

P^0 对于独立变量 V 的每个投影分量可根据库恩-塔克条件取为

$$P_i^0=\begin{cases}0,\text{如 } V_i=L_i,\text{且 } g_i^0\leqslant 0;\\ 0,\text{如 } V_i=M_i,\text{且 } g_i^0\geqslant 0;\\ -g_i^0,\text{除上面两种情况以外};i=1,2,\cdots,(n-m).\end{cases}$$

对于独立变量 V 的搜索方向也可以根据例如 D. F. P. 等搜索方向来确定。

步骤 2

对于基变量 U 的搜索方向可以根据式（10-12）取为

$$q^0=-\left(\frac{\partial h}{\partial U^0}\right)^{-1}\left(\frac{\partial h}{\partial U^0}\right)P^0,$$

因此

$$U^1=U^0+\alpha q^0。$$

接下来用一种一维搜索方法对 $f(V^0+\alpha P^0,U^0+\alpha q^0)$ 求的最佳的 α 值，即

$$\min_{\alpha} f(V^0+\alpha P^0,U^0+\alpha q^0)。$$

步骤 3

在计算了 $V^1=V^0+\alpha P^0$、$U^1=U^0+\alpha q^0$ 和 $f(V^1,U^1)$ 以后，将独立变量的值投影至界限 $L\leqslant X\leqslant M$ 内并取

$$V_i^1=\begin{cases}L_i,\text{如 } V_i^0+\alpha P_i^0\leqslant L_i;\\ M_i,\text{如 } V_i^0+\alpha P_i^0\geqslant M_i;\\ V_i^0+\alpha P_i^0,\text{除上面两种情况以外};i=1,2,\cdots,(n-m).\end{cases}$$

步骤 4

由迭代解

$$h(V^1, U^1) = 0$$

来确保可行解的存在，即 $U^1 = \Phi(V^1)$ 满足上面的隐函数关系。如 U 中有一或几个元素不满足约束条件时，则可以用牛顿法迭代来改变基变量。迭代的结果可能是：

不收敛于 U^1，则将步长 α 减半并回至步骤 3；

收敛于 U^1，但 $f(V^1, U^1) > f(V^0, U^0)$，则减半步长 α 并回至步骤 3；

收敛于 U^1，但 $f(V^1, U^1) < f(V^0, U^0)$，则取 $X^1 = \begin{bmatrix} U^1 \\ V^1 \end{bmatrix}$，进至步骤 5。

步骤 5

取 $X^0 = X^1$ 并回至步骤 1，重复迭代计算

在理论上对 GRG 算法的计算终止条件是 $P_i^0 = 0$，$i = 1, 2, \cdots, (n-m)$，实际上可取

$$\| P^0 \| = \sum_{i=1}^{n-m} (P_i^0)^2 < \varepsilon_1;$$

$$P_i^0 < \varepsilon_2;$$

$$| f(X^1) - f(X^0) | < \varepsilon_3。$$

第四节　非线性规划算法的效用研究

一个算法的成功与否除了理论上严密，程序编制紧凑以外，主要还在于考核其解题精确程度和收敛快慢。E. Sandgren 对所搜集到的 35 种非线性规划算法（见表 10-1）测算了 30 个试题，对效用性作了广泛的研究。测算分预选和正选两个阶段进行。预选试题 14 个，凡解出题目少于七个者被淘汰，因此编号为 2，4，5，6，7，17，18，23，24，25 和 30 的算法未参与正选。

算法编号　　　　**表 10-1**

编　号	名称和（或）来源	分　类	无约束搜索方法
1	BIAS	罚函数外点法	变尺度（DFP）
2	SEEK1	罚函数内点法	随机模式
3	SEEK3	罚函数内点法	Hooke-Jeeves
4	APPROX	线性近似	无
5	SIMPLEX	罚函数内点法	Simplex
6	DAVID	罚函数内点法	变尺度
7	MEMGRD	罚函数内点法	梯度法
8	GRGDFP	缩维梯度法	变尺度（DFP）
9	RALP	线性近似	无
10	GRG	缩维梯度法	变尺度（BFS）
11	OPT	缩维梯度法	共轭梯度（FR）
12	GREG	缩维梯度法	共轭梯度（FR）
13	COMPUTE Ⅱ（0）	罚函数外点法	Hooke-Jeeves
14	（1）	罚函数外点法	共轭梯度（FR）

续表

编　号	名称和（或）来源	分　类	无约束搜索方法
15	(2)	罚函数外点法	变尺度（DFP）
16	(3)	罚函数外点法	Simplex/Hooke-Jeeves
17	MAYNE (1)	罚函数外点法	模式
18	(2)	罚函数外点法	最速下降法
19	(3)	罚函数外点法	共轭方向
20	(4)	罚函数外点法	共轭梯度（FR）
21	(5)	罚函数外点法	变尺度（DFP）
22	(6)	罚函数外点法	Hooke-Jeeves
23	(7)	罚函数内点法	模式
24	(8)	罚函数内点法	最速下降法
25	(9)	罚函数内点法	共轭方向法
26	(10)	罚函数内点法	共轭梯度法
27	(11)	罚函数内点法	变尺度（DFP）
28	SUMT Ⅳ (1)	罚函数内点法	牛顿法
29	(2)	罚函数内点法	牛顿法
30	(3)	罚函数内点法	最速下降法
31	(4)	罚函数内点法	变尺度（DFP）
32	MINIFUN (0)	罚函数混合法	共轭方向
33	(1)	罚函数混合法	变尺度（BFS）
34	(2)	罚函数混合法	牛顿法
35	COMET	罚函数外点法	变尺度（BFS）

正选的评定准则是：

（a）目标函数的相对误差

$$\varepsilon_{f}=\frac{f(X)-f(X^{*})}{f(X^{*})},\ 对 f(X^{*})\neq 0;$$

式中　$f(X)$ ——任一种算法得到的目标函数值；

$f(X^{*})$ ——目标函数的最优值。

（b）约束干扰的相对误差

$$\varepsilon_{t}=\varepsilon_{f}+\sum_{i=1}^{l}|\min[0,g_{i}(X)]|\sum_{i=l+1}^{m}|h_{i}(X)|,$$

（c）计算时间的相对误差

对于这一准则的解释如下。例如图 10-6 中绘出了算法 A 和 B 解一个算题的相对精度（一定解题时间需要的精度）。因此当规定了算题的要求精度以后，需要的时间即为水平虚线与 A、B 两根线的交点。例如对图中 A 和 B 两种算法在要求精度为 10^{-5}时所需的时间分别为 14.4s 和 22s。

对算法划分等级的依据是：在规定限度的相对解题时间内所能解出问题的数目。所谓解题时间限度是指所有算法解每一个算题的平均时间。图 10-7 给出了在要求精度 10^{-5}下三种类型算法对于平均解题时间所能解出问题的数目。它表明推广的缩维梯度法是一种最有效的算法，接下来便是罚函数外点法和内点法了。

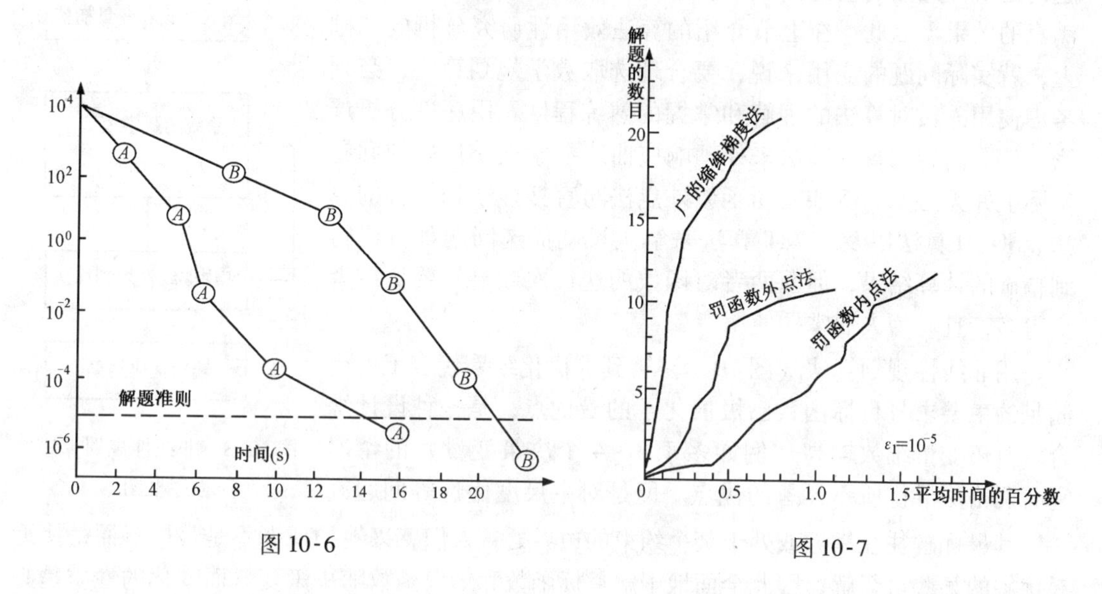

图 10-6　　图 10-7

推广的缩维梯度法不论在解题速度和解题数目上都比罚函数法为好，其优点在于：

①对于标准的输入系数其解题效果比较好，一般可以一次输入，解出问题；

②即使规定的精度较高也可得到最后的解；

③对于包括等式约束的试题非常有效。

唯一的问题是对某几个附加试题趋向局部极值，但这是各种非线性规划算法的通病。罚函数法的效果略差，其中对于生成无约束的搜索方向则以变尺度法最为有效。当约束要求精度提高时，罚函数法的功能就显著下降。外点法和内点法两者对解等式约束都有困难，往往会挂在一个等式约束上停步不前。罚函数法的输入参数与算题有很大关系，大多数问题常需经过多次运算才能得到解答。

第五节　船舶运输系统的最优性和次优性研究示例

数学规划是系统分析和设计的一种辅助工具，有助于人们的分析和决策。船舶和运输系统设计中的许多问题都属于非线性函数，特别是船舶设计问题，例如主尺度优选、舯剖面结构要素的选择等，国内外很多学者都已探讨过这类问题。

当前根据经验和分析所建立的船舶运输系统设计和分析模型以及编制的计算机程序通常只能在业主与设计制造单位早期谈判阶段或制定任务书时使用，或者作为设计单位在初步设计阶段进一步论证任务书时的工具。建立的模型可以用来对一艘船舶完成主尺度、重量、投资以及营运成本的全部计算。由于船舶设计计算的函数式及其计算程序是因船型而异的，因此系统程序的使用将受到一定限制，在程序包或计算模块中应纳入可以调用的各类船型的计算程序。现时用计算机来研究船舶布置问题还未取得令人满意的结果。在一些较为成功的计算机辅助设计系统中纳入的还只限于下列一些船型：干货船、油轮、散装货船、集装箱船、滚装船等。就主尺度优选问题来说，虽然编制的程序深浅程度不同，总的趋向是目标函数的响应曲线比较平坦，各种算法一般都能得到满意的效果。因此，在上节介绍的算法效用性研究分析的基础上，就实际问题的应用来说，要合理选取数学规划算法，必须考虑使用人员对算法的理解和掌握的熟练程度。用理论分析严密、编写内容完善的算法来处理响应曲线数学性质良好的问题实际上并无必要。例如用罚函数外点法与直接搜索相结合的算法、SODD 算法以及 SUMT 算法来解主尺度优选问题都可以得到精确的计算结果，但前两者对函数的迭代次数显然要比后者少得多，且易为人们掌握使用。

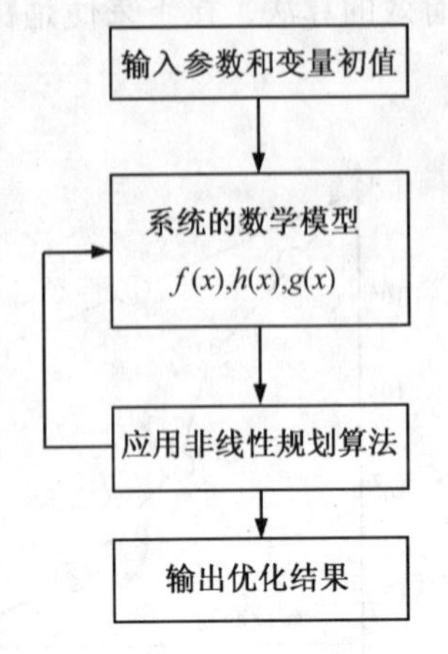

图 10-8　非线性规划算法程序框图

用非线性规划算法（图 10-8）得到的优化结果代表了一个满足约束要求且目标函数已极值化了的最优点，是一种设计综合。对于变量维数较高（例如多于 3 ~ 4 个决策变量）的情况它有网格法寻优所不具备的优点。但是对主尺度优选等问题来说，其最优解往往靠近或处于某个约束的边界处，人们感兴趣的或者不是最优解而是接近最优解的某些可行解，因此全面地了解目标函数和约束函数随决策变量而变化的性质是必要的。以这个设计综合模型为基础，即围绕最优点系列变化二个变量或参数，组成网格，可以进行敏感性分析，了解变化趋势和影响程度，这是设计分析的一个重要内容，实际上是一种寻优与网格相结合的办法。

敏感性分析的内容包括：变量系列变化对目标函数和优值点的影响；约束条件改变对目标函数和优值点的影响；参数变化对目标函数和优值点的影响。

一、系列变化变量和约束条件的最优性分析

我们引用 H. Nowacki 所作的一个特例分析来阐明这个问题。

1. 问题的任务和设计要求

要求设计一艘在西欧和南美东岸间定期航行的常规散货船，沿途停留四个港口，全程（来回）距离 13280 海里。每个来回航程加燃料两次，载货量 $d_{wt} = 12500$t，航速 $V = 20$ 海里/时。货物积载因数定为 $2.0\text{m}^3/\text{t}$，即需要容积 25000m^3。动力装置采用低速柴油机，船员约 35 名。

2. 设计变量、目标函数和约束

设计变量取为船长 L、长宽比 $\frac{L}{B}$、长深比 $\frac{L}{H}$、和方形系数 C_B。

目标函数取为 RFR。

设计约束包括：

初稳性　$GM \geqslant 0.025B$（满载），

横摇周期　$\tau_B \geqslant 15\text{s}$，

干舷　SOLAS（1966 年公约）。

设计变量范围：

$$100 \leqslant L \leqslant 200(\text{m}),$$

$$6.0 \leqslant \frac{L}{B} \leqslant 7.2,$$

$$10.0 \leqslant \frac{L}{H} \leqslant 14.0,$$

$$2.2 \leqslant \frac{B}{T} \leqslant 3.2,$$

$$0.594 \leqslant C_B \leqslant 0.8$$

此外，船舶还需满足载重量和货物容积当量的约束。

3. 计算结果分析

将计算结果绘成曲线示于图 10-9 ~ 图 10-12，表明 *RFR*（由除以优值而作为无因次化）和约束随设计变量变化的情况。

图 10-9 表明对于无限货源的船舶（油船、某些散装货船）来说其尺度不受货量和经济因素的限制，因此设计优值趋向约束（如水深）制约的最大和最丰满的尺度，结果是 C_B 和$\frac{L}{H}$达到上限值。

但是对于有限货源的船舶（如本题的散装货船）其尺度比将受不同约束的制约（图 10-10 ~ 图 10-12）。在本设计情况中 C_B 的下限和横摇周期（$GM \leqslant GM_{max}$）主宰了优值。其他约束如干舷和初稳性则很容易满足。

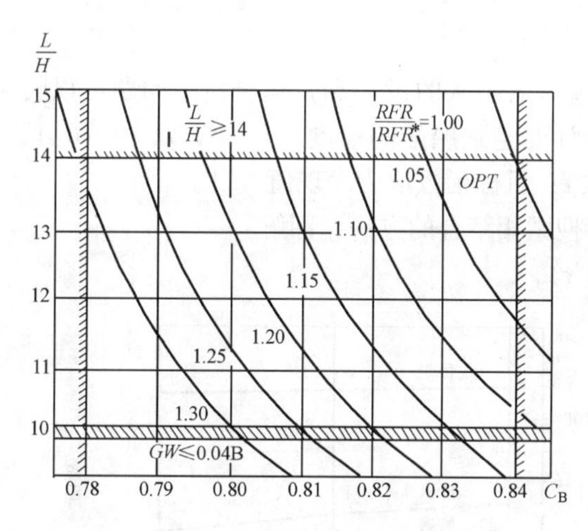

图 10-9 具有 $F_n=0.101$，$\frac{L}{B}=6.4$，$\frac{B}{T}=3.0$ 的油轮无因次化 *RFR* 轮廓图

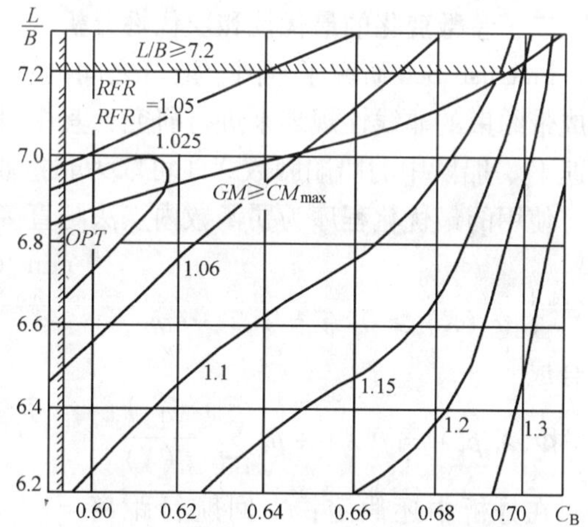

图 10-10 具有 $L=161.1$m，$\frac{L}{H}=12.48$，$\frac{B}{T}=2.72$，$V=20$ 海里/时散装货船的无因次化 *RFR*

如将横摇周期τ的限值放宽则可使 *FRF* 略有提高，但收益甚微。当然放宽τ的这种假定是需要非常慎重的。

值得注意的是，对于稳性要求适中和船宽不受限制的船舶来说，其方形系数 C_B 可达最佳容许的值；对于船宽受到限制的情况，如果需要较大的 *GM*，则会得出较丰满（C_B 较大）的船。

$\frac{L}{H}$、$\frac{L}{B}$和$\frac{B}{T}$也受τ制约，但其无约束优值与此差别不大。

虽然所介绍的研究是一个特例，但是对于其他设计情况其趋势也是差不多的。

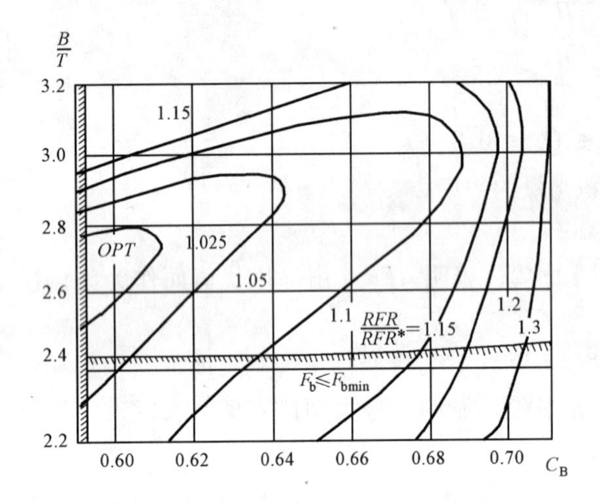

图 10-11　具有 $L = 161.1\mathrm{m}$，$\frac{L}{M} = 12.48$，$\frac{L}{B} = 6.88$，$V = 20$ 海里/时的散装货船的 *RFR*

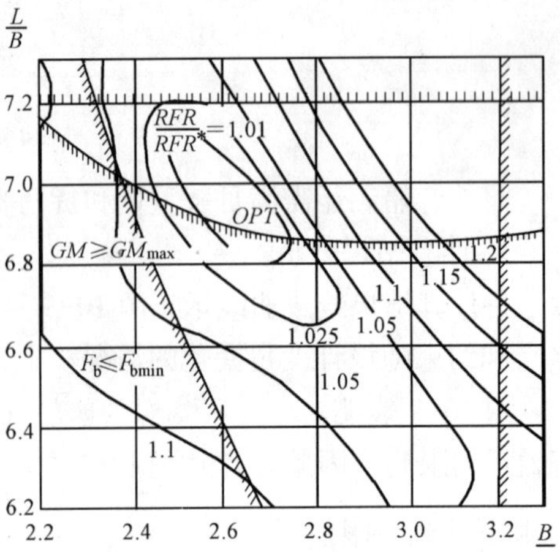

图 10-12　具有 $L = 161.1\mathrm{m}$，$\frac{L}{H} = 12.48$，$c_B = 0.594$，$V = 20$ 海里/时的散装货的无因次化 *RFR*

二、参数变化的最优性和次优性分析

Pratyush Sen 研究了一两个港口之间的货盘运输船队的设计和营运分析。问题可以转换成带约束的非线性规划来进行研究，其中设计变量是船舶的尺度（L，B，T，H，C_P）、船速 V_s、船队中的船舶艘数 N（可取为非整数）；目标函数取为净现值 *NPV*。

使用的最优化程序为罚函数内点法与直接搜索相结合的方法，即解

$$\min f(x),$$

$$\text{s.t}\, g_i(X) \geqslant 0 \quad i = 1,2,\cdots,m$$

综合成

$$\Phi(X,\rho_k) = f(X) + \rho_k \sum_{i=1}^{m} \frac{1}{g_i(X)}$$

在分析中还假定：来回航行距离 = 6000 海里；船舶使用寿命 = 15 年；贴现率 = 9%；残值 = 0；港口每周有船来访二次。

计算分析时需要输入的数据有：货源、运费率、钢材、机器和船装价格，企业管理费和利润，船厂中的人－时费用，港口费，燃料费，船员工资等。

1. 改变营运参数的最优性研究

研究的改变情况有：燃料价格的变

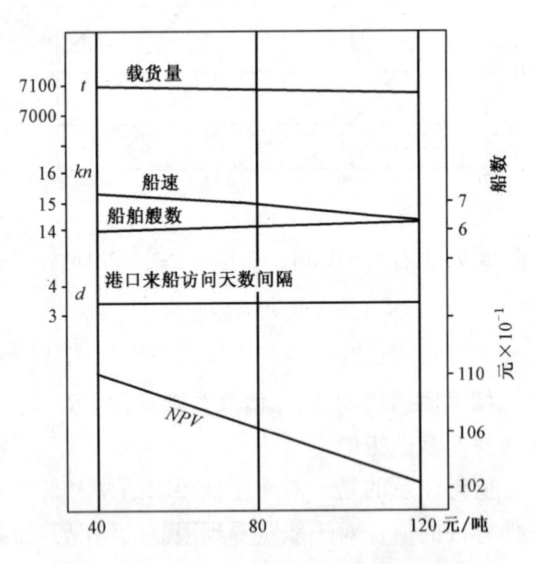

图 10-13　燃料价格敏感性分析效应曲线

化，基本价格定为80元/t，还研究了40元/t和120元/t两种变化情况的效应；货流量的变化，研究了基本货源的1.5倍和0.5倍两种变化情况的效应；货物装卸率的变化，港口来船访问次数的变化。

除了基本情况为每周两次以外，还研究了每周变化一次的情况。

将研究的结果可以绘成如图10-13所示的参数敏感性分析效应曲线，此图是对燃料价格的变化情况做出的。

相应的船舶尺度和系数如表10-2所示。

分析表明，对于燃料价格为40元/t的情况，最佳船队应含有少量快速并达到限制尺度的大船，对于120元/t的情况则趋势相反。当燃料价格上升时，*NPV*直线下降。

对于其他参数变化情况也可得到类似于图10-14的效应曲线。

船舶尺度和系数 **表10-2**

船舶尺度	燃料价格FP		
	40元/t	80元/t	120元/t
L（m）	130.02	127.67	127.06
B（m）	21.93	22.19	21.99
H（m）	14.06	14.92	14.80
T（m）	6.50	6.82	6.74
C_P	0.751	0.718	0.727
C_M	0.985	0.966	0.987

2. 改变营运参数的次优性研究

没有一艘船舶在其整个使用寿命期限内是真正最优的。因此必须测算它在整个营运过程中的效益，了解营运情况与设计情况有偏差是其经济性能怎样，将有助于根据营运情况的预期变化（例如根据市场研究或经营人员的预感指出某一特殊参数易于朝某种方向或其他方向变化）选择不是最优的而性能是满意的船舶。

由于货船营运的分析可以看到，运费率、货流量、燃料价格和码头装卸率的变化是影响经济性能的重要参数。

次优性研究的基本途径是：将船队的船舶数保持为4艘，目的是确定一组船在不同营运情况下的经济效果并与相应的同样营运情况下的最佳船相比较。

如以OP_{BT}=营运参数t的基本值，其中$t=1$，2，3，4相应地表示燃料价格、运费率、货流量和码头装卸率。

$$Z_k = \text{变化因子},\ k=1,2,3,4,5,6$$

其中$Z_0=1.0$；$Z_1=0.55$；$Z_2=0.70$；$Z_3=0.85$；$Z_4=1.15$；$Z_5=1.30$；$Z_6=1.45$。

则变化的营运参数为

$$OP_t = Z_k \cdot OP_{BT}\text{。}$$

对于每一个参数OP_{BT}都可用最优方法得到一组最佳设计船。则对所有的$T=1$，2，3，4来说，$Z_k=Z_0$时的最佳船是基本最佳船。

令基本最佳船的载货量和速度为（C_0，V_0），此处

C_0 = 基本的载货量 = 7742.5t,

V_0 = 基本速度 = 18.14 海里/h,

则对改变的装货情况和航速情况为（C_i，V_j），$i=0$，1，2，3，4；$j=0$，1，2，3，4。其中

$$\left.\begin{aligned}C_1 &= C_0 + \Delta C\\ C_2 &= C_0 + 2\Delta C\\ C_3 &= C_0 - \Delta C\\ C_4 &= C_0 - 2\Delta C\end{aligned}\right\};\ \Delta C = 0.15C_0;\ \left.\begin{aligned}V_1 &= 14\text{ 海里}/h\\ V_2 &= 16\text{ 海里}/h\\ V_3 &= 20\text{ 海里}/h\\ V_4 &= 22\text{ 海里}/h\end{aligned}\right\}。$$

当 $OP_t = Z_k \cdot OP_{BT}$ 时，最佳船队的船舶将有（NPV）$_{zk \cdot OP_{Bt}}$，

式中（NPV）$_{zk \cdot OP_{Bt}}$ 为以参数 $Z_k \cdot OP_{BT}$ 和（C_0，V_0）营运的船舶的 NPV。

因此以偏离基本最佳船的载货量和航速营运的船舶其

$$(NPV_{ij})_{Z_k \cdot OP_{BT}} \leqslant (NPV)_{zk \cdot OP_{Bt}},$$

式中（NPV_{ij}）$_{Z_k \cdot OP_{BT}}$ 为以参数 $Z_k \cdot OP_{BT}$ 和（C_i，V_i）营运的船舶的 NPV。

定义无因次惩罚值 $PENQ$，则

$$(PENQ_{ij})_{Z_k OP_{BT}} = \frac{(NPV)_{zk \cdot OP_{Bt}} - (NPV_{ij})_{zk \cdot OP_{Bt}}}{\overline{NPV_{00}}},$$

式中 $\overline{NPV_{00}}$ 为基本最佳船的 NPV。

对不同的 C、V 和 OP_t 绘出 $PENQ$ 的值，则可以得到一组等只惩罚值曲线，称为ISO－PENS，例如对于燃油价格（FP）的变化所得到的 ISO－PENS 曲线如图 10-14 和 10-15 所示。

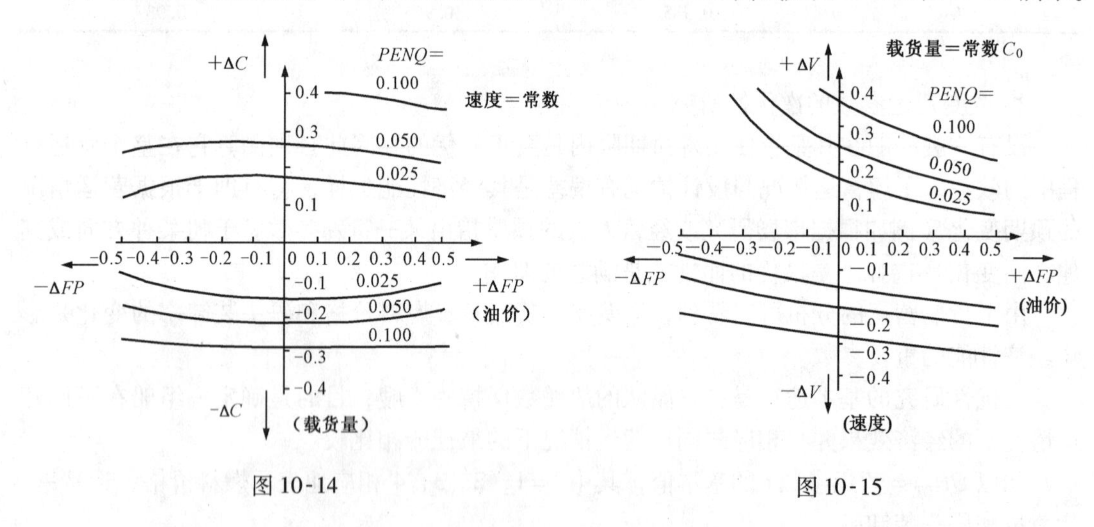

图 10-14　　图 10-15

由此还可做出一些选择船舶参数的准则。

复习思考题

1. 试导出下列问题的罚函数

$$\begin{cases}\min f(x)\\ g_i(x) \geqslant 0 \quad (i = 1,\cdots,m)\\ h_j(x) = 0 \quad (j = 1,\cdots,p)\end{cases}$$

2. 用罚函数法求解下列问题

$$\begin{cases}\min[(x_1-2)^4+(x_1-2x_2)^2](x\in E_2)\\ x_1^2-x_2=0\end{cases}$$

$\alpha=10$，$M=1$，迭代两步。

3. 分别用最速下降法、广义牛顿法、共轭梯度法和变度量法解问题：

$$\min_{X\in E_2}(x_1^2+25x_2^2)$$

分别以点 $[2,2]^{T}$，$[1,0]^{T}$ 为初始点，取梯度模的允许误差 $\varepsilon=0.01$

第十一章 风险决策

通过风险分析和评价发现了系统存在的风险因素并计算出了特定的管道面临风险数 R 和该段管道允许的风险数 $\bar{R}$，接下来就是如何有效地控制这些风险因素，以达到减少事故频率和损失幅度的目的，即风险决策（控制）。

第一节 风险决策概述

一、决策的含义

一般所谓的决策指人们进行选择或判断的一种思维活动。具体说来，指人们在系统分析的基础上，制订出各种可供选择的方案，决策者采用合理的决策方法选择一个或几个满意（最优）的方案的过程。决策论的创始人西蒙（Simon）说过，“管理就是决策”。另一种人认为“决策就是做决定”，这两种截然不同的理论，却从不同角度深刻地揭示了决策的基本内容和意义。

风险决策就是针对生产活动中需要解决的特定风险问题。根据风险评价的原则和标准，运用现代科学技术知识和风险管理方面的理论与方法，提出各种风险解决方案，经过分析论证与评价，从中选择最优（满意）方案并予以实施的过程。

“管理就是决策”，所以风险管理主要就是解决风险决策的问题，在风险管理中，面对许多明显或潜在的风险因素，要求风险管理人员必须能统观全局，科学决策，不失时机地作出可行和有效的决策，以期实现风险效益的最优化。

二、决策的种类

根据决策系统的约束性与随机性原理（即其与自然状态的确定与否）可分为确定型和非确定型决策。如图 11-1 所示。

确定型决策即是在一种已知完全确定的自然状态下，选择满足目标要求的最优方案。非确定型决策是指当决策问题有两种以上自然状态，哪种可能发生是确定的。非确定型决策又分为两种，即风险型决策和完全不确定型决策。完全不确定型决策指没有任何有关每一自然状态可能发生的信息，在此情况下的决策；而风险型决策是指决策问题自然状态的概率能确定，即是在概率基础上做决策，风险型决策问题一般具备的如下五个条件：

- 决策
  - 确定型决策
  - 非确定型决策
    - 风险型决策
    - 完全不确定型决策

图 11-1 决策的类型

（1）存在着决策者希望达到的一个明确目标；

（2）存在着决策者无法控制的两种或两种以上的自然状态；

（3）存在着可供决策选择的两个或两个以上的决策方案；

（4）不同的抉择方案在不同自然状态下的损益值可以计算出来；

(5) 未来将出现那种自然状态不能确定，但其出现的概率可以估算出来。

风险决策应属于风险型决策。

第二节 风险决策方法的种类[13]

风险被辨识、估计和分析评价后，就可以考虑对各种风险的处理方法，风险的防范手段有多种多样，主要有以下几种：

一、风险回避

风险回避即断绝风险的来源。这是彻底规避风险的一种做法。例如风险分析显示房地产市场方面存在严重风险，若采取回避风险的对策，就会做出缓建（待市场变化后再予以考虑）或放弃项目的决策。这样，固然避免了可能遭受损失的风险，同时也放弃了投资获利的可能。因此风险回避对策的采用一般都是很慎重的，只有在对风险的存在与发生，对风险损失的严重性有把握的情况下才有积极意义。所以，风险回避一般适用于以下两种情况：一是某种风险可能造成相当大的损失，且发生的频率较高；二是应用其他的风险对策所需的费用超过其产生的效益。

二、风险控制

这是一种预防与减少风险损失的对策，就辨识出的关键风险因素逐一提出技术上可行、经济上合理的预防措施，以尽可能低的风险成本来降低风险发生的可能性，并将风险损失控制在最小程度。可针对决策、设计和实施阶段提出不同的风险控制措施，以防患于未然。

风险控制所需原则：

(1) 适度控制原则。风险控制需要企业防微杜渐、明察秋毫，可严格控制每个风险源需要花费大量的人力、物力、财力，尽管这样降低了风险，但对工程风险管理而言，这样的工程控制成本也是得不偿失的。因此风险控制需要掌握时机，选择适当的机会进行企业决策调整。

(2) 适时控制原则。风险无处不在，并且随着工程进度的变化不断发展变化。一次风险控制活动既不是风险发生前的一次一劳永逸的投入，也不是风险发生后的亡羊补牢，风险控制应该是对企业经营活动以及风险征兆的适时监控。

(3) 适当控制原则。风险事件的成因是多方面的，因此，风险控制需要有动态的、权变的思想。基于此，风险控制需要针对风险的发生概率、发生时间、影响程度、属性成因等制定不同的控制标准和控制方式，从而适应对不同风险的控制要求。

三、风险转移

这是试图将项目投资者可能面临的风险转移给他人承担，以避免风险损失的一种方法。转移风险有两种方式：一是将风险源转移出去；二是只把部分或全部风险损失转移出去。就投资项目而言，第一种风险转移方式是风险回避的一种特殊形式。例如将已做完前期工作的项目转给他人投资，或将其中风险大的部分转给他人承包建设或经营。第二种风险转移方式又可细分为保险转移方式和非保险转移方式两种。

1. 非保险型风险转移

非保险风险转移是指将某些风险可能造成的损失，连同可能因此而引起的责任赔偿以及财务损失，通过合同条款转移给其他人，其中不涉及财产本身的转移。

非保险型风险转移的主要作用为，企业可以转移某些无法通过保险来转移的潜在损失；此法的成本有可能较保险便宜，可节省企业开支；将潜在损失转移比直接控制更简便易行。

非保险型风险转移的实施方式主要有：

（1）免责约定。免责约定是指一方通过契约，将所产生的第三者人身伤亡和财产损失责任转移给另一方承担。这种免责约定与责任保险契约没有本质上的区别，通常包括：不动产租赁约定、工程约定、委托约定等等。

（2）保证合同。保证合同是指由保证人对被保证人因为行为的不忠实或不履行义务而导致权利人的损失，予以赔偿的契约。从法律契约的观点来看，这里涉及三方，即保证人、被保证人和权利人，因而保证合同有别于保险市场的保证保险。

值得提出的是，非保险型风险转移对策是通过签订合同来实现的，所以特别要仔细推敲合同中的每一条款。在协商签订合同的过程中，一定要依法办事，注意合同的有效性。寻求利用某条款转移风险的一方，必须提醒对方注意这一条款，并要对该条款的含义作出明确的解释。否则，会构成欺诈行为。合同条款经双方同意后，其中任何一方，不得另提新条件作为补充。

非保险型风险转移也有其限制性，一般对风险转移者和承担者双方来说，都觉得有利可图时，才会签订合同。若仅对一方有利，则无利方就会拒绝采用这一技术。

2. 保险型风险转移

保险型风险转移是以合同方式建立保险关系，集合多数单位的风险，合理收取保险金，对特定的灾害事故造成的损失后果或人身伤亡给予资金保障的经济形式。

企业购买保险，除了将风险转移，使风险一旦发生后得到经济补偿之外，还可获得保险人为之提供的某些风险管理服务。购买保险的基本原则是以最少的保费支出，换取企业所需的最大安全保障。若投保时考虑不周，反而可能出现支出了保险费用，但损失却得不到补偿的尴尬局面。

目前，我国保险市场还处于起步阶段，可供选择投保的保险公司还为数不多，因而选择保险公司的问题还不是一个重要的决策问题。但是随着改革开放的深入，保险市场肯定会开放和活跃起来，因而今后选择保险公司将成为风险决策的重要内容。选择保险公司可以从以下三个方面来考察：

（1）保险公司有足够的财务实力，保证赔偿能在规定的期限内兑现；

（2）保险公司能提供良好的管理服务和理赔服务；

（3）保险公司重合同，守信用，承保时能合理收取保费，受损后能实事求是地如期支付赔款。

四、风险自担

风险自担就是将风险损失留给项目投资者自己承担。这适用于两种情况。一种情况是已知有风险，但由于可能获利而需要冒险时，必须保留和承担这种风险。例如资源勘探和资源开发项目风险很大，但利欲驱使，总有人愿意去干。当然，这要以相当的实力为前提。另一种情况是已知有风险，但若采取某种风险措施，其费用支出会大于自担风险的损失时，常常主动自担风险。这通常适用于风险损失小，发生频率高的风险。

五、风险分散

风险分散是指将所面临的风险损失，人为的分离成许多相互独立的小单元，从而减少同时和集中受损失的概率，以期达到缩小损失幅度的目的。

这是一种将风险分散给多方承担的风险处理方法。例如企业不是将全部存货放置在一个大仓库中，而是将其存货分别地放置于数个相隔一定距离的仓库中。如此就降低了一次事故所能造成的最大损失值。

采用分离风险的对策，就是要尽可能地把风险源和潜在的事故在空间上隔离，在时间上错开，以达到降低风险后果最大期望值得目的。在风险决策中，风险分散是一种较为特殊的方法，应用起来有一定的局限性，但它对减小风险损失的幅度十分有效。

六、风险合并

就是把分散的风险集中起来以增强风险承担能力。这种风险处理方法，特别适用于高风险行业。例如资源开发和高新技术项目属公认的高风险行业，除以上风险对策外，可采取由政府、行业部门、企业等共同建立风险基金，以将一个企业难以承受的风险合并起来共同承担。

七、风险修正

是指项目决策时依据用风险报酬率修正过的项目评价指标，权衡了风险和效益两个方面，使决策更为科学合理。例如有 A、B 两个项目（方案），A 方案效益高于 B 方案，但 A 方案风险大于 B 方案。在用风险报酬率修正（效益指标值减去风险报酬率）过以后，A 方案的效益就低于 B 方案了。

需要说明的是，以上所述的风险对策不是互斥的，实践中常常组合使用。比如在采取措施降低风险的同时，并不排斥其他的风险对策，例如向保险公司投保。可行性研究中应结合项目的实际情况，研究并选用相应的风险对策。

项目投资风险分析及防范研究对提高项目的投资效益及投资决策的可靠性具有重要的理论意义和实际意义。

第三节　风险决策的基本程序

决策本身是一个过程，要做出科学合理的决策，应遵循必要的程序和步骤。在总结一般决策过程的基础上，我们提出的风险决策基本程序如图 11-2 所示。

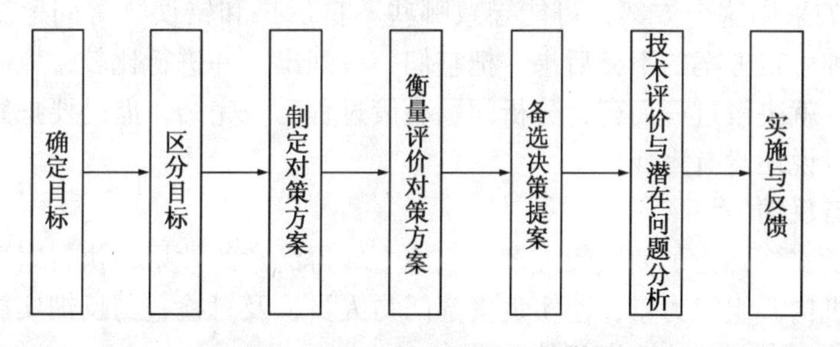

图 11-2　风险决策基本程序

一、确定目标

决策目标就是所需要解决的问题，正确地确定目标是决策分析的关键，风险决策的目标一般寓于生产过程之中，所以风险决策的主要目标就是在生产过程中控制和降低风险，使风险处于可接受水平。

二、区分目标

控制和降低风险是一个总的目标，对一个具体行业或具体单位来讲，风险控制问题是多方面的。决策目标在尽可能地列出之后，应该把所有目标区分为必须和期望目标。也就是说哪些目标必须达到，哪些目标希望达到，必须区分清楚。

对于油气管道决策，我们首先根据 ALARP 原则从社会大众和管道公司两种角度确定相对风险数的水平，然后再从风险影响因素的角度确定各影响因素要达到的相对风险数或分值。

决策目标有明确的指标要求，如事故发生概率，严重度、损失率以及时间指标、技术指标等，作为以后实施决策过程中的检验标准。对于难以量化的目标，也要尽可能加以具体说明。

三、制定对策方案

在目标确定之后进行的技术性论证，其目的是寻求对实施手段与途径的战术性的决策。在这过程中，决策人员应用现代科学理论与技术对达到目标的手段进行调查研究，预测分析，进行详细的技术设计，拟出可供选择的方案。

四、衡量评价对策方案

各种对策方案制定出以后，就可以根据目标进行衡量。首先根据总目标和指标将那些不能完成必须目标的方案舍弃掉，对那些能够完成必须目标的方案保留下来。再用期望目标去衡量，考虑到每个方案达到每个期望目标值权重，期望值权重大者，其排序相应优先。

五、备选决策提案

能够达到必须目标，并且对完成期望目标取得较大权重数的一系列对策方案，称为备选决策提案。备选决策提案需要经过技术评价和潜在问题分析，做进一步的慎重研究。由决策者进行选择。

六、技术评价与潜在问题分析

技术评价一般要考虑备选决策提案对自然和社会环境的各种影响所导致的风险问题，应侧重在风险评估，对系统中固有的或潜在的风险及其严重程度进行分析和评价。

因此，对备选决策方案，决策者要向自己提出“假如采用这个方案，将要产生什么样的结果”，“假如采用这个方案，可能导致哪些不良后果和错误”等问题。从一连串的提问中，发现各种可行方案的不良后果，把它们一一列出，并进行比较，以决策取舍。一旦选定决策方案，就决策过程而言，分析问题决策过程已告完结，但是要把解决问题的决策付诸实施，可以说还没有完成。

七、实施与反馈

决策是为了实施，为了使决策方案在实施中取得满意的效果，执行时要制订规划和进程计划，健全机构，组织力量，落实负责部门与人员，及时检查与反馈实施情况，使决策方案在实施中趋于完善并达到期望的效果。

第四节 风险决策流程图

由于风险决策的重点方案是风险控制，所以我们就事前决策主要考虑风险事件的预防，事后决策考虑风险损失的降低。要用的模型库包括模糊评审法决策和 AHP，具体流程如图 11-3 所示。

图中各参数含义如下：

R：相对风险指数

$\bar{R}$：允许（可接受）风险指数

R_k：可变相对风险指数

R_b：不可变相对风险指数

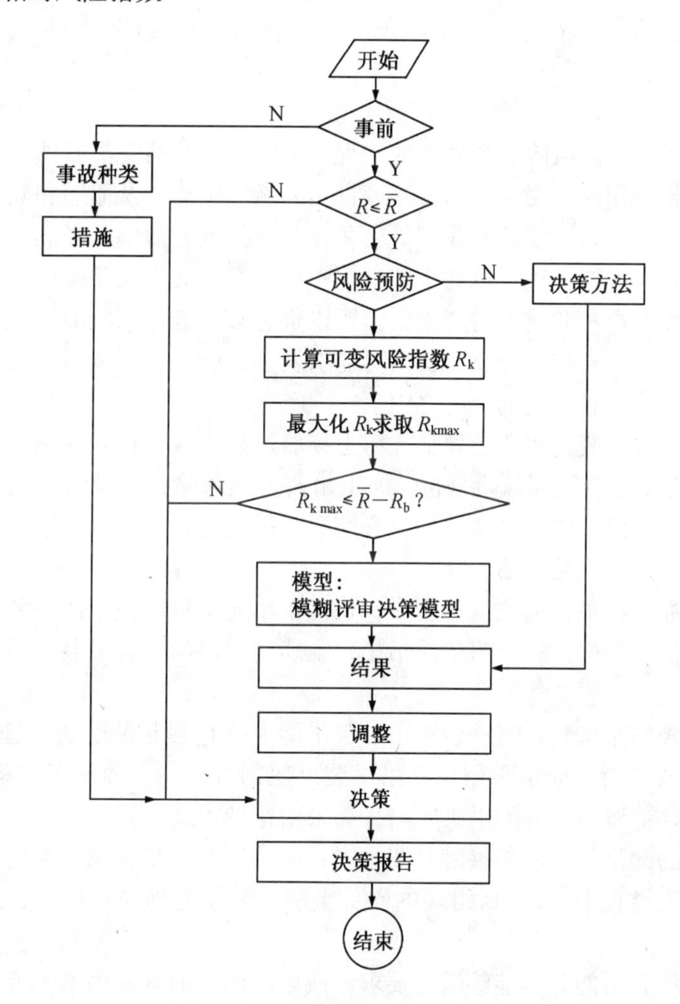

图 11-3　风险决策流程图

复习思考题

1. 风险决策的种类有哪些，并举例说明。
2. 简述风险决策的基本程序。

第十二章　工程项目风险管理案例

第一节　某海洋石油工程项目风险评估

一、概述

海洋石油工程属于高风险、高回报的工程，本案例中的某海洋石油工程项目包括拖拉上船、拖航、吊装等作业，受天气和海洋等自然因素的影响以及船舶和其他大型设备的作业条件的制约，工程复杂，涉及专业广、交叉作业、投入人力多，必然会出现许多状态变量的随机性和模糊性，在工程项目的生产过程中极易产生安全风险问题，而且一旦发生事故，可能造成人员伤亡和和重大财产损失。所以很有必要进行系统的风险评估，并对可能产生事故的潜在危险因素进行分类，找出可能引发事故的主要因素加以研究解决，以实现将风险有效控制在决策者预定的范围之内。

本案例是从码头吊装过程风险评估、海上拖航过程风险分析与评估、拖拉装船过程风险评估、YOKE 海上连接过程风险分析、海上吊装过程风险评估及组织机构和管理人员风险评估等几方面进行的，限于篇幅这里仅介绍码头吊装过程的风险评估。

二、码头吊装过程风险评估

在该海洋石油工程项目的施工过程中，每一个单元工程均包括码头装船过程。根据结构物的具体情况，装船的方式分为单浮吊吊装上船、双浮吊联合吊装上船和拖拉上船三种方式。

对于重量较轻的结构物，当一台浮吊的起吊能力（包括起吊重量、起吊高度、旋转能力等）能够满足要求时，通常采用单浮吊吊装上船的方式。工程施工过程中，A、B、C、D、E、F、SPM 导管架等结构的码头装船，均采用这种方式。

当一台浮吊的起吊能力不能够满足要求时，则采用双浮吊合抬的装船方式。在该海洋石油工程项目施工过程中，C、D 组块的码头上船，采用先拖拉至岸边，后用两台浮吊合抬的方式。

当一台浮吊的起吊能力不能够满足要求，或因结构物的其他因素不能采用吊装的方式时，则采用拖拉上船的方式。采用的装船方式不同，风险特征和风险源就会有比较大的差别。在本项目的研究中，将针对以上三种不同装船方式的共同点和不同点，分别建立各种方式的风险分析与评估模型，并进行风险评估。

1. SPM 导管架码头装船过程风险评估

（1）基本情况介绍

SPM 导管架是该海洋石油工程的主要组成部分之一，它的作用是支撑上部结构，作为单点系统的系泊点，也是各采油平台油气集输、能量供给的主要装置。SPM 导管架的码头吊装过程，由公司组织，在该海洋石油码头实施。该导管架的结构形式为四条腿的导管架，装船内容包括导管架的吊装、桩柱的吊装和辅助件的吊装。四条腿的桩柱分别由三节在海上安装时焊接而成。其余参数从略。

（2）风险类别与风险源的辨识

鉴于对海洋石油结构物吊装工作流程的研究和分析，结合工程中的直接和间接经验，对有可能引发吊装过程失败的事故类型分析如下。

1）i 类事故

事故特征：起吊受阻，可采取较简单的措施予以修复。

2）ii 类事故

事故特征：出现轻微的结构变形或损坏，经简单修复不影响使用。

3）iii 类事故

事故特征：在起吊过程中，结构空中坠落，无人员伤亡。

4）iv 类事故与 v 类事故

事故特征：结构有较高程度的损坏，并有人员伤害。

（3）事故树的建立

根据对可能引发各类事故的风险源及其有关影响因素的分析，应用结构可靠性理论、系统分析理论、风险分析理论，结合相关的理论方法，按照事故树的建立方法，建立结构物在码头吊装过程中的一级事故树如图 12-1 所示，详细的事故树从略。

（4）码头吊装上船过程风险的定性分析

由所建立的事故树可知，可能引发过程失效的主要原因来自于设计因素、设备因素、误操作因素、偶发因素等 4 个方面。根据各方面因素的特点，结合对过程中风险类型和风险源的认识（HAZOP 分析），应用相关理论分别对各因素进行定性分析，论述其风险特征、制定评价准则、计算相对风险点；通过对事故发生频率（或可能性）的大小、后果的严重程度、事故的紧急程度、可防范性和处理能力等因素进行分析，按照相对风险点的计算方法，对系统的各个环节进行定性分析，找出系统的薄弱环节（过程略）。

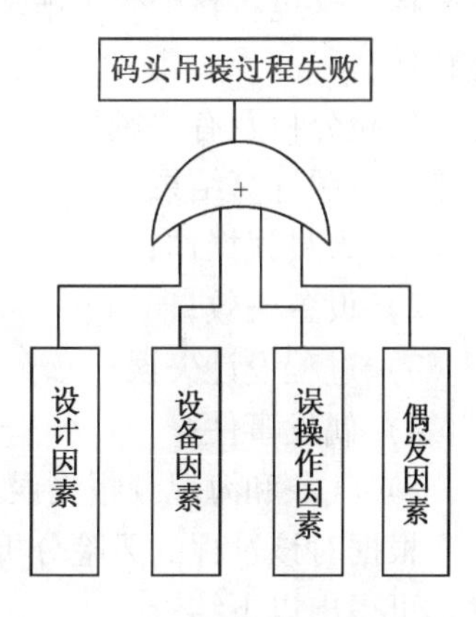

图 12-1　码头吊装过程风险分析事故树

（5）系统风险定性分析结果的分析

根据以上对影响事件风险的定性分析结果可知，4 个方面的相对风险值排序为：

1）误操作因素；

2）设备因素；

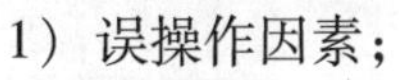

3）设计因素；

4）偶发因素。

（6）结论

从评估过程中对各方面因素的风险分析和相对风险点值的计算结果来看，可得出以下结论：

1）在施工过程中，人员误操作是主要风险源；

2）设备的性能状态是重要的风险因素；

3）设计是风险的主要来源；

4）提高对偶发事件风险的认识。

（7）对 SPM 导管架码头吊装过程的风险评估计算

根据以上对过程风险定性分析的结论，选择风险事件：设计失误和人员误操作；选择施工过程中的吊机分系统失效和整个系统失效作为定量计算对象，通过系统软件分别进行计算（计算过程略）。

考虑到以上提到的偶发事件属于小概率事件，因此在系统的计算中忽略不计。按照串联系统的计算方法，在码头吊装过程中，对系统发生的各种事故的概率进行计算（计算过程略）。

按照系统绝对风险值的计算方法，将有关数据代入如下公式，对其进行计算，得出系统的风险值。

$$R = \sum_{i=1}^{n} P_i \times C_i = (3.17e-5, 1.07e-5) \times V$$

式中　V——单元工程造价。

2. 合抬装船过程的风险评估

当一台浮吊的起吊能力不能够满足海洋结构物的装船要求时，则采用双浮吊合抬的装船方式。在项目施工过程中，C、D 组块的码头上船过程就计划采用先拖拉至岸边、双浮吊合抬。这里将整个码头吊装过程作为一个大系统析理论及相关的技术理论，对其进行风险评估。

风险分析及有关风险评估的计算过程同 SPM 导管架码头装船过程的风险评估，这里从略。按照计算结果，该过程中各影响因素的风险排序如下：

1）人员误操作；

2）设备失效；

3）过程设计失误；

4）偶发事件；

5）气象和海况预报失误。

根据对该过程的风险分析和相对风险值的计算结果，参照各基本事件相对风险点的排序，可得出以下结论：

1）人员误操作是过程风险的决定性因素；

2）设备失效是重要的风险因素；

3）设计失误的风险应予以重视；

4）偶发事件是过程风险管理中不应忽视的因素；

5）气象、海况预报失误是不容忽视的风险因素。

3. 码头吊装过程风险评估的结论与建议

以上将码头吊装过程作为一个大系统，在对其进行风险辨识的基础上，应用风险分析和有关技术理论，建立了系统的事故树，分别对设计失误、设备失效、人为误操作和偶发事件等 4 个方面的风险因素进行了风险分析、相对风险点的计算、风险概率和风险值的计算，找出了系统的薄弱环节。现将风险评估结论列出，并有针对性地提出建议。

（1）结论

1）在码头吊装过程中，人员失误是系统的主要风险源。在整个施工过程的各个环节中，均存在操作人员（或管理人员）失误所造成的风险。从相对风险点的计算结果来看，其点数最高，它不但是施工操作中最重要的风险源，在设计因素和设备因素中人员的失误也占有最大的比重。因此可认为，在码头吊装过程中，人员操作失误是最主要的薄弱环节。

2）设备的性能状态是重要的风险因素。由于设备因素在施工过程中的重要性，尤其是主要设备浮吊已处于设计使用期的后期，其性能状态是施工过程中必须考虑的风险因素。另外，吊绳与吊扣在吊装过程中的关键作用以及没有能够很好地考虑在管理和使用中的损伤问题，也将是重要的风险因素之一。

3）设计是风险的主要来源。设计的质量和准确性是关系到整个施工过程风险特征的关键因素，任何设计失误或错误以及设计中的不合理因素都将给施工过程带来不同形式的风险。因此，采取必要措施，提高设计质量，将风险降低到最低程度，消除在最初阶段，是降低过程风险的根本保证。

4）提高对偶发事件风险的认识。在工程施工中，虽然偶发事件发生的可能性很小，但是一旦发生，其后果将是极其严重的。因此，针对某一具体的施工工程，加大对偶发事件的预测、预报，完善应急措施是十分必要的。

5）工程中的风险概率和风险值是可以接受的。从系统的风险概率计算结果来看，临界风险概率和系统的风险值是可以接受的。

（2）建议

1）加强施工过程的管理是降低风险的重要途径。由以上对各方面风险特点的分析和风险点的计算结果可见，操作因素的风险点数较高。其中，风险点最高因素是非正式操作人员的操作或业外人员的进入造成的。这说明人员误操作的风险是整个施工过程中的主要风险源，这一结果与有关文献提出的统计数据结果是一致的，符合施工工程类项目的一般规律：这主要是因为工作过程比较复杂，涉及的各方面的人员较多。因此，比较完善的施工计划、岗前技术和安全教育是必要的。同时，应加强对施工现场的管理、检查和监护。

2）加强施工过程中所用设备的维护与保养，对重要的工程应进行设备的可靠性计算或验证。由分析和计算结果可见，在码头吊装过程中，设备失效因素风险点最高的是浮吊失效。其中，最大的风险因素是人员误操作，其次是钢丝绳的失效。从设备的额定能力来看，虽然其风险值并不高，但因设备的老化和管理方面的问题，将使其成为吊装过程中的一个主要薄弱环节。因此，建议对重要的工程进行设备的可靠性计算或验证。

3）加强设计管理，改善设计人员的条件和各个技术环节的技术把关。从对设计因素的风险分析结果来看，由于行业特点和所参照规范的权威性和保守性，设计结果的安全裕度的相对风险点最小，而与人为因素密切相关的设计过程的规范性、设计人员的综合素质、管理质量等三个因素的风险点值最高。造成设计过程的规范性风险点值最大的主要原因是时间紧、任务重。这是能够通过完善管理措施等手段来改进的，也是必须要加强的环节。

所谓设计失误的风险是指错误设计结果在工程中造成了事故。导致错误的设计结果带到施工中的制约因素包括：校核、审核以及施工前的技术问题沟通与反馈过程的质量。若能够在施工前的某个环节及时发现失误，更改则是容易的。因此，除了加强设计过程的管理以外，从设计到施工的技术把关和技术实施的各个环节都关系到该因素的风险程度。

第二节　天津市重点基础设施建设项目风险评估

一、绿色家园规划投资项目风险评估

1. 概述

绿色家园规划是针对天津市政府于2002年决定在全市开展的创建国家环境保护模范城市工作而提出来的，对市域范围内环外建城区、中心城区的城市环境、景观建设进行规划，同时确定天津市中心城区内可改造、开发的地块，作为该项目实施的储备用地，以下对绿色家园规划的投资项目进行风险评估分析。

2. 结合历史资料和天津市其他相关工程的情况，可得出天津市绿色家园规划投资项目的风险因素。按风险的来源，可将风险分为5大部分：来自项目管理的风险、来自项目设计的风险、来自项目招标的风险、来自项目施工的风险和来自其他因素的风险。

3. 风险值计算

利用风险技术和系统工程理论，运用模糊数学、灰度理论、概率统计等数学工具，结合国内外相关设计、施工经验，经过系统软件计算，可得到绿色家园规划的投资风险概率及风险值，以及风险当量和风险评价标准，并对风险值进行了排序，计算过程略。

4. 综上所述，对主要风险源所引起的风险后果加以分析，可提出风险控制措施，结论如表12-1所示。

绿色家园规划投资项目风险控制措施表　　**表12-1**

工程中存在的不可忽视的风险源	可能风险后果	应对风险的措施
管理风险	管理与施工脱节，施工质量和进度得不到有效控制，突发事件无法及时解决，无法按计划偿还贷款利息	①制定合理的管理措施和条例，加强风险意识和安全教育；责任落实到个人，制定鲜明的奖惩制度；现场管理项目组应分工明确，互有配合，消除管理盲区； ②安排专人对施工过程进行检查和抽查，及时找出施工中的漏洞； ③对公司的财务状况进行监督，对公司的应收款项及时催缴，以利公司日常运作
设计风险	对周边土地的升值作用不大，对土地的及时出让造成不良影响	①学习、参考其他园林城市的城市整体规划，结合天津市的独特文化背景，设计出属于天津市的绿色家园； ②学习国外先进的设计理念，设计的方案要做到美观、科学、健康、实用、可操作性强； ③进行科学的环境预调查，尽量按照当地的条件进行设计
招标风险	严重影响项目的公开性，导致工程质量、资金和进度各方面出现问题	①对招标过程实施监督 ②扩大投标单位的选择范围

续表

工程中存在的不可忽视的风险源	可能风险后果	应对风险的措施
施工风险	施工进度缓慢，不能按时完工，对周边土地的及时出让产生不良影响	①制定合理的实施进度计划； ②对施工人员进行严格的培训，强化工期意识； ③严格奖惩制度； ④采用招标形式进行绿化用材料及建材的采购； ⑤严禁对施工方案随意更改，如有问题及时向设计单位或主管人员反映
其他风险	养护不合理造成资源的巨大浪费，不能起到规划的作用；居民对工程进行破坏，严重影响进度	①设计时就做好养护计划，聘请园丁，对建好的工程进行管理监督； ②做好改造地段居民的动迁工作，对实在有困难的居民给予适当的补偿； ③对蓄意破坏工程的人或组织进行耐心劝解，必要时诉诸法律

5. 建议

绿色家园规划的目的是用3～5年时间把天津市的城市环境、景观建设成为国内一流的，代表天津经济、文化发展水平与特色的高起点、高素质的城市形象展示窗口，使天津跨入国家园林城市行列。因此，绿色家园规划对天津市未来的发展而言是极为重要的。针对上面得出的绿色家园规划投资风险的评判结果，并通过对绿色家园规划具体情况的调研，以下将在已经提出的风险控制措施基础上提出几点建议。

（1）在设计中树立“规划先行”、“空间绿化”、“精品绿化”意识

“规划建绿”与“见缝植绿”是两个截然不同的城市绿化理念，前者是前瞻的、系统的，后者是随意的、松散的。要建设高水平的城市绿化系统，必须坚持规划先行，科学建绿，牢牢把握城市绿化的方向与目标。在具体操作上，一要编制总体规划，城市绿化作为城市不可缺少的重要组成部分，其规划应当融入整个城市规划体系的大格局中，成为一个有别于其他专业规划的独立的系统规划，以保证该规划能够覆盖整个城市行政辖区，保证城市绿化建设的系统性、完整性。二要搞好详细规划，要在城市绿化总体规划的指导下，以前瞻性、系统性、生态性和可操作性为原则，搞好公共绿地、居住绿地、专用绿地、风景绿地和防护绿地等“子系统”规划，并合理融入城市绿地系统总体规划当中，形成各级完整的绿化子系统规划。天津市的绿色家园规划很好地体现了这种意识。

在绿色家园规划的实施过程中，面临着建设新城、改造旧城的双重任务，建设期间可能造成阶段性城市分离，影响了城市的整体美感。解决这一矛盾的有效途径是强化空间绿化意识，以城市道路为轴线，坚持做到有路必栽树，道路修到哪，绿化跟到哪，逐步构建起城市绿化网络，拉近城市空间距离。

在城市空间绿化过程中，特别要注意建设绿化精品，要尽量在规划建设上做到“新、深、精”。“新”，就是要有新意，有新的文化艺术科技内涵，要带有时代特色，适应时代要求，符合时代审美情趣，不求大、但求新；“深”，就是要讲求内涵丰富深邃，古今中外

的文化艺术都可为我所用，能够耐人咀嚼思索，特别是像天津这样有着悠久历史、丰富文化底蕴的城市，应该在挖掘自身的深刻内涵上做文章；“精”，就是在建设上要精致，不出败笔，尽可能多留精品、少留遗憾。同时，体现“五化”做法，即绿化、美化、香化、净化、优化，以及“七字”要求，即色、形、珠、香、净、生、管七个方面。它从自然和社会的各个角度，对建筑和绿化提出了各种美感的要求。

（2）建设是起点，管理养护是关键

绿化建设所投入的绿化材料，在合理的养护下，将不断增加物质量，为社会积累财富，它具有优化环境质量，提高人民生活水平的功能，形成提升城市以及社区价值的砝码。因此，开工建设是绿色家园的开始，养护才是使巨额投资不致浪费的关键。所以，在城市规划中要避免存在这样一种现象，即每当一个地段或广场、新建公路竣工剪彩之时，必有一项绿地工程，第一年的绿地观赏效果极好，但第二三年以后就因管理不到位，花草枯萎，慢慢地荒芜了。如果在设计之初不光是为了竣工验收，而且能考虑到日后的养护管理、聘请园丁等环节，那么我们的城市将会更加美丽。如果政府投入过大，资金无法到位，还可以考虑将绿地分成区段承包给各企、事业单位（不仅可以是企、事业单位周围的绿地，还可以是与单位距离很远的绿地），给予各单位在绿地周边的广告权和冠名权。这样既可以减轻政府的负担。又可以给企事业单位扩大宣传，增加知名度的机会，促进经济的发展。

（3）绿化材料的规划要科学

绿化材料是城市绿化的基础，在此基础上再进行分类，分别确定作为该城市绿化的基调树种、骨干树种和一般树种。绿化规划还要强调对古树名木的保护和发展建议，它是“活”的文物，历史的见证，要进行调查、建档、挂牌，并提出切实可行的保护措施。

针对绿化材料的质量和购买价格这两个关键问题提出以下控制措施：

①做足市场调查，对市场上绿化材料的供应情况（价格、质量等）做到心中有数；

②对绿化材料的购买实行招标；

③实行材料采购负责人制；

④做好对绿化材料购买的监督。

（4）做好当地居民的动迁工作

天津市的绿色家园规划应该吸取一些省市的前车之鉴，施工建设单位应本着居民想不通，就耐心做工作，居民提出的有道理的意见或建议，有关部门应尽量现场给予解决的原则，对居民做耐心细致的工作，要改变拆迁地区居民几十年来养成的旧有生活观念。

（5）聘请专业单位进行监理

建设工程监理制的推行，使我国的工程建设项目管理体制由传统的管理模式开始向社会化、专业化、现代化的管理模式转变。在施工阶段，通过聘请具有专业知识和实践经验的监理工程师进行监理，能够及时发现和纠正不合理的设计，监督承包商按设计施工，对项目进行合同管理，协调业主和承包商之间的关系，从而保证建设项目的质量、进度和投资得到控制。因此，在绿色家园规划的实施过程中，应该而且必须聘请专业的监理工程师对整个工程进行监督和控制，以达到有效控制风险，节省不必要开支的目的。

（6）采用招标形式开展工作，并允许监理工程师参与其中

从调研的结果可分析出，由于绿色家园规划是政府项目，因此可以保证工程的投标过

程按照国家有关项目招标的规定进行。但是，所选择的投标单位绝大部分是天津市的施工单位，范围比较窄。绿色家园工程量大、工期紧，将投标单位限制在天津市内，会造成由于施工力量不足而拖延工期。

绿色家园计划在2006年完工，作为2008年北京夏季奥运会的分会场，天津也会成为全世界的焦点。但是如果工程不能按期完成，天津的城市风貌将难以得到很好体现，天津也将失去在国际舞台上一次难得的展示机会。此外，投标单位只选择天津市的施工单位，也会使得每个施工单位的工作量大，进而使得工期紧张，这会导致为了赶工期而降低工程建造质量的事情发生。因此，绿色家园管理组织应站在全局的高度，在更大的范围内选择合理的投标单位。

另外，监理工程师有两大主要任务，即工程招标和工程承包合同管理。工程招标阶段是形成合同文件的主要阶段。监理工程师参加工程招标，特别是参加合同谈判的全过程，不仅有利于高效、准确、全面地执行管理合同，而且有利于将监理工程师长期的合同管理经验发挥出来，避免合同文件本身不严密、相互矛盾甚至出现风险分配严重失衡问题。因此，在工程建设过程中，项目法人应及早确定监理单位。监理单位应从工程招标开始协助项目法人开展招投标的一系列工作。

(7) 绿色家园带动相关产业的发展

绿色家园的建设无疑会给天津注入绿色的生机，带来绿色的气息。由于都市人对绿色的向往，绿色家园不仅可以带动房地产业的发展，而且还可以推动商业、旅游、体育、文化等相关的第三产业的发展。

①大力发展旅游业，使其成为新的经济增长点。20世纪90年代，我国第三产业在国民经济中的比重仅有小幅上升，徘徊在33%左右，而世界上较为发达的国家，第三产业所占比重高达50%以上，可见我国在现代化进程中，第三产业的发展升级是至关重要的，尚有较大的发展空间。而要有效地发展第三产业，当前的关键是要着力发现和培育新的经济增长点。

②解放思想，把文化娱乐业作为重要的经济增长点来进行开发。江泽民同志曾指出："社会主义现代化应该有繁荣的经济，也应该有繁荣的文化。"这给我国文化建设和文化产业的发展提出了要求，也提供了发展机遇。在新的形势和新的机遇面前，我们要进一步解放思想，转变观念，开发正常、健康、繁荣的文化娱乐业。

文化产业早已是国际经济学界公认的朝阳产业。在许多发达国家和地区，文化产业已成为国民经济重要的增长点，文化消费在总消费中所占比重已高达33%，远远超出我国京、津、沪、穗等十大城市8%的比重。因此，我们应该把文化娱乐业作为繁荣经济、创造就业机会和涵养税源等重要资源来加以开发，正式纳入城市建设投资规划，以加快文化市场产业化的进程，使文化娱乐业真正成为天津市经济建设的一个新的重要增长点。

绿色家园规划是一项功在当代、利在千秋的大工程。严格按照市委市政府的规划进行建设，注重管理，加强监督，并能够有效地控制风险，将使该工程顺利、按时、保质、保量地完成。该规划的完工将有利于天津市城市面貌的更新，生态环境的改善，并使周边土地升值，推动房地产业，带动相关产业的发展，对利用土地出让金进行基本建设贷款的还款起到积极的促进作用。

二、海河开发改造项目投资风险评估

1. 概述

海河开发改造项目是利用改造后的海河周边地价的提升作为海河开发改造工程的主要还贷来源。此外，基础设施的建设完工后，将使海河上游区域成为全市设施最完善、配套最齐全、交通最通畅、环境最优美、投资环境最好的地区，为吸引中外客商在这里投资创造了条件。因此，基础设施建设是海河综合开发的主要内容。近期，海河两岸综合开发改造实施的重点是开发上游区域，具体需要完成30条道路，12座桥梁（隧道）、绿化、停车场、管线、泵站等基础设施建设；完成9个公益性公建项目；完成海河市区段（北洋桥一外环线）的清淤工程和堤岸改造工程；完成河东区南站中心商务区、河西区小白楼中心商务区等节点广场、绿化的建设。整个工程项目共分3期进行，共需投资1559682.9万元。

2. 风险辨识

结合历史资料和天津市其他相关工程的情况，得出天津市海河改造开发工程基本建设的投资风险因素。按风险的来源，可将风险分为四大部分：来自项目建造的风险、来自项目组的风险、来自国内的风险和来自国际的风险。用系统分析的方法找出可能导致投资风险发生的风险因素和其子因素，得到的一级风险因素图，详图略。

3. 投资风险估算

通过采用TAA法和神经网络响应面法两种方法计算投资风险概率，并对两种方法所得的结果进行对比，两者结果相差不大，因此可证明两种方法的计算结果具有真实、可靠性，是实用而又有效的风险概率计算方法（过程略）。根据海河开发改造项目今后状况的调研结果，应用相关理论及方法，可对海河开发改造项目投资可能发生的风险损失进行评估，计算过程略。

4. 海河开发改造项目投资风险评价

根据系统软件计算得出的风险评判结果，并通过对海河开发改造项目具体情况的调研，对投资项目中资金到位情况、材料及能源供给、设计的合理性、子项目单位的建立与完善、各子项目的安排是否符合系统工程的要求和项目的招标这六个风险因素会引发大的风险的原因进行分析（过程略）。

5. 应对风险的控制措施及建议

海河开发改造投资项目的风险控制措施及建议见表12-2。

海河开发改造投资项目风险控制措施及建议　　　　**表12-2**

项目中存在的不可忽视的风险源	可能风险后果	应对风险的措施及建议
资金缺口	部分资金尚未落实，资金缺口能否得到及时地弥补将决定工程能否完成	①增加政府投资； ②发展资本市场； ③吸引企业集团投资； ④启动民间投资； ⑤基础设施实行资产化经营； ⑥开拓项目融资； ⑦利用信托投资产品进行融资

续表

项目中存在的不可忽视的风险源	可能风险后果	应对风险的措施及建议
材料及能源供给	建筑材料的质量不合格将给项目的建造质量带来隐患，轻者会影响到建筑物的美观，重者会造成建筑物的严重损害和人员伤亡	①做足市场调查； ②对建筑材料的购买实行招标制； ③实行材料采购负责人制； ④做好对建筑材料购买的监督； ⑤准确预计建筑材料需用时间与数量； ⑥购买国外的建筑材料和设备时要注意汇率的变动
设计的合理性	商业区设计单一会使各商业区不能体现出自己的特色；停车场规模设计不合理会使得停车拥挤，车辆摆放不整齐；停车场位置设计不合理将会影响周边环境的整体效果	①对商业区广场的设计方案进行广泛的招标； ②对停车场的规模进行科学的设计； ③停车场位置的设计要从四周的景观状况出发
子项目单位的建立、完善程度	子项目单位建立不及时会导致对项目的管理和调控困难加大，给今后带来不必要的麻烦	成立临时组织来管理子项目单位的事务，待子项目单位建成后再进行业务的逐步交接
各子项目建造的安排	海河两岸基础设施建设项目属于一个系统工程，如果各子项目的建设顺序安排不合理，会使得海河两岸基础设施建设项目不但增加人力、物力和财力的投入还会延误项目的工期，使项目不能顺利进行	①运用系统分析和系统工程的原理和方法对项目进行系统的规划，找出各子项目间的关系，制定出多种合理的项目建造方案，并从中选取最优方案； ②认真地研究各工程的重要程度，建造时应先考虑建造较重要的工程
项目招标	招标范围狭隘可能会导致海河开发改造项目不能如期完成，技术要求难度高的工程无法实施	扩大投标单位的选择范围

三、天津市地下铁道 2 号、3 号线工程投资风险评估

1. 概况

天津市地铁 2 号线是天津市快速轨道交通网中的东西骨干线，西起中北镇曹庄，东至李明庄。线路全长 22.520km，其中地下线 20.196km，过渡及地面线 2.324km 全线设站 19 座，其中地下站 17 座（岛式站台），地面站 2 座（侧式站台）。

天津市地铁 3 号线是天津市快速轨道交通网中的西南东北主干线，西起西青区华苑产业园区的滨渠路，东至北辰区小淀。线路全长为 28.427km，其中高架线 6.23km，过渡段及地面线 2.227km，地下线 19.97km。全线共设 22 座车站，其中高架站 3 座，地下站 17 座，地面站 2 座，平均站间距 1.266km。

2. 风险评估

根据风险因素的不同，将地铁的投资风险按建造期和运营期两个时期分别进行分析；通过计算风险概率和风险后果的估算，得到了各子系统的风险值。将各子系统的风险值排序，根据制定的风险当量，得出需要控制的风险因素，控制措施见表 12-3。具体过程略。

地铁2号、3号线应对风险的控制措施　表12-3

工程中存在的不可忽视的风险源	可能风险后果	应对风险的措施
建造期项目的组织与协调	项目出现管理盲区。造成资产损失，工程延误；监管力度不够，直接引发重大事故	①组织机构设置合理化，一方面消除管理盲区，另一方面避免多头指令； ②严格考察和监督各施工承包方； ③遇到变化，信息传达要及时到位； ④增强各项目负责人的安全意识和处理突发事件的能力
正常运营收入风险	直接造成还贷困难，流动资金不足，项目再建设缺少资金支持	①合理制定和随经济增长情况调整票价； ②政府调控配合必要的宣传，鼓励市民乘坐，增加客流量； ③配套地铁的服务设施，改善乘坐环境，促进客运量增加； ④大力发展多种经营，增加税收和其他利润
施工现场设备的管理	工程阶段任务无法完成，工期延误；引起火灾、电击、落物等事故；导致人员伤亡，财产损失	①设备使用前，论证和考核工作能力，并进行技术经济论证； ②严格监督设备安全使用规程的落实，分级管理，责任明确； ③交叉使用项目综合管理设备，提高设备利用率； ④注意设备的保养和维护，避免超负荷和不规范操作； ⑤完善误操作应急措施
地铁施工设计情况	地铁线路规划不合理或施工难度过大．直接造成任务无法实现，工程失效	①从经济、技术角度多方面论证设计结果； ②借鉴其他地铁施工的成功经验和失败教训； ③严格审核程序，可以考虑由国外公司审核或者进行工程监理
施工期间对周边环境的影响	与地下管网改造和其他高层建筑交叉影响，制约地面交通，噪声扰民	①设计规划期间，对所穿越的高层建筑基础进行地质勘测，必要时进行隧道灌浆加固； ②与地下管网改造进行统一规划，尽量避免重复破土所造成的相互破坏； ③加强隧道的防水处理； ④对影响路面交通的施工段抓紧时间．严格保证工期，并合理调整原有行车路线； ⑤对市民进行必要宣传，取得谅解和支持
非正常运营支出风险	事故发生导致客流量减少，流动资金出现严重漏洞，导致企业负债	①注重地铁消防、抗洪等救助系统的安设和维护； ②地铁运营期间进行广开渠道融资，分担地铁运营的风险； ③合理投保，转嫁风险； ④利用媒体对市民进行安全教育
建设期资金落实情况	工程搁置，影响城市形象，降低政府在市民心中的威信	①将确保资金落实放在首要位置； ②加强与开发银行沟通．取得信任和支持； ③利用完善的地铁经营和合理的经济规划取得国际金融机构的认可，进行融、引资

3. 建议

根据风险值的计算和对天津市地铁施工实际情况的分析，借鉴莫斯科、巴黎、东京、新加坡、香港、上海、北京、广州等城市地铁建造和经营过程的经验以及教训，结合天津市市政建设的特点，提出以下几方面的建议。

（1）城市地铁的总体规划建议

①地铁交通网络的总体规划：在原有计划的基础上，加强考虑与北京城市交通的对接。

②地上地下的立体规划：地下管网、地铁施工以及地面建设尽量同步规划，同时进行，避免重复施工和相互影响。

（2）地铁建造过程中的风险控制

天津市地处沉积平原，地铁线路地下穿越月牙河、海河，地铁施工工况复杂。因此，参考北京、上海和广州地铁施工中相关事故时，主要应注意以下几方面的风险：控制隧道整体下沉；对地面高层建筑物的影响；砂土悬涌塌方；地下穿越河滩；防水施工工艺；地铁建设监理；地铁施工对城市的影响等。

（3）地铁产业的经营

①注重融资模式及融资工具。

②地铁经营中政府的角色。

③拉动地产增值。

④地铁票价灵活调整。

⑤地铁产业的多种经营。

（4）地铁的服务

地铁的服务应充分体现快捷、便利、舒适、人性化服务及文化等。

（5）地铁事故及处理

纵观国内外的地铁事故，结合天津地铁的具体情况，建议应注意以下几点：

①电力系统及控制系统故障引起的地铁事故；

②渗水及洪涝灾害对地铁施工及运营的影响；

③防灾系统；

④地铁的管理；

⑤地铁事故风险分担。

四、快速路工程投资风险评估

1. 快速路系统规划方案概况

快速路是天津市公路交通的重要组成部分，在道路中占有重要的位置，对提高城市交通有着重要的作用。快速路建设工程具有建设周期短、投资规模大、社会效益好的特征，因此对其进行投资风险评估是必不可少的。

天津市中心城区快速路系统由一条快速环路、四条快速通道（两横两纵）和两条快速联络线组成，全长约145km。

2. 风险评估

快速路风险评估的任务就是在对工程投资风险进行辨识的基础上，对投资风险发生的可能性和损害程度进行评价，计算风险值并对风险因素按大小进行排序，找出快速路规划中负责人关注的风险，提出应对风险的措施，帮助快速路规划项目组更好地完成这一重大工程，造福天津。

这里结合天津市其他相关工程和其他省市快速路工程的经验，将天津市快速路工程按风险的来源分为七大部分：资金到位情况、施工队的综合水平、材料及能源供应状况、采用新材料新工艺的可靠性、现场技术人员的总体水平、项目招标情况、意外风险。具体风险图略。

在风险辨识的基础上，采用一种新的概率计算方法——TAA，即结合改进的 TOPSIS、AHP 方法计算风险因素的状态值，再利用 BP 神经网络法计算风险发生的概率，经过系统软件计算，找出关键风险因素并将关键风险因素进行排序、整理，得到快速路的风险措施表。

3. 风险控制措施

快速路风险控制措施见表 12-4。

快速路风险控制措施　　表 12-4

工程中存在的不可忽视的风险源	可能风险后果	应对风险的措施
资金到位	影响工程进度，不能按时完工。无法按计划偿还贷款利息	①节约资源，确保在施工中不造成资金缺口； ②灵活运用资金，避免无谓损失
施工队的综合水平	工程质量与进度受到影响，影响还款计划	①制定合理的施工进度计划； ②施工人员应进行严格的培训，强调工程质量的重要性，强化工期意识
材料及能源供应状况	工程质量与进度受到影响，影响还款	①做好施工部门的内部沟通工作，确保信息传递顺畅； ②能源供应部门做到责任到人，确保施工的顺利进行； ③确保适时、适量地供应能源
新材料新工艺的可靠性	材料质量不合格给项目建造质量带来隐患，造成严重的经济损失	①制定合理的实施进度计划； ②采用招标形式进行材料及建材的采购； ③确立个人责任制制度，对采办人员的工作进行监督
现场技术人员的总体水平	工程施工质量与进度受到影响，且会造成安全隐患	①制定合理的施工计划和意外情况处理规定； ②对技术人员进行培训
招标风险	招标结果的好坏将直接影响到项目的投资成本、项目建造质量和工期的保证	①对招标过程实施监督，力争做到招投标过程公平、公正、透明； ②扩大投标单位的选择范围
意外风险	影响施工进度，不能按时完工，造成经济损失	①制定合理的安全施工规章制度； ②严格执行安全施工条例，严格奖惩制度

4. 建议

（1）控制由材料及能源供给引发的风险

快速路工程规模大，对建筑材料及能源的需求将是巨大的。建材市场货源充足，因此快速路工程所需建筑材料的数量可以得到满足。风险主要来源于材料的质量和价格。若是采用了不合格的建筑材料则会给工程造成严重的隐患，即有可能造成重大的经济损失。相反，若单纯追求高质量的建筑材料，较高的价格也会增加工程的投资。

建筑材料的质量关键在于采办，采办人员要做好市场调查和监督，对市场上建筑材料的供需情况做到心中有数。对购买的材料要进行抽样检查；其次，在招标中，要选择能够提供质优价廉材料并且信誉高的供应商；实行材料采购负责人制和奖惩制度，负责材料采购的人员对自己采购的建筑材料的质量、价格负责。如果建筑材料质量出现问题或材料价格超出合理范围将受到严重的处罚。下面是对采办方面的几点建议。

1）合理分配已有人员，对采办人员必须有相当的了解，做到人尽其用；另外，配套实施相关的激励制度或措施，建立科学的、分工合理的、配套成龙的招投标体系，以便问题发生时有据可依。

2）采办过程中需有专业人员指导，采办前要了解采购材料的相关技术指标；合理配备相关人员，尤其是明确各级别人员的核决权限，确定一整套保证招投标有效运转的规范；同时，积极协调业主之间的沟通，定期向业主询要评标结果，最好适时、有针对性地将多方业主集中到一起进行评标。

3）根据材料需求的时间和数量，合理估计采办需求，安排好进度计划。

（2）由项目投标引发的风险

快速路工程是由政府负责的，因此可以保证工程的投标过程按照国家有关项目招标的，在更大的范围内选择合理的投标规定进行。此外，快速路项目管理组织应站在全局的高度，在更大的范围内选择合理的投标单位，做好招投标工作，协调好各施工单位之间的关系，当工程出现问题时，加强工程管理，保证快速路工程能够按时按质地完成。

（3）控制新材料新工艺引发的风险

参照其他城市快速路建设过程中采用新材料新工艺的经验，在确保新材料和新工艺可靠的前提下，再用于工程建设中。购买新材料时，做好市场调查和监督并实行个人负责制，确保新材料的质量。

由于城市快速路系统在城市中的重要地位，建议市政府委托一个专业部门或成立一个专业管理单位负责快速路系统的全过程实施，对规划、设计、建设、运营的每一个阶段都进行审查，协调各部门的关系，控制工程投资、规模及范围，确保工程的连续性、科学性、合理性，使城市快速路系统在城市发展中得以发挥其最大的经济效益和社会效益。

（4）加强交通法规的教育

吸收国外与国内其他城市预防和减少交通事故方面的经验，加强交通法规教育，让更多的市民遵守交通法规，保证道路通行质量，提高道路利用率。我国交通安全形势严峻，交通事故数、伤亡人数，特别是特大恶性交通事故居高不下，严重影响道路正常通行。

①综合治理事故“黑点”路段，政府与公安交通管理部门要积极与交通、公路、城建等部门密切配合，互相支持，搞好协作；各部门要定期通报情况，研究分析道路交通安全的问题，共同治理道路安全隐患；进一步完善交通标志、标线、信号灯和安全设施等，为车辆安全通行提供良好的道路条件。

②坚持不懈地将交通安全宣传工作推向社会，让群众参加到交通法规教育的活动当

中，提高自主遵守法规的自觉性。

③坚持严格执法，树立执法权威；加强基础工作，严格驾驶员队伍的教育和管理；认真把好车辆入户、检验关。

第三节 某大型航运企业（安全）风险评估

1. 概况

近年来，几起海上事故的发生，特别是“富山”海轮发生的恶性沉船事故，使某大型航运企业公司的安全形势骤然严峻，安全问题也骤然被提升到一个特殊的高度。惨痛的教训深刻地说明：安全工作单靠高度重视和说教是远远不够的，传统的教管方式已经不能适应变化了的环境、形势和任务。就安全抓安全，功夫再大，也是头痛医头、脚痛医脚，难以解决安全管理深层次的问题。特别是历年来对事故发生原因的分析，更是充分说明生产经营中的安全问题必须标本兼治，实行综合管理，并且必须建立一个一方面在理论上达到国际水平，另一方面符合公司实际状况的安全管理长效机制。同时，从建立安全管理长效机制入手，建立科学的激管机制，逐步完善各项安全管理体系和防范措施，并狠抓落实状况，才能从根本上消除诸多的不安定因素，扭转安全管理的被动局面。

本项目旨在找出影响某大型航运企业公司第一利益的重要风险因素，并通过研究给出其控制措施，从而为决策者提供一种判断高风险项目的风险与效益是否均衡的办法，同时寻找安全风险与效益之间的量化关系，从而使公司的安全风险效益评估机制不仅在理论上达到国际先进水平，而且在实际生产经营中能更好地指导实践。

这里对该大型航运企业公司的安全风险进行评估。

2. 风险辨识

通过对该大型航运企业公司的现有安全管理体系和国内外相关安全风险方面的资料进行调研，利用智暴法、德尔菲法和情景分析等方法，进行全面的风险辨识工作，找出存在的风险事件及引发这些风险事件的风险因素。图 12-2 是该大型航运企业安全风险的一级事故树（详图略）。

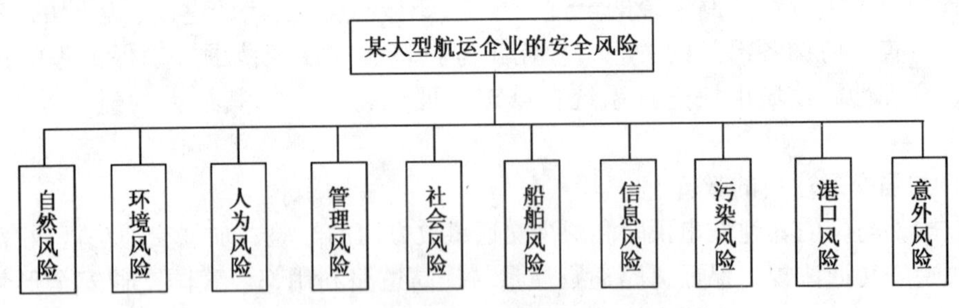

图 12-2 某大型航运企业的安全风险事故树

3. 风险计算

在确定风险源后，依据风险理论，将定性风险分析、半定量风险分析和定量风险分析三种方法相互交叉使用，结合本公司及国际国内其他航运企业的历史统计数据对风险因素的发生概率进行估算；再利用引入的风险事件损失程度综合评估方法对每一个风险事件可能造成的损失程度后果进行综合估算；之后，利用系统风险计算理论计算出每一个安全风险事件的风险值，并依据所选取的风险评价法则对其进行综合排序。计算过程略。

4. 风险措施依据计算结果，对各关键风险因素制定控制措施，见表12-5至表12-12。

自然、环境风险控制措施表　　**表12-5**

<table>
<tr><th colspan="2">风险事件</th><th>建议的风险控制措施</th></tr>
<tr><td rowspan="5">自然风险</td><td>能见度不良风险</td><td>①船舶应及时接收并阅读天气预报和航海警告。如有可能，在能见度变坏前抢测陆标或勤测船位，并开启和使用雷达；
②雾季航行时，船长应充分了解和分析雾情资料，并观察、掌握周围海面船舶动态，同时布置舵工手动操舵；
③船舶遇雾前，驾驶人员应对各种航行仪器、VHF无线电话、声号和航行灯等进行特别检查，以确保雾航中的正常使用。主管人员还应对全船的排水、压载、水密等设备进行全面检查，使之完全处于良好状态；
④加强瞭望守听。在特定情况下，如条件许可，应及时择地锚泊或滞航；
⑤严格按照船舶雾航安全制度航行。雾航中对有碰撞危险的船舶必须及时进行雷达连续观测、ARPA捕捉、标绘掌握来船的运动要素以及船舶自动识别系统（AIS）提供的附近船舶的信息，合理采取避碰行动</td></tr>
<tr><td>热带气旋风险</td><td rowspan="3">①以防为主、防抗结合、适时早避、留有余地；
②各职能部门严格按照《船岸防台须知》中的防台分工执行操作</td></tr>
<tr><td>强低压风险</td></tr>
<tr><td>温带气旋风险</td></tr>
<tr><td>涌浪风险</td><td>根据近年来相关海损事故的调查研究结果，建议对散货船的第一和第二舱盖应适当提高强度</td></tr>
<tr><td rowspan="3">环境风险</td><td>狭窄水道风险</td><td rowspan="3">①在进入各种复杂航区前，船长、驾驶员要提前熟悉相关水域的最新资料、航行通告、规章规定或特殊要求、临时情况通报及航道海图等，熟悉各种助航标志、位置情况等；
②进入复杂航区后要按航行计划，认真核对船标、船位，勤测船位，保持船舶处于有效控制状态；
③安全无把握时，可请示公司安排使用引水和拖轮。船长应始终在驾驶台指挥船舶航行；
④严格按照制度执行相关各项操作</td></tr>
<tr><td>港口航道交通密集区风险</td></tr>
<tr><td>通航密度风险</td></tr>
</table>

人为风险控制措施表　　**表12-6**

<table>
<tr><th colspan="2">风险事件</th><th>建议的风险控制措施</th></tr>
<tr><td rowspan="3">船员综合素质风险</td><td>因船长引起的风险</td><td rowspan="3">①加强岗前业务培训和相关的管理培训，并定期开展安全教育，牢固树立安全意识。在岗期间，应坚持定期进行船长、驾驶员综合测试，增强其业务知识水平；
②建议采取双责任制，即船长、政委都应对安全负首要责任；
③船长和引航员应交换有关航行方法、当地海况和船舶性能等情况、双方应紧密合作，并保持对船位和船舶动态随时进行动态监控；
④对引航员的错误操作，船长应及时指出，必要时加以纠正</td></tr>
<tr><td>因引航员引起的风险</td></tr>
<tr><td>因政委引起的风险</td></tr>
</table>

续表

风险事件		建议的风险控制措施
误操作风险	疏忽瞭望	①严格按照瞭头制度执行各项相关操作，并加强船员的思想教育； ②瞭头除了注意海面状况外，还应兼顾本船航行灯是否正常； ③应始终使用各种可利用的手段，包括但不限于视觉、听力和电子手段，以保持正规的瞭望。夜间瞭望时须准备好手提探照灯，以便适时探照海面，了解情况； ④瞭头应与当值驾驶员保持清楚的联络，且不得承担一切可能妨碍其瞭望地的其他任务； ⑤未经船长或值班驾驶员同意，瞭头不得擅离岗位。瞭头交接班必须在岗位进行。进出港口时，尤其要按船长指示安排瞭头
	抛锚操作风险	①驾驶员应考虑到锚地条件、气象、潮流情况以及通航流量； ②抛锚时，测定锚位和旋转半径； ③锚泊中，保持瞭望和巡回检查； ④密切监视周围船舶的动态
	系泊操作风险	①应按照《船舶系泊安全制度》切实做好各项系泊准备工作； ②船长应密切配合并监督引航员的操作； ③注意有无障碍物及船艉距离； ④大副、二副各负其责；船贴近码头时，两人相互配合使船均匀贴近； ⑤注意防止磨损缆绳，靠妥后应保持缆绳受力均匀； ⑥认真做好系泊值班和锚泊值班工作
	压、排水操作风险	①为避免局部应力过大，压排水与装卸顺序应相匹配；当压排水速率与装卸速率不匹配时，一定要及时进行调整和处置； ②压水时应注意进水流量状况，快满时及时测量、及时调整进水流量、及时停泵以免压爆水舱； ③无纵向隔堵的压载水舱，压水时应尽量压满，以减少船舶横摇时对船体结构的冲击力； ④交换压载水时，应分别对拟进行排空式交换的水舱空、半满和满三种情况进行稳性、强度、吃水计算，其操作应在良好海况下进行
	装卸操作风险	①严格按照装卸计划和顺序安排操作，大副应计算各种装卸情况下船体的应力状况，值班驾驶员应经常核查六面吃水； ②完货前调整吃水，防止超载或超限吃水，货物平仓一定要达到标准要求，保持船舶正浮； ③装卸高密度货时，应按文星计算书要求隔舱装载，并监督港方保持船舶经常处于正浮状态

管理风险控制措施表　　　　**表 12-7**

风险事件	建议的风险控制措施
船舶火灾应急管理	①发生火灾时，值班驾驶员应立即通知船长并发出紧急报警信号，同时关闭起火舱通风装置，通知电机员切断相关电路； ②船长应立即上驾驶台，全体人员到指定地点集合，并按应急部署展开扑救行动。同时根据相关规定，悬挂相应的号灯和号型； ③如在航行时发生火灾，应注意减速操船，使火区处于下风；如在港口发生火灾，应立即停止装卸等各项作业，并及时报告港口当局； ④对相邻舱进行检查，防止火灾蔓延，尤其对重点部位应加以保护

续表

风险事件	建议的风险控制措施
搁浅、触礁应急管理	①值班员发现船舶搁浅或触礁时，应立即停船并拉响警报，船长上驾驶台，全体人员按应急部署展开抢险，并悬挂相应的号灯和号型； ②船长应命令大副抛双锚，值班驾驶员立即定位，二副负责立即向公司调度室报告．并启动所有通信设备待命，大副应组织人员确定搁浅部位，检查船底受损情况．同时测量油位水位变化； ③船长应熟悉搁浅或触礁水域的地质、气象、潮流等各项海况，以了解脱浅可能性并考虑采取进一步措施； ④情况紧急时，船长在请示公司后可提请第三方救助
船体及重要结构损坏应急管理	①船长应立即上驾驶台，并发出船体重要结构损坏警报，全体船员应立即携带相关器材赶到指定地点集合．并按应急部署展开抢险； ②大副迅速组织查明船体漏损部位、损坏情况、进水量和油位水位变化，并立即报告船长，以确定施救方案； ③船长应采取变向变速等措施，尽可能将破裂部位操纵至下风舷，以减少损坏的进一步扩大； ④堵漏时，如进水量过大，应立即通知机舱排水，并紧闭水舱四周的水密门和隔舱阀，必要时加固临近的舱壁； ⑤如进水严重，船长应立即请示公司安排救助，必要时可择地抢滩或宣布弃船
弃船救生应急管理	①船长发出弃船警报，并通知机舱值班人员撤离，全体人员应在 2 分钟内到达指定地点集合，点名并做好放艇准备； ②弃船前应关闭各类机器、阀门，并切断所有电路
人员落水应急管理	①发现人员落水应立即发出人员落水警报，驾驶台抛下 MOB，并立即向落水者一侧满舵； ②船长迅速上驾驶台通知机舱备车，当船首向与原航向相差 60 度时，再满舵的另一侧，当与原航向反向 180 度时，寻找落水者； ③组织人员迅速做好放艇救助工作，医护人员做好急救准备工作

社会风险控制措施表 **表 12-8**

风险事件	建议的风险控制措施
海盗风险	①完善责任区划分制度，尤其重视梯口值班。在海盗经常出没区域应加强巡视工作，勤做思想工作，防止产生麻痹思想； ②发现海盗企图强行登船时，立即拉响警报，船长立即上驾驶台，二副立即进报房并启动所有通信设备待命，全体船员按照应急部署表的规定到指定地点集合，占据有利位置，展开防海盗行动； ③保持电台对外信息畅通，情况紧急时，应立即在各遇险频道上发出遇险求救信号或直接向海上搜救中心报告
偷渡风险 走私及贩毒风险	①坚持梯口值班登记制度，并严格执行船舶抵离港前的防偷渡检查制度。划分区域，分工包干，责任到人； ②装货时根据港口情况进行监装和必要的检查并及时封舱加锁； ③船舶在港时，应加强值班和夜间巡视工作； ④应特别重视加强船员思想教育提高船员防偷渡、防走私的法制观念

续表

风险事件	建议的风险控制措施
战争及动乱风险	①应切实做好各项应急准备，尤其要确保主副机舵机、消防设备及各种通信设备工作正常，备妥足够的淡水和伙食，全船处于高度戒备状态做好各种抢险准备； ②船长应视情况设计安全航线，尽快驶离或避开战区； ③战区航行期间，驾驶台值班人员应谨慎驾驶并加强海空瞭望； ④发生紧急情况时，船长应立即向全船发出警报全体人员按应变部署表的规定展开行动

信息港口风险控制措施表　　表 12-9

风险事件	建议的风险控制措施
货运及生产信息管理风险	该大型航运企业公司主机上运行着航运调度系统、财务管理系统等涉及公司生产经营的核心数据。必须将其备份一份放到本地机房，另一份放到异地。如利用公司机房的设备进行异地数据备份，则可以在公司大厦发生灾难性事故时使公司数据不致丢失；如与相关部门互为备份则可以在该地区发生灾难性事故情况下保证公司数据信息的安全
网络管理风险	由于公司局域网目前只能做到设备级监控，即只能监控到设备工作状态是否正常而不能监控到哪个计算机有不正常的数据传输，故应引进相应的管理软件从而及时发现此类问题。此外，适时安装网络即时监控软件也可以及时发现并记录各类故障出现的时间和问题所在
泊位风险	总调度室按照"总调度室工作标准"，接到各航运部各船队"货载安排通知单"和船舶装卸的实际情况，结合预抵港的情况，向驻港国机构书面通知船舶装卸货物情况（包括预计抵港时间、货种装卸数量和货物分舱数、吃水等）并布置办事处了解泊位情况、近期港口装卸相同货物有冲突的船舶情况、确定该大型航运企业船舶泊位和靠泊计划；了解货物报关报验、集疏港情况港口机构作业情况天气情况，掌握船舶在港生产进度；对现场反馈的情况作出具体的指示

船舶风险控制措施表　　表 12-10

风险事件	建议的风险控制措施
推进装置及其附属设备风险	①主机发生故障时，轮机长立即通知驾驶台报告船长，如需立即停船时须征得船长同意； ②船长立即上驾驶台，发出主机故障速报，全体船员按照应急部署表所规定的职责进行抢险。如距岸较近，应备双锚； ③轮机长应立即组织人员抢修主机，如不能立即修复，则应报告船长取得岸基支持； ④当推进装置发生故障时，船长应用舵、锚的作用驶至安全地点或抛锚
船体老化风险	①在无法更新的情况下，应采取有效措施，加强跟踪管理，适当缩短船舶设备检修、养护周期和各种电气装置绝缘电阻测量周期； ②在改变原有的用途或航区时，必须向海事管理机构认可的船舶检验机构申请临时检验
消防设备风险	①大型固定灭火系统应经常处于良好可用状态，同时要注意药剂在有效期内； ②烟火探测系统应随时处于良好状态，船长、驾驶员会熟练操作；各类手提灭火器应按期检查保养、称重、换药并加以记录； ③消防水龙带应完好，无破损漏水现象，水龙带表面清洁，卡箍无锈蚀，禁止消防以外使用；消火栓应保证活络、无滴漏现象； ④火警报警系统应处于正常状态；全船防火隔离自闭门应处于常闭状态，不能被绳或铁丝捆绑处于敞开状态，闭门器能起到自闭作用

续表

风险事件	建议的风险控制措施
救生设备风险	①救生艇内属具应齐全，无过期和损坏物品，艇内外应整洁。对属具应按规定核实与保养，使之齐全完好； ②每只救生筏应处于良好、随时可使用状态，每年应检查一次。救生圈、救生衣数量应满足配备要求，并清楚标注； ③自亮浮灯应保持有电不过期，应贴有反光带，保持清洁，不损坏、不老化；保温救生服、保温袋配备应符合要求，不破损且到期更换
舵装置风险	①舵机发生故障，值班驾驶员应立即报告船长。船长应立即上驾驶台发出船舶失控警报，并用 VHF 发布通告，悬挂信号； ②船长应指挥人员备锚、瞭望，水手长做好抢滩等应急准备； ③驾驶员、值班水手及电机员迅速到达舵机房，将舵机转换为应急状态。船长负责指挥并驾驶船舶，三副负责传达舵令； ④轮机长应立即组织人员协助电机员抢修舵机。如不能立即修复，应报告船长取得岸基支持

污染风险控制措施表　　**表 12-11**

风险事件	建议的风险控制措施
污油污染	①船舶在港口或锚泊期间如发现本船附近出现油迹，应立即确认是否为本船泄漏。如系本船造成油污事故，船长应组织人员立即封堵污染源、清除回收污染物、防止污染扩散，视情况决定是否通知代理及报告有关当局联系协助清除污染物； ②船长应及时向公司机务部门报告污染及处理的详细情况。船舶在海上发生严重油污染事故时，船长应按国际防污染公约规定，通过当时可利用的最快通信渠道，尽快向最近的沿海国报告
垃圾污染	船舶应备有密封良好的专用垃圾袋和标志明显的专用垃圾桶，加工垃圾时如燃烧不充分，可能产生某些有毒气体，从而违反大气污染规则，其灰渣可能含有重金属或其他有毒残余物，不能排放入海；生活垃圾、货物相关垃圾及维修垃圾等应集中分类存放并标记清楚
污水污染	船舶应保持生活污水处理设备维护保养及正常运转，主管轮机员应按时投药，按时化验并保证处理后污水的各项指标符合公约的要求。遵守各港口有关生活污水的排放规定
压载水污染	船长应按照各国港口有关规定实行船舶压载水管理，以减少通过船舶压线水和相关沉积物引进有害水生物和病原体的危险

意外风险控制措施表　　**表 12-12**

风险事件	建议的风险控制措施
碰撞搁浅、触礁风险	①通过连续系统观察雷达和罗经方位的任何变化以及任何自动或手动雷达标绘来确认是否处于紧迫局面； ②让路船应及时采取大幅度的行动宽裕地让请他船，并应仔细核查避让行动的有效性； ③当发觉让路船显然没有遵守规则而采取适当行动时，直航船可独自采取操纵行动以避免碰撞； ④特殊情况下毫不犹豫地使用相关声号并通过其他方式（如 VHF）与其他船取得联系； ⑤值班员发现船舶搁浅或触礁时立即停船，并拉响警报，船长登上驾驶台，全体人员按照碰撞搁浅应急预案实施抢险

续表

风险事件	建议的风险控制措施
走锚风险	①使用不同方式频繁校测船位； ②若有走锚危险时通知船长并准备主机操纵。必要时考虑抛下第二只锚
人员伤亡风险	①不论情况如何，均应采取抢救措施，船长应命令二副立即启动电台所有通信设备，并尽快报告公司调度室请求医疗咨询或支援； ②大副负责伤病员的保护、运送工作，医生负责伤病员的抢救治疗工作，将治疗方案向公司有关处室汇报； ③情况紧急时，船长立即电告公司安排靠港或采用最快方式送岸治疗。当发生人员死亡时船长应立即报告公司调度室执行公司应急反应小组制定的善后措施

5. 有关潜在的人员风险控制措施的几点建议

安全工作要时刻保持高度警惕。安全预防工作是经常性管理工作的重要内容,靠一时的突击没有保证,只有抓平时、抓点滴、抓弱项、常抓不懈,才能求“万全”,防“万一”。

安全预防工作无小事，凡涉及安全预防工作的，各级部门、各级领导都要有为了安全一切让路的思想，都要有高度的责任感、危机感和紧迫感，所以，盲目乐观不行，拖拉疲沓更要不得。要防止出现“万一”，最重要的是杜绝“三违”行为、加强安全检查和增加必要的安全投入，消除发生事故的隐患。

“隐患险于明火，防范胜于救灾。”安全重在防范而不是处理后事。航行作业中的安全隐患除了一些如设备问题等不可避免的客观原因外，人是影响安全最重要的因素，大多事故与船员不健康的心理因素有关。船员应克服以下三种心理。

①认识不足。有些船员安全风险意识淡薄，思想上麻痹大意，工作上莽撞，由此导致一些误操作或事故发生。更有的船员对安全隐患缺乏分辨能力，对风险估计不足，以至于风险事件发生时，不能采取有效的应急措施。

②冒险心理。尤其是一些年轻的船员，性格倔强，喜欢冒险，常常把冒险与勇敢混为一谈，敢做别人不敢做的事，敢违反规定去做事，自认为这种冒险能让同伴佩服。

③侥幸心理。经调查，侥幸心理在航行操作中也表现得比较突出。以为风险事故不会降临在自己身上或没那么容易发生，置各种规程规定和技术措施于不顾，怕麻烦、图省事，对于习惯性违章习以为常，认为自己这样干了很多年都没有出事，因而忽略了安全隐患而最终酿成大祸。

针对以上三种不健康的心理因素，应采取以下对策。

①要加强对船员业务知识和安全规程的培训，努力提高他们的业务技能和安全风险意识，让他们意识到安全总是头等大事，必须时时留神，处处留心。

②要经常用重大事故的教训对船员进行教育和警示，讲清冒险是一种轻率，是对自己对他人和对企业不负责的表现，要求他们珍惜自己和他人的生命。

③要帮助他们认真分析产生侥幸心理的原因和将导致的危害，树立“不怕一万，就怕万一”的思想，而且侥幸心理所要付出的代价非常大。

④要加强执行力度，即使再完备再缜密的安全规章制度，如果执行力度不够，也同样可能会导致事故的发生。形式主义的存在，致使很多安全工作没有真正落实到位，形式主

义在应急演练方面表现为没有针对性，通常是读安规、念文件记录，由某人编制的情况也不少，纯属应付检查，已经失去了它的意义。

针对风险投入：公司应增加必要的安全风险投入，安全管理机构、船舶设备、措施及船员的安全培训等不应成为成本控制最优先考虑的对象或被当成最先可节省的成本。

针对隐瞒不报：强化举报激励机制，对举报人给予重奖。充分发挥船员的监督作用，多辅之以重奖。通过给举报人重奖的方式，激励船员按规章操作，加强其责任心，从风险角度来讲，可以起到降低风险发生概率的效果。

针对安全检查：船舶安全检查，在检查工作思路清晰、目标明确的基础上，还应与时俱进，对检查人员实行"检查责任制"。按照"谁检查、谁负责"的原则，对负有间接和直接责任的领导实行责任追究的同时，对该项工作负有检查责任的有关人员，也应该负连带责任，使检查者有"责任重于泰山"的观念。安全检查固然重要，但对检查出来的问题，如何抓整改抓落实更为重要。实行检查责任制，可以增强检查人员的责任心，使其认真细致地进行检查，对检查出的问题，及时督促相关部门进行解决，对自身不能解决的问题，也可以通过其桥梁和纽带作用，请求上级给予帮助解决。这样，也给下次检查的同志交了一本明白账。只有这样，安全检查才能真正取得实效。

第四节　南水北调中线工程施工阶段环境风险分析

一、概述

长距离调水工程会对区域生态与环境产生深远的影响，其影响涉及的范围广、时间长、影响的环境因素众多，并且对环境的影响通常是工程可行性的主要限制因素之一。因而，加强工程施工期和运行期的环境风险评估至关重要，它既可为工程的环境风险作出科学的预测，也是有关部门制订切实可行的、具有可操作性的环境管理与监测计划的依据。

根据水利工程对环境影响的特点，本文以南水北调中线干线施工项目作为研究基础，对南水北调中线总干渠施工期进行风险分析。着重在施工阶段环境风险因子识别的基础上，使用层次分析法对南水北调工程施工期的环境风险进行评估，为南水北调工程在施工期的环境风险管理提供科学的依据。

南水北调中线总干渠自丹江口水库陶岔渠首引水，经南阳过白河后跨方城垭口入淮河流域，经宝丰、禹州、新郑西，在郑州西北孤柏咀处穿越黄河，然后沿太行山东麓山前平原、京广铁路西侧北上进入北京市玉渊潭，总干渠全长1241.2km。天津干渠自河北省徐水县西黑山村北总干渠上分水向东至天津西河闸，全长142km。总干渠沟通长江、淮河、黄河、海河四大流域，需穿过黄河干流及其他集流面积10km^{2}以上河流219条，跨越铁路44处，需建跨总干渠的公路桥571座，此外还有节制闸、分水闸、退水建筑物和隧洞、暗渠等，各类建筑物共936座，其中最大工程的是穿越黄河工程。穿越黄河隧道工程全长约7.2km，采用两条内径8.5m圆形断面隧道。天津干渠穿越大小河流48条，有建筑物119座。渠道全线按不同土质，分别采用混凝土、水泥土、喷浆抹面等方式全断面衬砌，防渗减糙。主要工程量有：土方开挖6.0亿m^3，石方开挖0.6亿m^3，土石方填筑2~3亿m^3，混凝土浇筑1583万m^3，工期约需6年时间。

这里对南水北调中线干线施工项目环境影响进行风险分析。

二、风险评估

1. 风险源和风险类别的辨识

在考虑到我国国情的基础上，以世行项目标准为蓝本，经过专家咨询，南水北调工程施工阶段环境指标包括环境卫生、施工人员的健康问题、开挖回填施工阶段的管理、承包商清退场、公众投诉、安全问题事故的处理等6个方面。

（1）环境卫生

大型调水工程施工期间大量人员涌入，进行施工和其他经营活动，施工区和生活营地往往卫生条件差，使爆发流行性传染病机会大大增加，一旦发生疫情，将对整个施工区内的人员造成极大威胁。

（2）施工人员的健康

施工人员的健康问题主要表现在医疗保健、疾病类型、医疗条件等3个方面。

（3）开挖回填施工阶段的管理

风险主要来自洪水冲毁防护堤的危险等。南水北调就中线考虑，沿途穿越河南、河北的山前冲积平原，经过大小桥梁、洞涵1000多座，山前平原为洪水高发区，干渠发生水毁风险的可能很大。承包商也要对隧洞开挖废弃物的处理给予关注，工程竣工后对渣场进行平整处理。

（4）承包商清退场

南水北调中线工程的工期历时多年，施工队伍众多，施工区范围广、战线长，沿线占用耕地，破坏植被。承包商撤离施工现场后，施工区及生活营地应适当恢复，防止在工程完工后给工程所在地造成遗留问题。

（5）公众投诉

主要是评价业主处理公众投诉问题的力度。评价受工程直接或间接影响的人、机构、非政府组织等是否事先了解工程情况；他们的意见是否能反映到工程的规划、设计、实施和运行中去；公众告知是否充分；协商渠道、过程是否畅通、合理、有效等。

（6）安全问题事故的处理

主要是承包商对突发安全事故的关注程度与处理能力。

2. 风险评价

构建该项目的风险模型，建立其风险的判断矩阵，并计算出各层权重及总权重排序。按层次分析法，组织专家对影响项目的环境风险因子打分，得各层风险判断矩阵，并求得归一化相对重要性排序权值。计算过程略。

根据以上对风险的分析结果可知风险值排序为：

（1）开挖回填施工阶段的管理；

（2）承包商清退场；

（3）安全问题事故的处理；

（4）施工人员的健康；

（5）环境卫生；

（6）公众投诉。

3. 结果分析与建议

在现有情况下，业主处理公众投诉和施工区环境卫生等方面做得都很好，需重点注意开挖回填阶段和承包商清退场的管理，避免留下遗留问题。

边坡防护事关干渠的安危，弃渣的平整绿化关系工程与地方关系的好坏，要作为重中之重；由于我国卫生事业的进步，医疗保健和医疗条件有了很大改善，施工人员基本上能保证健康的身体。

就评价目标“施工区环境污染问题的处理”的角度要解决施工区环境污染问题最应该注意饮食卫生，而灭鼠、病菌感染等较次要。

跨流域大型调水工程的建设通常会给相关区域的生态和环境产生广泛的影响。加强对工程施工期和运行期的环境管理和监督是减免工程不利环境影响的重要保障措施，运用层次分析法，将影响工程的环境因子的相对重要性进行排序，为工程业主、环境监理以及承包商项目施工阶段的环境风险处理决策提供有效的依据，指明环境管理的重点，以期向风险权重较大的环境因子适当进行人力、物力的倾斜，使项目的环境风险减为最小。

第五节　公路路基工程风险评估

一、概述

路基施工中的特殊地质和恶劣气候条件都使工程充满风险，一旦管理不善，将造成重大损失，甚至造成人身伤亡。所以，对公路路基工程风险进行研究，分析风险因素，辨识风险事件，对风险进行评估，从而有效预防和控制风险，对于减少经济损失和人身伤亡、完善公路路基施工风险管理理论、提高企业风险管理水平都具有重大意义。

本研究以天津某公路路基工程风险管理为例，旨在找出影响安全的重要风险因素，并通过研究给出风险控制措施，从而使定量风险管理不仅在理论上达到先进水平，而且在实际生产经营中能更好地指导实践。

二、路基工程风险辨识

结合该工程实际及其他相关工程的经验，对风险事件及风险因素进行全面分析。最后，运用事故树（FTA）方法给出风险事故树。将路基工程按风险的来源，分为十四大部分：资金到位情况、施工队的综合水平、材料及能源供应状况、采用新材料新工艺的可靠性、现场技术人员的总体水平、项目招标情况、设计风险、勘察风险、监理风险、现场混合料搅拌风险、压实风险、工程质量风险、自然风险和意外风险。如图 12-3 所示（详图略）。

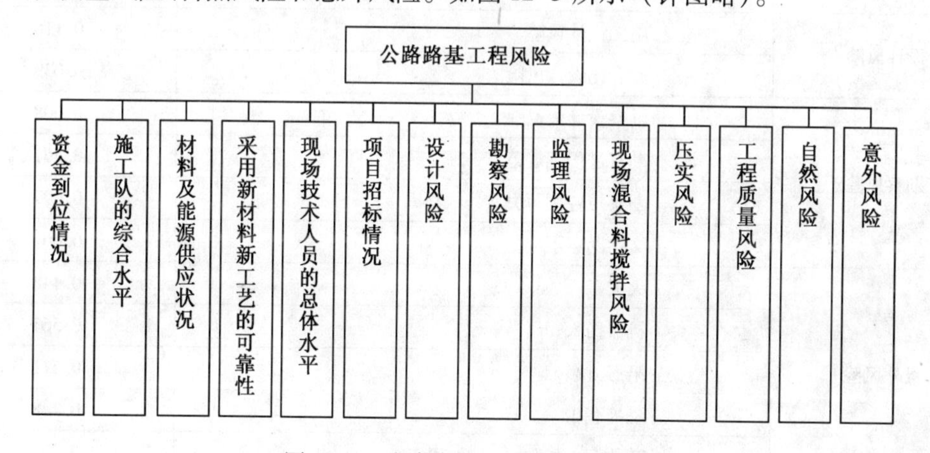

图 12-3　公路路基工程风险事故树

三、路基工程风险计算

根据交叉熵与神经网络的风险概率计算模型，结合风险辨识以及专家调查表，计算出系统中各风险事件的风险值，计算过程略。计算出系统中各风险事件的风险值如下表12-13。

系统风险值计算结果　　表12-13

风险事件		风险值
资金到位风险	弥补资金缺口的难度	0.337
	项目经济预算的科学性	0.224
施工队综合水平风险	对施工质量的保证	0.336
	对施工工期的保证	0.224
材料及能源供应风险	水、电等能源的供应保证	0.448
新材料新工艺可靠性风险	采用新材料的可靠性	0.336
现场技术人员的总体水平风险	技术人员的专业水平	0.224
	技术人员现场解决问题的能力	0.116
招标风险	招标过程是否按照规程进行	0.336
	投标单位选择的合理性	0.077
合同管理	合同条款遗漏	0.097
	合同表达有误	0.116
	合同类型选择不当	0.561
	承发包模式选择有误	0.116
	索赔管理不力	0.097
	合同纠纷	0.077
监理风险	监理员所在单位的资质	0.097
	监理员的资质	0.116
	监理员的工作经验	0.007
	监理员的道德水平	0.058
设计风险	施工设计风险	0.116
	配合比设计风险	0.039
勘察风险	勘察设计失误	0.008
	勘察过程不规范	0.561
	勘察报告撰写失实	0.097
	文物勘察不准	0.007
意外风险	火灾	0.448
	机器伤人	0.561
	第三方影响	0.511
	恐怖袭击	0.448
	其他意外风险	0.336

续表

风 险 事 件			风险值
现场混合料搅拌风险	配合比不符合设计要求		0.077
	配合料搅拌不均		0.337
压实风险	机械选取不当		0.224
	工艺及方法选取不当		0.336
	橡皮土或翻浆		0.224
工程质量风险 社会风险	修筑垫层	水稳定性和隔热性不好	0.097
	基　层	强度、刚度和水稳性不够、表面不平整	0.336
	面　层	强度和刚度不够	0.224
		稳定性不够	0.116
		耐久性不够	0.077
		表面性能不好	0.387
		失水干缩	0.448
		冷缩	0.256
		填料土质不均匀、含水量不均匀、施工方法不当等	0.383
		路面自身强度不足	0.336
		路基和路面基层的强度和水稳定性差	0.224
		使用了性能不稳定的水泥	0.116
		板角处受连续荷载作用、基础支撑强度不足	0.077
	路面板表面损坏	过度抹面、养护不及时，集料质量低	0.097
		混凝土路面表层强度不足	0.448
		混合料不均匀	0.336
	接缝损坏	填缝料本身质量不合格或老化，脆裂	0.224
		填缝料损坏，杂物侵入胀缝，雨水渗入基层和垫层	0.077
	路面板的变形破坏	横缝处未设置传力杆，压实不均匀	0.097
		胀缝被硬物阻塞，或胀缝设置过少	0.116
		雨水软化路基体	0.448
	软土地基路堤	填料选择不当，填筑方法不当，压实度不足	0.560
		边坡坡脚被冲刷掏空，或填土层次安排不当	0.336
		不良地质和水文条件	0.097
	膨胀土边坡	边坡太陡	0.224
		地表水流影响	0.058

续表

风险事件			风险值
工程质量风险 社会风险	膨胀土边坡	边部未压实或边坡变形	0.097
		含水量过高	0.639
		填土性质及开挖坡率	0.673
	桥梁工程	桥台的竖向刚度太大	0.511
		桥面铺设质量不合格	0.097
		伸缩装置设计及施工不善	0.336
自然风险	恶劣天气		0.096
	地震		0.009

四、风险评价及控制

通过前述分析，部分风险事件的风险值超过了风险评价标准。为了对风险决策提供科学指导，将需控制因素按照各失效模式加以排序、整理，并给出相应的措施。

根据上述公路路基工程进行的风险分析，应针对工程的关键风险因素提出技术上可行、经济上合理的预防措施，以尽可能低的风险成本来降低风险发生的可能性，并将风险损失控制在最小程度。就本工程提出以下建议：

1. 控制由材料及能源供给引发的风险

需关注材料的质量和价格。由于市场上建筑材料质量良莠不齐，负责材料采办的单位能否为工程提供质优价廉的建筑材料将会对该工程造成很大的影响。建筑材料的质量不合格将给项目的建造质量带来隐患，造成严重的经济损失。建筑材料的购买价格也将对工程造成很大的影响。由于工程所需建材数量很大，因此较高的价格，也会增加工程成本。

材料的质量能否得到保障和购买价格是材料和能源供给引发的风险的关键风险因素。做好市场调查和监督，对市场上建筑材料的供应情况（价格、质量等）做到心中有数。对购买的材料要进行抽样检查，并对采购人员进行监督；其次，对建筑材料的购买实行招标，从众多的建筑材料供应商中选择能够提供质优价廉并且信誉高的供应商；实行材料采购负责人制和奖惩制度，负责材料采购的人员对自己采购的建筑材料的质量、价格负责。如果建筑材料质量出现问题或材料价格超出合理范围，其将受到严重的处罚。下面是采办方面的几点建议：

（1）采办人力物力资源

合理分配已有人员，事先了解每个人的长处，做到人尽其用；同时，制定完善的权责分配制度和有效的奖惩机制，以便问题发生时有人可查，有据可依。

（2）采办招投标过程

事先充分了解采购材料的品名、规格和相关技术指标；建立科学的、分工合理的、配套成龙的招投标体系，合理配备相关人员，尤其是明确各级别人员的权限，确定一整套保证招投标有效运转的规范；同时，积极协调业主之间的沟通，定期向业主询要评标结果，最好适时地、有针对性地将多方业主集中到一起进行评标。

（3）采办需求和进度计划

1）准确预计材料需用时间与数量，防止供应中断，影响工期；

2）避免材料存储过多，积压资金，占用空间；

3）努力使需求进度计划配合项目工程进度和资金调度；

4）尽量留出充裕的时间让采购部门事先准备，以选择有利时机进行采办；

5）确立材料耗用标准，以便管理材料采购数量、成本和进度。

（4）供应商

采办项目能否顺利实施，很大程度上取决于供应商的选择。建议多方收集供应信息，开发新的供应源；同时，对已建立长久合作关系的供应商不能掉以轻心，要切实落实签订合同后的跟踪和催交工作。

2. 由项目投标引发的风险

项目的招标本身对项目而言就十分的重要。因为招标结果的好坏将直接影响到项目的投资成本、项目建造质量和工期。

做好招投标工作，协调好各施工单位之间的关系，加强管理，保证工程能够按时、保质保量地完成。

3. 控制新材料新工艺引发风险

在工程中如果采用新材料、新工艺则会增加工程的难度，但并不是说不能使用新材料、新工艺。要确保新材料、新工艺可靠的基础，以确保工程的质量达标，否则会给工程按期完成带来困难，甚至造成较大的经济损失。

鉴于工程的重要性，建议委托一个专业部门或成立一个专业管理机构负责全过程的实施，对规划、设计、建设、运营的每一个阶段都进行审查，协调各部门的关系，控制工程投资、规模及范围，确保工程的连续性、科学性、合理性。

4. 采取措施，确保施工质量

质量是工程的生命，该改线工程完工后将承担繁重的交通运输任务，另外，施工区域工程地质条件较为复杂，且有多个人工取土水坑需要充填，故采取措施提高工程质量更具重要意义。为确保施工质量，建议采取以下措施：

（1）在设计上，应严格按设计规范及规程进行设计，并结合工程实际，从管理、组织、工艺、技术、经济等各方面进行全面系统地分析，力求技术可行、工艺先进、经济合理；

（2）选择合适的勘探手段和勘探技术途径，开展软粘土基本特性研究，确定合理的软土地基加固方案；

（3）严格按照填料配合比试验确定的配合比充填混合料；

（4）严格按照填料配合比试验确定的二灰土的施工控制含水量与碾压合格干密度标准进行施工；

（5）施工过程中应使用轻型井点、管井井点或简便方法，降低地下水位至坑底以下，保障干场作业，如留有淤泥，应进行处理；

（6）对于填土和原土接触面进行处理，建议在填筑过程中，应开磴或削坡，发现草木杂物要予以清除，不得进入填方之中；

（7）根据施工现场条件、施工单位经济技术条件、施工组织设计等具体情况选择配备施工机械、器具，施工初期可采用10t左右的压路机进行碾压，待取得经验后，在不产生弹簧土的前提下，可适当增加压路机的重量；

（8）加强现场管理。因为所需土方量较大，为防止土场土的性质及干湿度差异较大，建议设专人对土质及土的干湿度进行检查，并对土进行分类，按不同的处理方法区别对待，合理使用；

（9）选择合理施工方法，并严格按规范要求控制压实度，加强路面及基层强度及水稳定性；

（10）对边坡工程进行防护与加固；

（11）采取措施提高桥梁工程质量；

（12）要建立完善的监理制度和施工管理程序，要求施工技术人员要以高度负责的精神，制定详细的施工组织设计，并认真组织实施，确保工程质量；

（13）委派专业人员使用专门仪器设备检测监控碾压前二灰土料含水量和碾压后达到的干密度；

（14）对软土地基路堤，除按一般地区路堤施工方法进行处理外，在路堤填筑过程中还必须进行沉降和稳定性动态监测。一般每填一层进行一次监测，路堤中心线地面沉降速率不大于0.01m/d；坡脚水平位移速率不大于0.005m/d。当接近或达到极限填土高度时，严格控制填土速率，以免因加载过快而造成地基破坏；

（15）所有施工机械必须配套齐全，性能良好，符合施工要求。所有进场材料、配件、土工织物等必须符合设计要求，经抽检合格后，才能验收进场。监理在审批开工报告时严格把关；

（16）严格按规范施工，分层填筑分层压实。严格控制分层填筑厚度，实行各层均报监理检验制度，不经监理检查合格不得进行下一层施工；

（17）不合格的填料坚决不能使用，取土场的填料必须取样试验合格后方可使用。填料含水率必须严格控制在设计规定的范围内，超标时必须进行晾晒或采取改良措施，含水率达不到要求，不得强行施工和碾压；

（18）注重教育和培训，增强全员的忧患意识和质量意识。进行全面质量管理知识和职业道德的培训；

（19）重视和发挥质量保证体系的作用，增加质量投入，重视QC小组的攻关活动实行组织形式，采用“三结合”即工序、工程队和企业技术部门三结合；人员构成“三结合”，即生产工人、管理人员、技术人员三结合；攻关课题“三层次”，即按管理跨度组织力量，分别攻克全面性的重大难题、各条施工线的突出问题、工序上的质量难题。同时，将质量小组活动作为企业质量工作的基础，纳入质量管理的正轨，给予足够扶持和积极引导；

（20）从制度建设入手，严格考核质量责任和奖惩兑现。

第六节　某输气管道铺设过程风险分析

一、概况

此油气开采项目的外输段指从SPM到路上终端，全长90.5km，呈西北—东南走向，采用14″钢管，加水泥配重层。分别由两艘铺管船进行深海段和浅海段进行铺管作业。根据施工特点，将外输段划分登陆段、近岸段、浅海段和深海段。由于篇幅限制，仅介绍登陆段海底管线铺设过程风险分析。

海管登陆段管道铺设是海底气管线外输段施工的一项重点内容。作为陆上施工，登陆段管道的铺设具有受环境因素制约小，施工相对安全的优势，但不容忽视的是，管线登陆地处市规划区，是规划的旅游观光区域，施工将穿越诸多的规划设施，因此必须对登陆段管线铺设过程进行系统的风险分析。

二、风险辨识

运用事故树分析法，对登陆段管道铺设进行风险辨识。可将风险分为五部分：设计失误、设备失效、组织协调失误、施工操作失误、环境控制失误。如图 12-4 所示（详图略）。

三、风险计算

通过计算可以量化的因素，结合专家打分，结合对风险后果的分析，得到登陆段风险值。将风险事件排序如下：

1. 设计失误

主要有设计人员责任心的强弱，设计内容是否频繁更改，设计工作量的分配是否合理，设计任务的相对难度，设计人员综合素质的高低，校核人员工作时间是否充裕，校核人员工作经验是否丰富等多项因素。

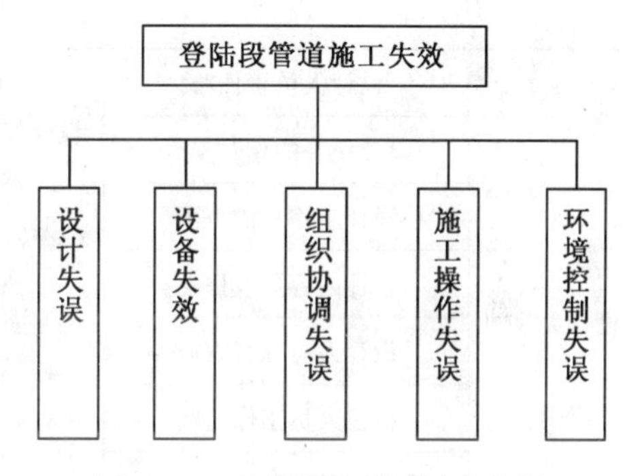

图 12-4　登陆段海管铺设事故树

2. 设备失效

设备失效主要有以下几种方式：

①挖掘机失效；

②铲车失效；

③起重机失效；

④电焊机失效；

⑤绞车失效；

⑥拖车失效。

3. 组织协调失误

在外输段的铺设与施工过程中，因组织机构、与合作方的沟通以及负责人的风险意识等方面的因素导致施工与铺设过程的失效。主要有组织机构失效、负责人失误、合作方失误和与政府部门的沟通失误等方面。

4. 环境控制失误

在外输段的铺设与施工过程中，对海况与气象条件的要求较高，一旦出现预报失误，轻则会造成不必要的工时浪费，重则会造成各类的施工事故。通过风险辨识，环境控制方面的风险主要有：

①环境预调查是否充分；

②施工设计与环境相关程度的大小；

③施工期内环境变化是否频繁；

④气象预报系统的可靠程度；

⑤气象预报通信是否及时；

⑥突发环境变化应急措施是否有效；

⑦环境保护措施是否有效；

⑧第三方破坏的防护措施是否有效。

5. 施工操作失误

在登陆段的施工与铺设过程中，由于各种原因可能引起的人员误操作，是引发系统失效的重要因素之一。在过程中出现操作失误，有可能是当时发生各类事故；也可能是留下事故隐患。有关文献和资料表明，在工程施工过程中，由于人为失误而引起事故占总事故量的70%以上。外输段管道铺设与施工过程也不例外，调研资料也说明了这一点。

四、风险控制措施

综上所述，对风险事件提出相对的控制措施，得到登陆段风险控制措施见下表12-14。

风险措施控制表　　表12-14

风险事件		建议控制措施
设计失效	设计人员责任心	1. 加强施工部门与设计部门的沟通，提供尽可能多的相关资料。使设计部门对施工的实际情况了解更加充分； 2. 聘请专家或专业人员对设计思路与方法进行论证，尽量避免由于疏漏引起的错误，加强设计中的检验工作，确保设计的正确性； 3. 加强对审定工作的管理，加强审定人员的责任感，建立相应的奖惩制度； 4. 召开工程设计风险研讨会，排查风险点；提高设计人员的风险意识； 5. 尽量使用高素质的专业人才，加强人员培训，加强设计人员的责任感； 6. 可以采用以老带新的方法，加强设计人员间的交流
	设计任务的相对难度	
	设计工作量的分配	
	设计内容更改情况	
	设计人员综合素质	
	校核人员工作时间	
	设计人员相关工作经验	
	设计任务书的内容	
组织协调失效	设计经理业务水平	1. 加强各部门间负责人之间的协调，特别是设计部门与施工部门，设立部门间协调的专项人员； 2. 选调协调能力较强的人员参加与政府部门协调的工作； 3. 定期召开协调会，互通消息； 4. 加强对外包项目的监督和检查，加强合同的管理和检查工作
	施工经理风险意识	
	设计经理风险意识	
	现场工程师风险意识	
	施工经理业务水平	
	现场工程师业务水平	
	设计经理责任心	
	奖惩制度	
环境控制失效	突发环境变化应急措施	1. 加强工程巡查和保卫工作，联合政府对附近居民进行安全教育； 2. 联合专家制定突发气象变化的应急措施，并制定手册加以落实； 3. 严格履行与环境保护相关的条约、条款，加强环境污染的防护
	第三方破坏的防护措施	
操作失效	装配工安全意识	1. 加强工人的岗前培训，设立岗前业务考试，安全知识考试，纪律考试等； 2. 制定严明的奖惩制度，对造成严重后果的责任人要追究到底； 3. 合理安排工人工作时间，尽量避免疲劳施工，杜绝安全隐患； 4. 加强对各工种工作的监督检查，及时发现问题及时解决
	起重工安全意识	
	检验人员工作经验	
	焊工安全意识	
	焊工工作强度	
	起重工工作强度	
	装配工工作强度	

第七节 某码头风险分析

一、概况

此码头包括一个成品油码头、原油码头、油库区和工作船码头三个部分。本风险评估项目主要评估其中的成品油码头。

成品油码头成品油及化工产品水运量为730.03万t/年，炼油焦炭运量为96.85万t/年，规划建设4个5000t级成品油泊位（其中东侧两个泊位水工结构按靠泊2万t级成品油油船设计）、一个3万t级成品油泊位、1个20000t级焦炭泊位和2个工作船泊位。

成品油码头由引桥和码头组成，呈直线布置，引桥长349.3m，码头总长919m，呈突堤式布置，双侧靠船。从北往南东西两侧依次为：东侧从北往南依次布置1个250m长的20000t级散货泊位、2个共330m长的5000t成品油泊位（兼同时停靠1艘20000t级成品油船泊位长257m）即成品油2#泊位，1个270m长的30000t级成品油泊位即成品油1#泊位；西侧从北往南依次布置1个60m长的工作船泊位、2个共330m长的5000t级成品油泊位即成品油3#4#泊位以及预留中的1个5000t级成品油泊位。

考虑远期发展需求，在1#泊位往南端的东西侧分别预留了1个30000t级和2个5000t级的泊位。

二、风险辨识

运用事故树分析法，对成品油码头进行风险辨识。在重点考虑了火灾爆炸和油气泄漏这两项石油码头最有可能出现并且危险性极大的事故后，我们将导致风险的因素分为六部分：火源因素、设备因素、人为和管理因素、安全控制设施因素、设计建造因素、偶发因素。如图12-5所示（详图略）。

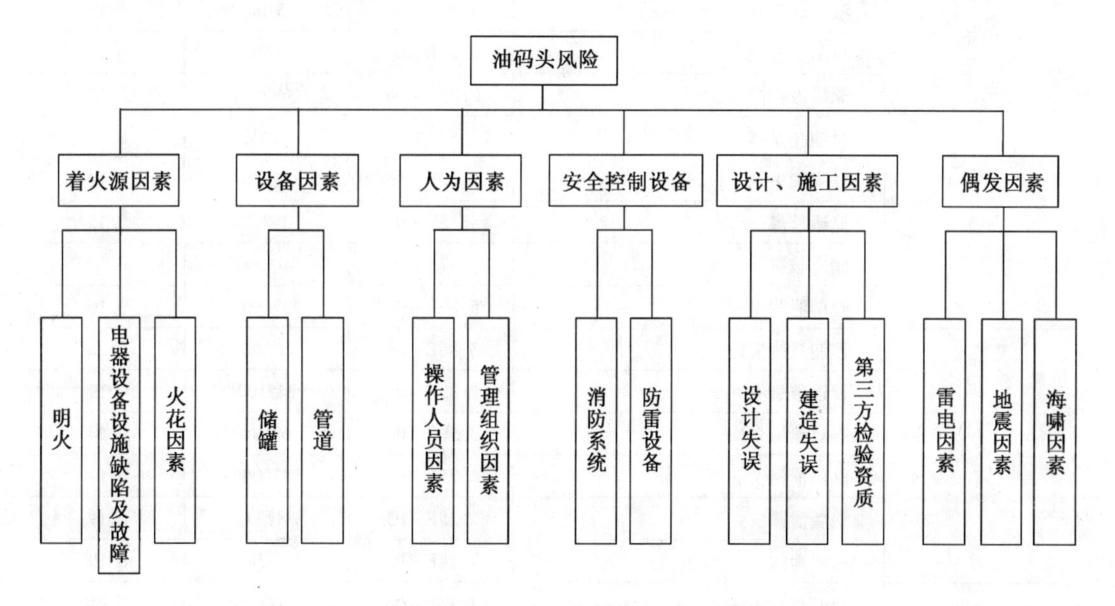

图12-5 石油码头事故树

三、风险计算

通过专家打分，并运用模糊数学对分值进行处理，得到了各因素的风险概率值。在综合考虑了设备损失、人员伤亡、社会效应、次生灾害对损失的贡献后，得到了各因素所导致事故的严重程度和相应的经济损失。

利用公式 $R = \sum_{i=1}^{4} P_i \times C_i$ 得出相应的风险值。其中 P_i 是不同程度事故的发生概率，C_i 是不同程度事故的经济损失。事故共分为致命事故、严重事故、临界事故、轻微事故 4 个级别。

最后得到各因素的风险值，见表 12-15。

石油码头风险值　　　表 12-15

风险事件		风险概率	风险后果	风险值
明火	烟头	1.10E-07	2.21E+06	0.24
	危险区违章动火	6.50E-08	3.20E+06	0.21
	机动车辆尾气	4.25E-06	4.70E+04	0.20
电器设备设施缺陷及故障	设备本身存在缺陷	6.43E-07	2.00E+05	0.13
	电器设备选型不当	5.78E-09	2.50E+07	0.14
	电器设备正常运行遭到破坏，发热量增加	8.40E-07	2.37E+05	0.20
火花因素	电火花	4.73E-06	34200	0.16
	静电火花	3.28E-05	6140	0.20
	器具撞击	4.17E-05	5540	0.23
储罐	液位计失效	4.87E-05	3100	0.15
	控制器失效	2.21E-06	78500	0.17
	储罐被腐蚀	3.25E-06	69000	0.22
	量油孔泄露	3.57E-06	45000	0.16
	呼吸阀失效	4.25E-06	42800	0.18
	储罐外溢	4.15E-06	35700	0.15
	储罐破裂	3.57E-07	541000	0.19
	阀门泄漏	5.86E-06	27600	0.16
管道	控制系统失效	5.86E-06	37200	0.22
	管道破裂	7.85E-07	245100	0.19
	接口泄漏	3.50E-06	68500	0.24
	阀门泄漏	3.25E-06	52800	0.17
	法兰泄露	2.25E-05	8250	0.19
	衬垫泄露	7.44E-05	2570	0.19
操作人员因素	运营规程不完善	4.17E-06	50000	0.21
	培训制度不完善	5.78E-06	20700	0.12

续表

风 险 事 件		风险概率	风险后果	风险值
操作人员因素	操作人员的业务熟练性	1.24E－05	20540	0.25
	操作人员是否有责任心	4.85E－06	52100	0.25
管理组织因素	安全检查是否到位	5.57E－06	33400	0.19
	安全制度是否完善	4.73E－07	450000	0.21
	应急演练是否充分	7.85E－06	22700	0.18
消防系统	消防监测系统失效	2.25E－06	54200	0.12
	泡沫灭火系统失效	2.24E－06	58200	0.13
	水消防系统失效	3.56E－06	32500	0.12
防雷设备		2.85E－07	624000	0.18
设计失误	设计单位的资质等级	5.78E－07	247000	0.14
	设计过程的管理水平	4.55E－06	42000	0.19
	设计内容是否符合规范	2.24E－07	741000	0.17
	布局是否合理	4.83E－06	44100	0.21
建造失误		4.78E－07	477000	0.23
第三方检验资质		3.56E－06	33400	0.12
雷　　电		5.96E－06	32000	0.19
地　　震		5.68E－07	287000	0.16
恶劣海况		5.13E－07	351000	0.18

四、风险控制措施

对于风险值大于0.2的风险因素必须提出相对的控制措施，以控制风险。码头风险控制措施见表12-16。

码头风险措施控制表　　表12-16

风 险 事 件		建议控制措施
明　　火	烟头	1. 设置防火壁和水幕，及时切断火源和外界的接触，控制火势蔓延； 2. 采取适当的衬里； 3. 加强安全教育，减少违规操作； 4. 灌桶间应保证良好的通风，自然通风不够时，应考虑增加机械通风措施； 5. 对平地、平台处积存的残留液体应清扫干净
	危险区违章动火	
	机动车辆尾气	
电器设备设施缺陷及故障	设备本身存在缺陷	1. 加强用电安全管理，减少或避免电气事故的发生； 2. 选择电器设备时征求相关技术人员的意见，要考虑码头的实际需要； 3. 电器设备要定时维护，保证其能正常工作，降低危险性； 4. 线路具有保护措施，发生异常时及时断电
	电器设备选型不当	
	电器设备正常运行遭到破坏，发热量增加	

续表

风险事件		建议控制措施
火花因素	电火花	1. 在拆卸、搬送时，要使用专用工具或设备，禁止强行拖拉，防止因撞击和摩擦产生火花； 2. 在多个部位上进行接地设备外围均匀布置，其间距不应大于 30 米；接地点应设两处以上； 3. 当采用金属管嘴或金属漏斗向金属油桶装液化品时，必须让它们保持良好的接触或连接，并可靠接地；禁止使用绝缘性容器加注部分易静电积聚的液化品； 4. 作业场所内工作人员应穿防静电工作服，并遵守相关规定
	静电火花	
	器具撞击	
储　　罐	液位计失效	1. 保证储罐、阀门、法兰过滤器等设备完好无渗漏，工作正常可靠； 2. 定时清洗储罐，而且主要采用人工清洗方式； 3. 对储罐上配置的安全阀、通气阀、真空阀、液位计、温度指示器等装置或可燃气体报警器等仪表及罐体，应定期检查或校验，保持良好的工作状态； 4. 储罐在使用过程中，基础有可能继续下沉，其进出口管道应采用金属软管连接或其他柔性连接； 5. 做到对装置的 24 小时的定期巡回检查，有条件的话用闭路电视进行监视； 6. 储罐外壁不保温部分要涂刷防锈漆，罐底外壁涂刷沥青防腐涂料
	控制器失效	
	储罐被腐蚀	
	量油孔泄露	
	呼吸阀失效	
	储罐外溢	
	储罐破裂	
	阀门泄漏	
管　　道	控制系统失效	1. 保证管道、阀门、法兰过滤器等设备完好无渗漏，工作正常可靠。金属或橡胶软管管线及其接头应牢固、无破损、断脱、开裂和老化现象； 2. 防止潮水涨落，波浪摇晃而导致软管被压坏或断脱； 3. 管道外壁不保温部分要涂刷防锈漆； 4. 做到对装置的 24 小时的定期巡回检查，有条件的话用闭路电视进行监视； 5. 对装置及设备进行定期的维修、保养以及严格按照安全操作程序进行作业
	管道破裂	
	接口泄漏	
	阀门泄漏	
	法兰泄露	
	衬垫泄露	
操作人员因素	运营规程是否完善	1. 加强全员安全教育与培训，不断提高安全意识和安全操作技能及应急处理能力，国家规定的特种作业人员，必须进行安全技术培训，经理论考试和技能考试合格后，持证上岗； 2. 定期进行有毒有害场所的劳动卫生监测，并及时做好超标作业岗位的处理； 3. 接触有毒有害物质的作业人员必须进行就业前体检和定期的健康检查，严禁职业禁忌人员上岗； 4. 对现场作业人员应配备防静电工作服、防静电工作鞋、防毒面具及防酸、防碱用品等必要的个体劳保用品，并实行色彩管理； 5. 平时要加强操作人员的安全意识教育，安全技能培训，提高综合安全控制能力
	培训制度是否完善	
	操作人员的业务熟练性	
	操作人员是否有责任心	
管理组织因素	安全检查是否到位	1. 散化码头必须按国家有关规定比例配置专职安全人员，设置专门的安全管理机构，配备必要的安全教育设备和安全监察仪器； 2. 建立安全保证体系和信息反馈体系，设立安全生产委员会，以便于研究处理重大安全事项

续表

<table>
<tr><th colspan="2">风　险　事　件</th><th>建议控制措施</th></tr>
<tr><td rowspan="2">管理组织因素</td><td>安全制度是否完善</td><td rowspan="2">3. 制定特殊危险事件及突发事件的应急计划，该计划应与整个港口的应急计划相衔接，制定训练演习计划，并定期进行演习；
4. 建立健全安全检查制度，不断进行安全检查，及时整改隐患，防止事故发生；
5. 给现场作业人员配备防静电工作服、防静电工作鞋、防毒面具等必要的个人劳保用品；
6. 建立严格的门卫安全管理制度，所有进出港机动车辆，均应配备阻火器，并加强安全管理；
7. 采用先进适用的现代化安全管理方式，推行安全科学管理，不断提高安全管理水平和预控能力，防止各种事故的发生</td></tr>
<tr><td>应急演练是否充分</td></tr>
<tr><td colspan="2">防雷设备</td><td>1. 储存易燃、可燃散化品的储罐，其顶板厚度小于4mm时，应装设防止雷击设备；
2. 定期检查防雷设备设施的有效性；
3. 所有储罐的附件（如呼吸阀、安全阀）等必须装设灭火器；
4. 雷雨闪电天气，要停止装卸散化品</td></tr>
<tr><td rowspan="4">设计失误</td><td>设计单位的资质等级</td><td rowspan="4">1. 积极加强与设计方之间的沟通，向其提供尽可能多的资料使设计方考虑到施工的实际情况，加强对实地的考察工作，根据施工情况不断改进设计，使施工按设计方案顺利进行；
2. 适当增加一些设计人员的数量，使用工作能力较强的人员。并制定严格的设计计划，提高人员的时间紧迫感，建立一定的奖惩制度；
3. 召开工程进度与风险讨论会，排查阻碍工程进度和工程风险点；
4. 加强对审定工作的管理，建立严格的奖惩制度。加强监督，提高人员的时间紧迫感及责任感；
5. 尽量选用经验丰富的人员，加强人员培训，还可采用以老带新的方法，加强人员间的交流</td></tr>
<tr><td>设计过程的管理水平</td></tr>
<tr><td>设计内容是否符合规范</td></tr>
<tr><td>布局是否合理</td></tr>
<tr><td colspan="2">建造失误</td><td>1. 加强安装、建造公司与上级之间的沟通与联系。及时得到有关计划变更或修改的通知，并及时将不能解决的问题向上级主管部门提出，以便得到及时的答复，使工作上不会出现脱节现象，保证工期顺利进行；
2. 提高施工人员素质、经验。加强对施工人员的培训，对施工人员进行正确的引导，强调保证施工进度的重要性，培养进度意识。每一项工作尽量做到有经验、资历高的员工帮、带经验不足的员工；
3. 明确责任，定期召开生产进度会议，表扬提前和按时完成的员工，不点名批评未完成任务的员工</td></tr>
</table>

第八节　某国道改线风险评估报告

一、概述

项目背景：经济的高速发展对公路运输提出了更高的要求。原104国道现已不能满足运力要求，故需进行改线。其中，静海环线是改线中一项重点工程。该路位于天津市静海县，起点位于津文公路 k13 + 650 米处，终点位于 104 国道 k152 + 600 米处，全长 10.51km。该区内多为软基，工程地质条件复杂，且有多个人工取土水坑需充填。为消除施工安全隐患，保证施工安全，特对工程筹备、设计、施工过程中的风险进行辨识、估计、评价和控制，完成静海环线段改线工程风险评估。

该段风险评估的任务就是在对工程投资及施工过程风险辨识的基础上，对各风险发生的可能性和损害程度进行评价，计算风险值并对风险因素按大小进行排序，找出必须关注的风险，提出应对风险的措施，使工程快速安全竣工，造福天津。并针对这些不可忽视的风险，提出一些应对措施和建议。

二、风险辨识

风险辨识的任务是找出项目中可能存在的风险源。在进行风险辨识之前，首先应该明确进行分析的系统，进行系统界定；再将复杂的系统分解成比较简单的容易认识的事物，然后就可以根据收集的资料和分析人员的衡量，采用一定的方法对系统进行风险辨识，找出风险影响因素，具体步骤如图 12-6 所示：

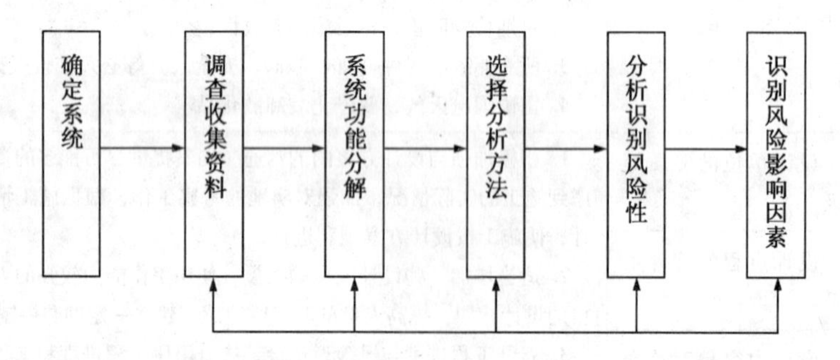

图 12-6　风险辨识程序

风险辨识的方法很多，像德尔菲法、智暴法、结构系统可靠性原理、事故树法、事件时序树法、模糊数学方法等，这些方法各有所长，分析者应根据自己对各种方法的熟悉程度和具体的分析对象选择适合的分析方法。本次研究应用了其中的事故树及智暴法。

分析识别风险性是确定危险类型、危险来源、初始伤害及其造成的风险性，对潜在的危险点要仔细判定。

识别风险影响因素是在分析、识别危险性的基础上，找出具体的危险因素，即风险影响因素，区别主次，从而建立合理的风险评价指标体系。

结合该工程实际及其他相关工程的经验，将 104 国道改线工程按风险的来源，分为十四大部分：资金到位情况、施工队的综合水平、材料及能源供应状况、采用新材料新工艺的可靠性、现场技术人员的总体水平、项目招标情况、设计风险、勘察风险、监理风险、现场混合料搅拌风险、压实风险、工程质量风险、自然风险和意外风险。

限于篇幅，本书以工程质量风险为例介绍风险辨识过程如图 12-7 所示。

三、风险评估

采用模糊评估方法，计算各风险事件的风险值如表 12-17，限于篇幅，也仅介绍工程质量的风险：

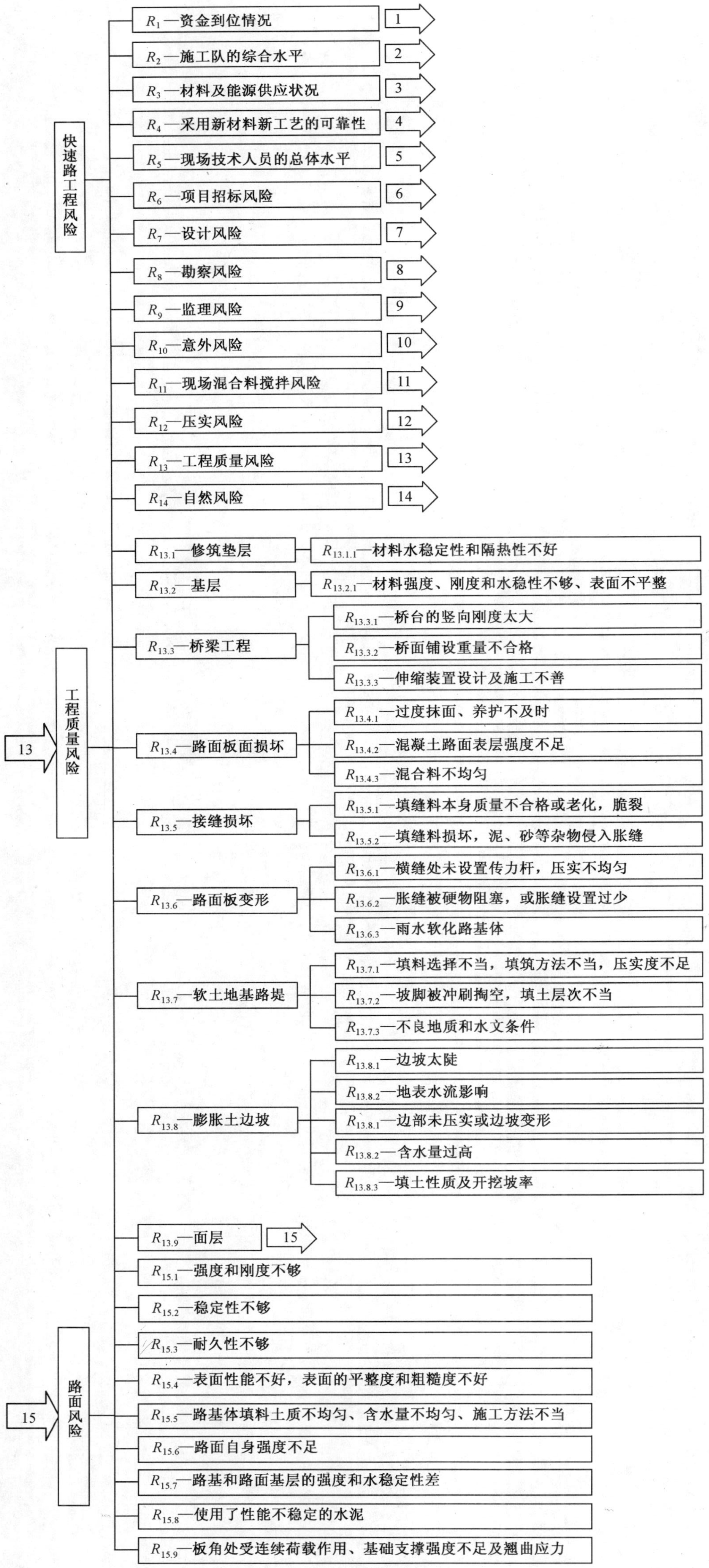

- 快速路工程风险
  - R_1—资金到位情况 → 1
  - R_2—施工队的综合水平 → 2
  - R_3—材料及能源供应状况 → 3
  - R_4—采用新材料新工艺的可靠性 → 4
  - R_5—现场技术人员的总体水平 → 5
  - R_6—项目招标风险 → 6
  - R_7—设计风险 → 7
  - R_8—勘察风险 → 8
  - R_9—监理风险 → 9
  - R_{10}—意外风险 → 10
  - R_{11}—现场混合料搅拌风险 → 11
  - R_{12}—压实风险 → 12
  - R_{13}—工程质量风险 → 13
  - R_{14}—自然风险 → 14
- 13 → 工程质量风险
  - $R_{13.1}$—修筑垫层
    - $R_{13.1.1}$—材料水稳定性和隔热性不好
  - $R_{13.2}$—基层
    - $R_{13.2.1}$—材料强度、刚度和水稳性不够、表面不平整
  - $R_{13.3}$—桥梁工程
    - $R_{13.3.1}$—桥台的竖向刚度太大
    - $R_{13.3.2}$—桥面铺设重量不合格
    - $R_{13.3.3}$—伸缩装置设计及施工不善
  - $R_{13.4}$—路面板面损坏
    - $R_{13.4.1}$—过度抹面、养护不及时
    - $R_{13.4.2}$—混凝土路面表层强度不足
    - $R_{13.4.3}$—混合料不均匀
  - $R_{13.5}$—接缝损坏
    - $R_{13.5.1}$—填缝料本身质量不合格或老化，脆裂
    - $R_{13.5.2}$—填缝料损坏，泥、砂等杂物侵入胀缝
  - $R_{13.6}$—路面板变形
    - $R_{13.6.1}$—横缝处未设置传力杆，压实不均匀
    - $R_{13.6.2}$—胀缝被硬物阻塞，或胀缝设置过少
    - $R_{13.6.3}$—雨水软化路基体
  - $R_{13.7}$—软土地基路堤
    - $R_{13.7.1}$—填料选择不当，填筑方法不当，压实度不足
    - $R_{13.7.2}$—坡脚被冲刷掏空，填土层次不当
    - $R_{13.7.3}$—不良地质和水文条件
  - $R_{13.8}$—膨胀土边坡
    - $R_{13.8.1}$—边坡太陡
    - $R_{13.8.2}$—地表水流影响
    - $R_{13.8.1}$—边部未压实或边坡变形
    - $R_{13.8.2}$—含水量过高
    - $R_{13.8.3}$—填土性质及开挖坡率
  - $R_{13.9}$—面层 → 15
- 15 → 路面风险
  - $R_{15.1}$—强度和刚度不够
  - $R_{15.2}$—稳定性不够
  - $R_{15.3}$—耐久性不够
  - $R_{15.4}$—表面性能不好，表面的平整度和粗糙度不好
  - $R_{15.5}$—路基体填料土质不均匀、含水量不均匀、施工方法不当
  - $R_{15.6}$—路面自身强度不足
  - $R_{15.7}$—路基和路面基层的强度和水稳定性差
  - $R_{15.8}$—使用了性能不稳定的水泥
  - $R_{15.9}$—板角处受连续荷载作用、基础支撑强度不足及翘曲应力

图12-7　国道改线工程风险辨识

风险值表　　表 12-17

风　险　事　件			风险值
工程质量风险	修筑垫层	水稳定性和隔热性不好	0.097
	基　　层	强度、刚度和水稳性不够、表面不平整	0.336
	面　　层	强度和刚度不够	0.224
		稳定性不够	0.116
		耐久性不够	0.077
		表面性能不好	0.387
		失水干缩	0.448
		冷缩	0.256
		填料土质不均匀、含水量不均匀、施工方法不当等	0.383
		路面自身强度不足	0.336
		路基和路面基层的强度和水稳定性差	0.224
		使用了性能不稳定的水泥	0.116
		板角处受连续荷载作用、基础支撑强度不足	0.077
	路面板表面损坏	过度抹面、养护不及时，集料质量低	0.097
		混凝土路面表层强度不足	0.448
		混合料不均匀	0.336
	接缝损坏	填缝料本身质量不合格或老化，脆裂	0.224
		填缝料损坏，杂物侵入胀缝，雨水渗入基层和垫层	0.077
	路面板的变形破坏	横缝处未设置传力杆，压实不均匀	0.097
		胀缝被硬物阻塞，或胀缝设置过少	0.116
		雨水软化路基体	0.448
	软土地基路堤	填料选择不当，填筑方法不当，压实度不足	0.56
		边坡坡脚被冲刷掏空，或填土层次安排不当	0.336
		不良地质和水文条件	0.097
	膨胀土边坡	边坡太陡	0.116
		地表水流影响	0.097
		边部未压实或边坡变形	0.224
		含水量过高	0.058
		填土性质及开挖坡率	0.097
	桥梁工程	桥台的竖向刚度太大	0.639
		桥面铺设质量不合格	0.673
		伸缩装置设计及施工不善	0.511

四、风险控制

根据风险管理的一般程序，风险值小于0.2的因素为可忽略风险因素，大于0.2的为需控制因素。将需控制因素按照各风险因素加以排序、整理，得到快速路的风险措施表。

风险控制措施表　　表 12-18

<table>
<tr><th colspan="3">风　险　因　素</th><th>风险值</th><th>导致后果</th><th>控制措施</th></tr>
<tr><td rowspan="10">工程质量风险</td><td>基层</td><td>强度、刚度和水稳性不够、表面不平整</td><td>0.336</td><td>破坏基层，致使路面厚度不均，影响铺设质量</td><td>1. 用各种结合料稳定土，或稳定碎（砾）石，天然砂砾混合料铺筑
2. 混合料配合比满足要求
3. 基层强度应均匀，并加强细粒土部位处理，以降低承载力差异</td></tr>
<tr><td rowspan="7">面层</td><td>强度和刚度不够</td><td>0.224</td><td>发生破坏和过大变形</td><td rowspan="2">1. 建立健全材料的试验、检验、验收、运输和仓管制度。调整混合料的配合比、水灰比等，并控制好拌和时间，保证水泥混凝土的均匀性、和易性等要求
2. 层厚满足设计要求
3. 铺设前检查下承层的平整度</td></tr>
<tr><td>表面性能不好</td><td>0.387</td><td>路面不平，局部光滑，影响行车</td></tr>
<tr><td>失水干缩</td><td>0.448</td><td>水泥混凝土水化、硬化的早期路面板横向开裂</td><td rowspan="2">水泥混凝土路面板的长度不大于 6 米，板宽不大于 5 米。当采用切缝法施工时，应在水泥混凝土达到设计强度的 25% ~30% 时进行切缝</td></tr>
<tr><td>冷缩</td><td>0.256</td><td>贯穿路面板全厚度的横向开裂</td></tr>
<tr><td>填料土质不均匀、含水量不均匀、施工方法不当等</td><td>0.383</td><td>路面板在自重和行车压力作用下产生纵向裂缝或导致的路基支承力不均匀</td><td>注意施工方法，并严格按规范要求控制压实度</td></tr>
<tr><td>路面自身强度不足</td><td>0.336</td><td>在车轮荷载和温度应力作用下易出现交叉裂缝</td><td>采取措施加强路面强度</td></tr>
<tr><td>路基和路面基层的强度和水稳定性差</td><td>0.224</td><td>路基体发生不均匀沉陷，从而易使水泥混凝土路面板出现交叉裂缝</td><td>加强路面及路面基层强度及水稳定性</td></tr>
<tr><td rowspan="2">路面板表面损坏</td><td rowspan="2">路面表层强度不足</td><td rowspan="2">0.448</td><td>表面结合料磨失，路面板呈现过度的粗糙表面的现象即麻面、露骨</td><td>1. 做好雨前准备工作。
2. 掌握好灰浆数量，避免混凝土路面表层强度不足</td></tr>
<tr><td>表面摩擦系数下降到极限值以下，从而严重影响行车安全即磨光</td><td>1. 严格控制材料质量
2. 做好公路维修工作，对于使用时间较长且缺少维修的路段要多加注意</td></tr>
</table>

续表

风险因素			风险值	导致后果	控制措施
工程质量风险	路面板表面损坏	混合料不均匀	0.336	易出现局部破损，并形成孔洞、坑槽	控制好拌和时间
	接缝损坏	填缝料本身质量不合格或老化，脆裂	0.224	出现填缝料的损坏，泥、砂、石屑等杂物的侵入，引发其他的路面病害	1. 保证填缝料的质量 2. 对于使用期较长的路段，必要时特别增加填缝料，防止路面进一步损坏
	路面板的变形破坏	雨水软化路基体	0.448	路面板接缝下方的基层和路基体承载力下降，路面板跟着下沉产生沉陷	及时修复、增加填缝料
	软土地基路堤	填料选择不当，填筑方法不当，压实度不足	0.56	路基沉陷	1. 选择合适的勘探手段和勘探技术途径 2. 开展软粘土基本特性特别是机构性研究 3. 确定合理的软土地基加固方案 4. 提高沉降量计算的可靠性 5. 确定合理的路堤填筑速率 6. 采取正确的填筑方法，充分压实路基 7. 适当提高路基，防止水分从侧面渗入或从地下水位上升进入路基工作区范围 8. 正确进行排水设计
		边坡坡脚被冲刷掏空，或填土层次安排不当	0.336	边坡滑塌	
	膨胀土边坡	边部未压实或边坡变形	0.224	坍肩	1. 对边坡工程进行防护与加固 2. 植被护坡 3. 土工格栅加固边坡 4. 防滑平台加固坡脚 5. 宽填或换填好土护坡 6. 路基排水
	桥梁工程	桥台的竖向刚度太大	0.639	桥头跳车	1. 地基加固处理 2. 预压处理 3. 合理选择台后填料
		桥面铺设质量不合格	0.673	桥面铺装破坏	1. 保证主梁（板）的施工质量 2. 保证桥面铺装的厚度 3. 提高桥面防水材料的强度
		伸缩装置设计及施工不善	0.511	桥梁伸缩装置破坏	1. 梁端特殊设计 2. 合理选择伸缩装置 3. 正确安装伸缩装置 4. 不留施工缝

五、风险控制建议

根据上述对104国道改线工程进行的风险分析，应对工程风险的措施应为风险控制，即就关键的风险因素逐一提出技术上可行、经济上合理的预防措施，以尽可能低的风险成本来降低风险发生的可能性，并将风险损失控制在最小程度。就本工程提出以下建议：

1. 控制由材料及能源供给引发的风险

需要关心的问题是材料的质量和价格。由于市场上建筑材料质量良莠不齐，负责材料采办的单位能否为国道改线工程提供质优价廉的建筑材料将会对该工程造成很大的影响。建筑材料的质量不合格将给项目的建造质量带来隐患，造成严重的经济损失。

2. 控制由项目投标引发的风险

项目的招标本身对项目而言就十分的重要。因为招标结果的好坏将直接影响到项目的投资成本、项目建造质量和工期的保证。

国道改线工程是由政府负责的，因此可以保证工程的投标过程是按照国家有关项目招标的规定进行的。此外，国道改线项目管理组织应站在全局的高度，在更大的范围内选择合理的投标单位。

3. 控制新材料新工艺引发风险

在工程中如果采用新材料、新工艺则会更加大工程的难度，但并不代表不能使用新材料、新工艺。要确保新材料、新工艺可靠的基础上才能使用，以确保工程的质量达标，否则会给工程按期完成带来困难，甚至造成较大的经济损失。

参照其他工程中采用的新材料新工艺的经验，确保新材料和新工艺可靠的前提下，再用于工程建设中。购买新材料时，做好市场调查和监督，实行个人负责制。确保新材料的质量。

鉴于工程的重要性，建议委托一个专业部门或成立一个专业管理机构负责全过程的实施，对规划、设计、建设、运营的每一个阶段都进行审查，协调各部门的关系，控制工程投资、规模及范围，确保工程的连续性、科学性、合理性。

4. 采取措施，确保施工质量

质量是工程的生命，该改线工程完工后将承担繁重的交通运输任务，另外，施工区域工程地质条件较为复杂，且有多个人工取土水坑需要充填，故采取措施提高工程质量更具重要意义。为确保施工质量，建议采取以下措施：

（1）在设计上，应严格按设计规范及规程进行设计，并结合工程实际，从管理、组织、工艺、技术、经济等各方面进行全面系统地分析，力求技术可行、工艺先进、经济合理。

（2）选择合适的勘探手段和勘探技术途径，开展软粘土基本特性特别是机构性研究，确定合理的软土地基加固方案。

（3）严格按照填料配合比试验确定的配合比充填混合料。

（4）施工过程中采取措施进行降水，降低地下水位至坑底以下，保障干场作业。水位降低露出坑底，如留有淤泥，应进行处理。

（5）对于填土和原土接触面进行处理，建议开蹬或削坡，以防因接触面土的力学性质改变而失稳。

（6）根据施工现场条件、施工单位经济技术条件、施工组织设计等具体情况选择配备施工机械、器具，控制好拌和时间，建议施工初期可采用10t左右的压路机进行碾压，待取得经验后，在不产生弹簧土的前提下，可适当增加压路机的重量。

（7）配制二灰土料的两次拌合是填方施工过程中的关键工序，建议进行现场机器搅拌，边搅拌边填充，控制好拌合时间和填筑速率。

（8）加强现场管理。因为所需土方量较大，为防止土场土的性质及干湿度差异较大，建议设专人对土质及土的干湿度进行检查，并对土进行分类，按不同的处理方法处理后再进行充填。在填筑过程中，发现草木杂物要予以清除，不得进入填方之中。

（9）检测监控碾压前二灰土料含水量和碾压后达到的干密度，应委派专业人员使用专门仪器设备进行操作。

（10）选择合理施工方法，并严格按规范要求控制压实度，加强路面及路面基层强度及水稳定性。

（11）对边坡工程进行防护与加固。

（12）采取措施提高桥梁工程质量。

（13）加强职工业务素质培训，施行岗位责任制。

（14）充分发挥监理在施工质量控制中的作用。

参 考 文 献

[1] 秦士元．系统分析．上海：上海交通大学出版社，1987.

[2] 陈有安．项目融资与风险管理．北京：中国计划出版社，2000.

[3] 刘立名、余建星、王磊．海底输油管道腐蚀剩余寿命评估．中国海上油气．2002，14（3）：42～43.

[4] 余建星等．结构系统可靠性原理及应用．天津：天津大学出版社，2000.

[5] 余建星等．船舶与海洋结构物可靠性原理．天津：天津大学出版社，2001.

[6] 余建星、祁世芳．输油管道安全评估模式及其在我国的应用．油气储运．2002，21（3）：5～9.

[7] 余建星等．输油管道系统泵站可靠性分析．天津大学学报．2000，33（5）：619～623.

[8] 余建星、黄振广．输油管道风险评估方法中风险因素权重调整．中国海上油气（工程）．2001，13（5）：41～44.

[9] 余建星等．埋地输油管道腐蚀风险分析方法．油气储运．2001，20（2）：5～12.

[10] 余建星等．基于神经网络的长输管道综合可靠度评估方法．油气储运．2001，20（9）：1～7.

[11] 余建星、李长升．淮河管桥的安全性与剩余寿命评估方法研究．地震工程与工程振动．1997，17（3）：84～90.

[12] 余建星、祁世芳．一种新的输油管道可靠性计算方法．石油学报．2003，24（1）：85～88.

[13] 白思俊．现代项目管理．北京：机械工业出版社，2003.

[14] 余建星等．管式加热炉的安全可靠性分析．安全与环境学报．2003，3（1）：13～15.

[15] 余建星等．穿越管道的疲劳失稳风险评估方法．地震工程与工程振动．2001，21（2）：58～63.

[16] 潘家华．油气管道的风险分析（待续）．油气储运．1995，14（3）：11～15.

[17] 潘家华．油气管道的风险分析．油气储运．1995，14（4）：1～7.

[18] 潘家华．油气管道的风险分析（续完）．油气储运．1995，14（5）：3～10.

[19] 郭仲伟．风险分析与决策．北京：机械工业出版社，1992.

[20]［美］R. E. 麦格尔．风险分析概论．北京：石油工业出版社，1985.

[21] E. J. 亨利等．可靠性工程与风险分析．北京：原子能出版社，1988.

[22] 梅启智等．系统可靠性工程基础．北京：科学出版社，1987.

[23] 罗云等．风险分析与安全评价．北京：化学工业出版社，2004.

[24]［英］W. KentMuhlbauer. 管道风险管理手册．北京：中国石化出版社，2005.

[25] 沈建明．项目风险管理．北京：机械工业出版社，2004.

[26] 戚安邦．现代项目管理．北京：对外经济贸易大学出版社，2001.

[27] 宋明哲．现代风险管理．北京：中国纺织出版社，2003.

[28] 郭振华等．工程项目保险．北京：经济科学出版社，2004.

[29] 成虎．工程项目管理．北京：中国建筑工业出版社，2000.

[30]［英］罗吉．弗兰根．工程建设风险管理（李世蓉，徐波译）．北京：中国建筑工业出版社，2000

[31] 储成祥．现代企业人力资源管理．北京：人民邮电出版社，2003.

[32] 郜启扬、张卫峰．人力资源管理教程．北京：社会科学文献出版社，2003.

[33] 李燕萍等．人力资源管理．武汉：武汉大学出版社，2002.

[34] 张一弛．人力资源管理教程．北京：北京大学出版社，1999.

[35] 周占文．人力资源管理．北京：电子工业出版社，2002.

[36] 涂菶生等．多变量线性控制系统分析与设计—状态空间与多项式矩方法．北京：化学工业出版社，1989.

[37] 朱绍箕．非线性系统的近似分析方法．北京：国防工业出版社，1980.
[38] 齐东海．港口工程系统分析方法．北京：人民交通出版社，1991.
[39] 黄渝祥．费用—效益分析．上海：同济大学出版社，1987.
[40] [美] 汤普森（Thompson，M. S.）著．张军译．计划评价中的效益与费用分析．北京：中国建筑工业出版社，1985.
[41] 金星等．工程系统可靠性数值分析方法．北京：国防工业出版社，2002.
[42]（美）加斯．线性规划方法与应用．北京：高等教育出版社．
[43] 张惠恩．管理线性规划．大连：东北财经大学出版社．
[44] 佟吉森等．线性规划与经济活动分析．北京：兵器工业出版社．
[45] 应玫茜等．非线性规划及其理论．北京：中国人民大学出版社．
[46] 罗云．安全经济学．北京：化学工业出版社，2004.
[47] 许树柏．实用决策方法——层次分析法原理．天津：天津大学出版社，1988.
[48]（美）巴扎拉．非线性规划——理论与算法．贵阳：贵州人民出版社．
[49]（美）富兰克林．数理经济学方法——线性和非线性规划不动点理论．贵阳：贵州人民出版社．
[50] Alaska pipeline service company. Summary report – design criteria and stress analysis for the trans – Alaska pipeline. 1972.
[51] L. R. L. Wang and M. J. O' Rourke, Overview of buried pipeline under seismic loading. *J. of the Technical council of ASCE*. 1978, 104 (1): 121 ~ 130.
[52] Juang C H. Rosowsky D V, Tang W H. Reliability – based method for assessing liquefaction potential of soil. *Journal of Geotechnical and Geoenviromental Engineering*. 1999, 125 (8): 684 ~ 689.
[53] Seed H B、Tokimatsu K. Influence of SPT procedure in soil liquefaction resistance evaluation. *J. Geotech Engineering*, 1985, VOL. 111, NO. 12, p 1425 ~ 1445.

尊敬的读者：

感谢您选购我社图书！建工版图书按图书销售分类在卖场上架，共设22个一级分类及43个二级分类，根据图书销售分类选购建筑类图书会节省您的大量时间。现将建工版图书销售分类及与我社联系方式介绍给您，欢迎随时与我们联系。

★建工版图书销售分类表（详见下表）。

★欢迎登陆中国建筑工业出版社网站 www. cabp. com. cn，本网站为您提供建工版图书信息查询，网上留言、购书服务，并邀请您加入网上读者俱乐部。

★中国建筑工业出版社总编室　电　话：010—58934845
传　真：010—68321361

★中国建筑工业出版社发行部　电　话：010—58933865
传　真：010—68325420
E-mail：hbw@ cabp. com. cn

建工版图书销售分类表

<table>
<tr><th>一级分类名称（代码）</th><th>二级分类名称（代码）</th><th>一级分类名称（代码）</th><th>二级分类名称（代码）</th></tr>
<tr><td rowspan="5">建筑学
（A）</td><td>建筑历史与理论（A10）</td><td rowspan="5">园林景观
（G）</td><td>园林史与园林景观理论（G10）</td></tr>
<tr><td>建筑设计（A20）</td><td>园林景观规划与设计（G20）</td></tr>
<tr><td>建筑技术（A30）</td><td>环境艺术设计（G30）</td></tr>
<tr><td>建筑表现・建筑制图（A40）</td><td>园林景观施工（G40）</td></tr>
<tr><td>建筑艺术（A50）</td><td>园林植物与应用（G50）</td></tr>
<tr><td rowspan="5">建筑设备・建筑材料
（F）</td><td>暖通空调（F10）</td><td rowspan="5">城乡建设・市政工程・
环境工程
（B）</td><td>城镇与乡（村）建设（B10）</td></tr>
<tr><td>建筑给水排水（F20）</td><td>道路桥梁工程（B20）</td></tr>
<tr><td>建筑电气与建筑智能化技术(F30)</td><td>市政给水排水工程（B30）</td></tr>
<tr><td>建筑节能・建筑防火（F40）</td><td>市政供热、供燃气工程（B40）</td></tr>
<tr><td>建筑材料（F50）</td><td>环境工程（B50）</td></tr>
<tr><td rowspan="2">城市规划・城市设计
（P）</td><td>城市史与城市规划理论（P10）</td><td rowspan="2">建筑结构与岩土工程
（S）</td><td>建筑结构（S10）</td></tr>
<tr><td>城市规划与城市设计（P20）</td><td>岩土工程（S20）</td></tr>
<tr><td rowspan="3">室内设计・装饰装修
（D）</td><td>室内设计与表现（D10）</td><td rowspan="3">建筑施工・设备安装
技术（C）</td><td>施工技术（C10）</td></tr>
<tr><td>家具与装饰（D20）</td><td>设备安装技术（C20）</td></tr>
<tr><td>装修材料与施工（D30）</td><td>工程质量与安全（C30）</td></tr>
<tr><td rowspan="4">建筑工程经济与管理
（M）</td><td>施工管理（M10）</td><td rowspan="2">房地产开发管理（E）</td><td>房地产开发与经营（E10）</td></tr>
<tr><td>工程管理（M20）</td><td>物业管理（E20）</td></tr>
<tr><td>工程监理（M30）</td><td rowspan="2">辞典・连续出版物
（Z）</td><td>辞典（Z10）</td></tr>
<tr><td>工程经济与造价（M40）</td><td>连续出版物（Z20）</td></tr>
<tr><td rowspan="3">艺术・设计
（K）</td><td>艺术（K10）</td><td rowspan="2">旅游・其他
（Q）</td><td>旅游（Q10）</td></tr>
<tr><td>工业设计（K20）</td><td>其他（Q20）</td></tr>
<tr><td>平面设计（K30）</td><td colspan="2">土木建筑计算机应用系列（J）</td></tr>
<tr><td colspan="2">执业资格考试用书（R）</td><td colspan="2">法律法规与标准规范单行本（T）</td></tr>
<tr><td colspan="2">高校教材（V）</td><td colspan="2">法律法规与标准规范汇编/大全（U）</td></tr>
<tr><td colspan="2">高职高专教材（X）</td><td colspan="2">培训教材（Y）</td></tr>
<tr><td colspan="2">中职中专教材（W）</td><td colspan="2">电子出版物（H）</td></tr>
</table>

注：建工版图书销售分类已标注于图书封底。